智能车设计
"飞思卡尔杯"从入门到精通

闫琪　王江　熊小龙
朱德亚　邓飞贺　朱锐　金立　编著

北京航空航天大学出版社

内 容 简 介

本书主要从机械设计、电路设计、软件设计的角度全面阐述智能车设计和制作的过程和方法。主要内容包括：机械系统及整车调校，智能车硬件设计基础，K60 单片机资源及相应操作，KL25 单片机资源及相应操作，智能车系统软件设计，控制算法，比赛意义及建议等。

本书适于参加"全国大学生智能汽车邀请赛"的高校学生和广大业余车模爱好者作为参考用书。

图书在版编目(CIP)数据

智能车设计："飞思卡尔杯"从入门到精通 / 闫琪等编著. --北京：北京航空航天大学出版社，2014.9
 ISBN 978-7-5124-1523-2

Ⅰ. ①智… Ⅱ. ①闫… Ⅲ. ①汽车—模型(体育)—制作 Ⅳ. ①G872.1

中国版本图书馆 CIP 数据核字(2014)第 077718 号

版权所有，侵权必究。

智能车设计
"飞思卡尔杯"从入门到精通
闫琪　王江　熊小龙
朱德亚　邓飞贺　朱锐　金立　编著
责任编辑　刘晓明

*

北京航空航天大学出版社出版发行

北京市海淀区学院路 37 号(邮编：100191)　http://www.buaapress.com.cn
发行部电话：(010)82317024　传真：(010)82328026
读者信箱：emsbook@gmail.com　邮购电话：(010)82316524
涿州市新华印刷有限公司印装　各地书店经销

*

开本：710×1 000　1/16　印张：25　字数：533 千字
2014 年 9 月第 1 版　2018 年 11 月第 3 次印刷　印数：5 001～6 500 册
ISBN 978-7-5124-1523-2　定价：59.00 元

若本书有倒页、脱页、缺页等印装质量问题，请与本社发行部联系调换。联系电话：(010)82317024

序一

最初接手飞思卡尔智能车大赛时,它还是一个只有100多个参赛队的邀请赛。在教育部发出的关于这项赛事的文件中是这样说的:希望通过竞赛,进一步促进高等学校加强对学生创新精神、协作精神和工程实践能力的培养,提高学生解决实际问题的能力,充分利用面向大学生的群众性科技活动,为优秀人才的脱颖而出创造条件,不断提高人才培养质量。(见教育部高等教育司《关于委托高等学校自动化专业教学指导分委员会主办全国大学生智能汽车竞赛的通知》。)

历经9年,智能车大赛已经达到400多所院校参与,每年2 000多支队伍报名的规模。它像一颗参天大树,扎根深远。既定的目标得到实现,不同类型的人才不断涌现,硕果累累。

大赛组委会对于智能车大赛的定义,始终是"实践教学环节"。在比赛本身发展的同时,如何使它更好地融于教学,使尽可能多的学生受益,而不仅仅是少数参赛学生的"精英活动",成为摆在组委会和飞思卡尔公司面前的又一课题。我认为,基于智能车大赛的平台,开设智能车创新实验室,要面向更多的学生进行基础培训;而学有余力的同学,也不应仅仅以参加比赛为目的,而是要能够获得更加广阔的创意空间。大赛不失为一个有效的途径。在考虑实施方案时,蓝宙电子进入了我的视线。

与蓝宙电子结缘,还是通过2012年一个智能车论坛的征文活动。那时候的我,深深感染于参赛学生的热情和投入,流连于论坛,希望了解更多同学的心路和诉求。那个征文活动参与的人不多,其中一篇文章讲述了一个车手认真、执着的参赛经历,以及创业的梦想。于是,我认识了文章的主人公——蓝宙电子的创始人王江。那个时候,蓝宙电子还只是一个淘宝小店。

序一

  时光飞逝。当年的参赛学生,早已开始进入职场,很多已经展露锋芒。而再次联系,蓝宙电子也已经有了一个朝气蓬勃的团队,有了更多对于智能车的理解。于是,我邀请他们参与智能车实验室的筹划实施。短短1年时间,实验室套件、在线培训、实验室整体方案等,一步一步走过来。现在,是这本教材的正式出版。

  很感谢蓝宙电子。以他们曾经参赛的经验,以年轻人特有的热情,以追求梦想的执着,推进着计划中的智能车实验室。相信他们会越做越好。

飞思卡尔大学计划经理

马 莉

2014年8月

序二

"飞思卡尔杯"全国大学生智能车竞赛是教育部批准的面向本科学生的全国性课外科技竞赛活动之一,从 2006 年开始举办至今,每年持续举办。

智能车竞赛涉及计算机、自动控制、电子信息、机械及汽车等诸多领域,为培养学生理论联系实际能力、综合应用能力、团结协作能力等提供了平台,为推进本科教学质量的提高与教学改革,做出了积极而有益的探索。

智能车设计以微控制器为核心展开,信号采样与识别、驱动电路及机械动作的控制均由微控制器内部的程序完成。"飞思卡尔杯"智能车竞赛所用的微控制器,从 2006 年开始,先后使用了以 8 位 HCS08、16 位 HCS12、32 位 ColdFire 处理器为内核的微控制器,目前已经逐步过渡到以 ARM Cortex - M4、ARM Cortex - M0＋处理器为内核的 Kinetis 系列微控制器。微控制器性能的较大提高,给智能车设计带来了机遇,也带来了挑战。

可以预计,从现在开始,随后的若干年内,"飞思卡尔杯"智能车比赛的主控芯片将以 ARM Cortex - M0＋及 ARM Cortex - M4 处理器为内核的 Kinetis 系列微控制器为主。"Kinetis"是个新造词,寓意"快速"。飞思卡尔公司 Kinetis 系列微控制器以快速、高效、稳定的性能服务于工控领域。ARM Cortex - M4(CM4)的发布时间是 2010 年,ARM Cortex - M0＋(CM0＋)的发布时间是 2012 年。CM4 处理器在 CM3 基础上强化了运算能力,新加了浮点、DSP、并行计算等,以满足信号处理与控制功能混合的数字信号控制领域的应用,如电动机控制、汽车、电源管理、传感网应用、嵌入式音频和工业自动化等。CM0＋处理器在 CM0 基础上,加入

序二

了多个重要新特性,包括:单周期输入/输出(I/O),以加快通用输入/输出(GPIO)和外围设备的存取速度;改良的调试和追踪能力;二阶流水线技术,以减少每个指令所需的时钟周期数(CPI);优化的闪存访问方式,以进一步降低功耗。其目标市场是 8 位微控制器应用领域的更新换代。作为 Cortex-M 处理器系列中的一员,CM0+处理器同样可获得 ARM Cortex-M 整个系统的全面支持,其良好的软件兼容性,使其能够方便地移植到更高性能的 CM4 等系列处理器中。

《智能车设计 "飞思卡尔杯"从入门到精通》一书,关于微控制器部分,简要介绍了两种用于智能车的主控芯片,一种是以 CM4 为内核的微控制器 MK60N512VMD100,简称 K60;另一种是以 CM0+ 为内核的微控制器 MKL25Z128VLK4,简称 KL25。本书旨在服务于智能车设计,关于这两种芯片的更详细信息还需参考其他书籍。

《智能车设计 "飞思卡尔杯"从入门到精通》一书的作者是"飞思卡尔杯"全国大学生智能车竞赛的亲历者;毕业之后,又是智能车设计硬件的开发与推广者,也是智能车软件技术的探索者。该书深入浅出地阐述了机械系统、电子系统、微控制器硬件、软件系统及控制算法等智能车设计的基本要素,还给出了比赛建议与感想。对于参与智能车比赛的大学生来说,系统地阅读本书,不仅能学习到智能车设计的基本方法,还能从作者的体会中吸取经验。期望读者能通过阅读本书,较为系统地获得智能车设计的基础知识,较快地进入智能车设计的大门。

王宜怀
2014 年 8 月

前　言

"飞思卡尔杯"智能车大赛是中国自动化控制领域最大的竞赛之一，竞赛以"立足培养，重在参与，鼓励探索，追求卓越"为指导思想，培养了大量优秀实干型的高校毕业生，为中国教育事业做出了突出的贡献。竞赛注重通过智能车这个载体将学生的理论知识和实际动手能力相结合，培养学生多学科综合运用的能力；将赛车时间长短作为衡量标准，让结果更加公平、公正。学生在学习知识的同时锻炼了分析问题和解决问题的能力以及创新的思维意识和习惯。

智能车是一个涉及机械、电子、控制、信号处理以及汽车等多方面的综合项目，学生在做项目的过程中不断查询和学习各种专业知识和理论，从实际操作中去掌握这些知识。学生在设计智能车过程中涉及的知识面和领域比较广，在茫茫的知识海洋中，很难找到系统地了解和掌握各种专业知识的突破口，并且将其融会贯通。因此急需一本专门指导智能车设计的教材作为学生学习的纲领性读本，来帮助学生在智能车项目中从入门到精通。

《智能车设计　"飞思卡尔杯"从入门到精通》就是蓝宙电子技术团队为了解决学生入门智能车难、学不深、理解浅等问题，并让学习更加容易而编写的一本涉及多个方面的专业教材。蓝宙电子技术团队成员参加过多届智能车大赛，具有丰富的智能车参赛经验，同时团队成员来自汽车、电子、机械、自动控制等多个专业领域。在技术团队的紧密配合下，结合多年产品开发经验，我们编写了这本智能车设计的指导书籍。本书由浅入深地对如何设计智能车进行了讲解，内容不再局限于自动控制这个固定领域，而是对机械设计、电子电路、软件编程直到系统集成都做了讲解，着重体现本书的纲领性意义。通过本书的指引和学习，能够将其他的书籍和知识进行串接，让所有的知识有一个主线，学生顺藤摸瓜，将多本教材结合起来，让学生的智能车学习更加全面。俗话说：授之以鱼不如授之以渔。蓝宙电子技术团队更加看重的是智能车设计可以培养学生分析问题、解决问题的能力这一点，重点教给学习者的是方法和思维，而不仅仅是知识；让学习者即使以后不做智能车项目，也能利用所学的分拆项目的思维、寻找问题的方式、解决问题的办法，并将其应用于实践，真正达到将知识学

前言

活的目的。

广大的智能车爱好者和学习者,在学习的过程中,不能简单限于本书,而应通过本书把一系列书籍都串接起来。例如在学习机械部分时,要利用《机械原理》去弄明白智能车各种机构的原理和结构,通过《机械设计》中的知识尝试去设计;涉及其他学科时以此类推,从简单入门,了解原理,学习理论,到融会贯通,真正学会设计。由于本书的意义是关注学生学习整个智能车的系统,其中涉及和引用了很多其他书籍和教材的内容,尤其很多地方借鉴了王宜怀老师编写的系列单片机书籍中的内容和知识;在本书编写中,王老师也给了我们团队极大的支持和帮助,在此表示诚挚的感谢!

本书由闫琪、邓飞贺担任主编,参加本书编写工作的还有朱锐、熊小龙、金立、王江、朱德亚,以及张燕、廉德福。

王宜怀教授精心审阅了本书,提出了很多宝贵意见,特致以衷心感谢。也非常感谢飞思卡尔公司的大力支持。

由于作者水平有限,书中若有不当之处,敬请指正。

作　者

2014 年 8 月

目 录

第1章 概 述 ... 1
1.1 智能车大赛简介 ... 1
1.2 比赛规则 ... 2
1.3 车模和赛道 ... 2
1.3.1 车 模 ... 2
1.3.2 赛 道 ... 4
1.4 关于飞思卡尔半导体公司 ... 7
1.5 关于蓝宙电子科技有限公司 ... 8
1.6 关于智能车创新教学实验平台 ... 9

第2章 机械系统及整车调校 ... 10
2.1 机械系统简介 ... 10
2.2 转向系统 ... 11
2.2.1 转向系统结构 ... 11
2.2.2 舵机固定方式 ... 13
2.2.3 转向系统设计 ... 15
2.2.4 转向类型 ... 18
2.3 行驶系统 ... 18
2.3.1 行驶系统结构 ... 18
2.3.2 车 架 ... 19
2.3.3 车 轮 ... 20
2.3.4 悬 架 ... 21
2.4 动力传动系统 ... 24
2.4.1 动力传动系统结构 ... 24
2.4.2 动力传动系统布置方式 ... 25
2.4.3 滚珠式差速器工作原理 ... 27
2.4.4 传感器固定支架 ... 28
2.5 整车系统及调校 ... 29

目录

- 2.5.1 车辆坐标系介绍 … 29
- 2.5.2 轮胎调校 … 30
- 2.5.3 外廓尺寸参数 … 33
- 2.5.4 质心位置调校 … 35
- 2.5.5 悬架调校 … 39
- 2.5.6 前轮定位参数调校 … 40
- 2.5.7 直线行驶性能调校 … 42
- 2.5.8 动力传动系统调校 … 42

第3章 智能车硬件设计基础 … 44

- 3.1 智能车总体设计 … 44
  - 3.1.1 摄像头组智能车总体设计 … 44
  - 3.1.2 电磁组智能车总体设计 … 45
  - 3.1.3 光电平衡组智能车总体设计 … 46
- 3.2 硬件设计基础 … 48
  - 3.2.1 硬件开发方法 … 48
  - 3.2.2 硬件开发环境 … 48
  - 3.2.3 阅读 Data Sheet 的方法 … 49
- 3.3 单片机最小系统设计 … 56
  - 3.3.1 电源电路 … 56
  - 3.3.2 时钟电路 … 56
  - 3.3.3 复位电路 … 59
  - 3.3.4 JTAG 接口电路 … 59
- 3.4 开关电源及线性电源电路设计 … 60
  - 3.4.1 BUCK 电源拓扑 … 60
  - 3.4.2 BOOST 电源拓扑 … 70

第4章 智能车硬件模块设计 … 82

- 4.1 摄像头模块设计 … 82
  - 4.1.1 摄像头基础知识 … 82
  - 4.1.2 图像信号相关概念解释 … 83
  - 4.1.3 OV7620 摄像头模块设计 … 85
- 4.2 电机驱动电路设计 … 89
- 4.3 舵机模块设计 … 99
- 4.4 编码器模块 … 101
  - 4.4.1 编码器基础介绍 … 101
  - 4.4.2 蓝宙编码器模块 … 102
- 4.5 加速度及陀螺仪模块 … 103

目录

　　4.5.1　加速度传感器 ……………………………………… 103
　　4.5.2　角速度传感器——陀螺仪 ………………………… 112
　　4.5.3　加速度计和陀螺仪的数据融合 …………………… 114
4.6　线性 CCD 传感器 …………………………………………… 115
4.7　停车模块 …………………………………………………… 117
　　4.7.1　概　述 ………………………………………………… 117
　　4.7.2　应用设计 ……………………………………………… 118
4.8　电磁传感器模块 …………………………………………… 119
　　4.8.1　分立元器件电磁放大检波电路 …………………… 119
　　4.8.2　集成运算放大器电磁放大检波电路 ……………… 120
4.9　OLED ……………………………………………………… 123
4.10　TF 卡 ……………………………………………………… 124
4.11　函数发生器与示波器的使用 …………………………… 125
　　4.11.1　函数发生器 …………………………………………… 125
　　4.11.2　示波器 ………………………………………………… 129

第 5 章　K60 单片机资源及相应操作 ……………………………… 135

5.1　K60 系列微控制器的存储器映像与编程结构 …………… 135
　　5.1.1　K60 系列 MCU 性能概述与内部结构简图 ………… 135
　　5.1.2　K60 的引脚功能与硬件最小系统 …………………… 137
5.2　K60 系列 …………………………………………………… 139
　　5.2.1　概　述 ………………………………………………… 139
　　5.2.2　模块功能种类 ………………………………………… 139
5.3　时钟分配 …………………………………………………… 144
　　5.3.1　概　述 ………………………………………………… 144
　　5.3.2　编程模型 ……………………………………………… 144
　　5.3.3　高级设备时钟框图 …………………………………… 144
　　5.3.4　时钟定义 ……………………………………………… 145
　　5.3.5　内部时钟需求 ………………………………………… 146
　　5.3.6　时钟门 ………………………………………………… 146
5.4　多用途时钟信号生成器（MCG） ………………………… 147
　　5.4.1　概　述 ………………………………………………… 147
　　5.4.2　内存映射/寄存器定义 ……………………………… 148
　　5.4.3　功能描述 ……………………………………………… 156
　　5.4.4　MCG 模式转换 ………………………………………… 159
5.5　系统集成模块 ……………………………………………… 161
　　5.5.1　SIM 引脚说明 ………………………………………… 161

目录

　　5.5.2　存储器映射及寄存器定义 …… 161
　5.6　端口控制与中断(PORT) …… 185
　　5.6.1　详细的引脚说明 …… 185
　　5.6.2　寄存器映射与定义 …… 185
　　5.6.3　功能描述 …… 190
　5.7　通用异步接收器/发送器(UART) …… 192
　　5.7.1　详细的信号说明 …… 192
　　5.7.2　存储模块映射 …… 193
　　5.7.3　功能描述 …… 206
　5.8　模拟到数字转换(ADC) …… 210
　　5.8.1　寄存器定义 …… 210
　　5.8.2　功能描述 …… 220
　　5.8.3　初始化信息 …… 223
　5.9　周期中断定时器 …… 225
　　5.9.1　概　述 …… 225
　　5.9.2　存储映像/寄存器描述 …… 225
　　5.9.3　功能描述 …… 227
　5.10　弹性定时器(FlexTimer,FTM) …… 229
　5.11　低功耗定时器(LPTMR) …… 263
　　5.11.1　概　述 …… 263
　　5.11.2　寄存器映射和定义 …… 263
　　5.11.3　功能描述 …… 267
　　5.11.4　LPTMR 预分频器/干扰滤波器 …… 268
　　5.11.5　LPTMR 比较 …… 269
　　5.11.6　LPTMR 计数器 …… 269
　　5.11.7　LPTMR 硬件触发器 …… 269
　　5.11.8　LPTMR 中断 …… 270

第 6 章　KL25 单片机资源及相应操作 …… 271

　6.1　通用 I/O 接口 …… 271
　　6.1.1　寄存器映像地址分析 …… 271
　　6.1.2　引脚控制寄存器(PORTx_PCRn) …… 271
　　6.1.3　全局引脚控制寄存器 …… 272
　　6.1.4　中断状态标志寄存器(PORTx_ISFR) …… 273
　6.2　GPIO 模块 …… 273
　　6.2.1　KL25 的 GPIO 引脚 …… 273
　　6.2.2　GPIO 寄存器 …… 274

目录

6.2.3 　GPIO 基本编程步骤 ·· 275
6.3 　UART 模块功能概述及编程结构 ·· 275
 6.3.1 　UART 模块功能概述 ·· 275
 6.3.2 　UART 模块编程结构 ·· 276
6.4 　定时器/PWM 模块(TPM)功能概述及编程结构 ······················ 285
 6.4.1 　TPM 模块功能概述 ·· 285
 6.4.2 　TPM 模块概要与编程要点 ··· 287
6.5 　周期性中断定时器(PIT) ·· 293
 6.5.1 　PIT 模块功能概述 ·· 293
 6.5.2 　PIT 模块概要与编程要点 ··· 295
6.6 　低功耗定时器(LPTMR) ·· 297
 6.6.1 　LPTMR 模块功能概述 ·· 297
 6.6.2 　LPTMR 模块编程结构 ·· 298
6.7 　KL25 的 A/D 转换模块寄存器 ·· 300
 6.7.1 　ADC 状态控制寄存器(ADC Status and Control Registers) ···· 300
 6.7.2 　ADC 配置寄存器(ADC Configuration Registers) ··············· 303
 6.7.3 　ADC 数据结果寄存器(ADC Data Result Registers) ············ 304
 6.7.4 　ADC 比较值寄存器(ADC Compare Value Registers) ·········· 305
 6.7.5 　ADC 偏移量校正寄存器(ADC0_OFS) ···························· 305
 6.7.6 　ADC 正向增益寄存器(ADC0_PG) ································· 306
 6.7.7 　ADC 负向增益寄存器(ADC0_MG) ································ 306
 6.7.8 　ADC 正向增益通用校准值寄存器(ADC0_CLPx) ··············· 306
 6.7.9 　ADC 负向增益通用校准值寄存器(ADC0_CLMx) ·············· 306

第 7 章　智能车系统软件 ··· 308
7.1 　智能车子系统介绍 ··· 308
 7.1.1 　摄像头传感器算法 ·· 308
 7.1.2 　CCD 传感器算法 ··· 312
 7.1.3 　车速传感器 ··· 317
 7.1.4 　陀螺仪传感器 ·· 319
 7.1.5 　按键和显示 ··· 320
 7.1.6 　舵机控制 ·· 320
 7.1.7 　电机控制 ·· 323
7.2 　程序总框架 ·· 325
 7.2.1 　摄像头组框架 ·· 325
 7.2.2 　光电平衡组 ··· 327
 7.2.3 　电磁组 ··· 330

目录

- 7.3 程序例程 ·· 331
  - 7.3.1 程序框架 ·· 332
  - 7.3.2 main 文件介绍 ·· 332
  - 7.3.3 速度模块 ·· 337
  - 7.3.4 CCD 模块采集和计算 ·································· 339

第 8 章 控制算法 ·· 357

- 8.1 PID 控制 ··· 357
  - 8.1.1 比例项(MP_n) ·· 359
  - 8.1.2 积分项(MI_n) ·· 359
  - 8.1.3 微分项(MD_n) ·· 360
  - 8.1.4 控制器 P、I、D 项的选择 ······························· 361
  - 8.1.5 利用整定参数来选择 PID 控制规律 ······················· 362
  - 8.1.6 PID 手动与自动控制方式 ······························· 362
  - 8.1.7 PID 最佳整定参数的选定 ······························· 363
  - 8.1.8 C 语言算法 ··· 364
- 8.2 滤波算法 ·· 369
  - 8.2.1 限幅滤波法（又称程序判断滤波法） ······················· 369
  - 8.2.2 中位值滤波法 ··· 369
  - 8.2.3 算术平均滤波法 ······································· 370
  - 8.2.4 递推平均滤波法（又称滑动平均滤波法） ··················· 370
  - 8.2.5 中位值平均滤波法（又称防脉冲干扰平均滤波法） ··········· 371
  - 8.2.6 限幅平均滤波法 ······································· 371
  - 8.2.7 一阶滞后滤波法 ······································· 371
  - 8.2.8 加权递推平均滤波法 ··································· 372
  - 8.2.9 消抖滤波法 ··· 372
  - 8.2.10 限幅消抖滤波法 ······································ 372
  - 8.2.11 IIR 数字滤波器 ······································ 373
- 8.3 卡尔曼滤波器 ·· 378
  - 8.3.1 概述 ··· 378
  - 8.3.2 卡尔曼滤波器算法 ····································· 379
  - 8.3.3 简单例子 ··· 380
  - 8.3.4 Matlab 下的卡尔曼滤波程序 ····························· 381

第 9 章 比赛建议与感想 ·· 383

参考文献 ·· 386

第1章 概述

1.1 智能车大赛简介

全国大学生智能车竞赛是受教育部高等教育司委托,由教育部高等学校自动化专业教学分委员会指导的赛事,下设秘书处,挂靠清华大学。该竞赛是以智能车为研究对象的创意性科技竞赛,是面向全国大学生的一种具有探索性的工程实践活动,旨在培养创新型人才,是教育部倡导的大学生科技竞赛之一。

该竞赛以"立足培养,重在参与,鼓励探索,追求卓越"为指导思想,旨在促进高等学校素质教育,培养大学生的知识综合运用能力、基本工程实践能力和创新意识,激发大学生从事科学研究与探索的兴趣和潜能,倡导理论联系实际、求真务实的学风和团队协作的人文精神,为优秀人才的脱颖而出创造条件。

该竞赛由飞思卡尔半导体公司赞助,因此称为"飞思卡尔杯"大学生智能车竞赛。该竞赛融科学性、趣味性和观赏性于一体,是以发展迅猛、前景广阔的汽车电子为背景,涵盖自动控制、模式识别、传感技术、电子、电气、计算机、机械与汽车等多学科专业的创意性比赛。智能车大赛总共分为三个组别:摄像头组、光电平衡组和电磁组。

全国大学生智能车竞赛原则上由全国有自动化专业的高等学校(包括港、澳地区的高校)参赛。竞赛首先在各个分赛区进行报名、预赛,各分赛区的优胜队将参加全国总决赛。每个学校可以根据竞赛规则选报不同组别的参赛队伍。全国大学生智能车竞赛组织运行模式贯彻"政府倡导、专家主办、学生主体、社会参与"的16字方针,充分调动各方面参与的积极性。

全国大学生智能车竞赛第一届比赛于2006年举办,每年举办一次,2013年是第八届。一般在每年的10月公布次年竞赛的题目和组织方式,并开始接受报名,次年的3月进行相关技术培训,7月进行分赛区竞赛,8月进行全国总决赛。

更多内容,请参见智能车竞赛官网:

http://www.smartcar.au.tsinghua.edu.cn/

第1章 概 述

1.2 比赛规则

全国大学生"飞思卡尔杯"智能车竞赛是在规定的模型汽车平台上,使用飞思卡尔半导体公司的8位、16位、32位微控制器作为核心控制模块,通过增加道路传感器、电机驱动电路以及编写相应软件,制作一个能够自主识别道路的模型汽车,按照规定路线行进,以完成时间最短者为优胜。

1.3 车模和赛道

1.3.1 车 模

车模必须选用大赛组委会秘书处统一指定的套件。第八届大学生智能车竞赛车模分为 A 型、B 型和 D 型三种。

① A 型车模:由广东博思公司提供,电磁组必须选用 A 型车模,如图 1-1 所示。

图 1-1 A 型车模

② B 型车模:由北京科宇通博科技有限公司提供,摄像头组必须选用 B 型车模,如图 1-2 所示。

③ D 型车模:由广东博思公司提供,光电平衡组必须选用 D 型车模,如图 1-3 所示。

各赛题组车模运行规则:

① 电磁组:四轮车模正常运行。

车模使用 A 型车模。电磁组要求车模运行方向为:转向轮在前,动力轮在后,如图 1-4 所示。

图1-2 B型车模

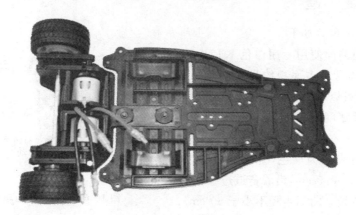

图1-3 D型车模

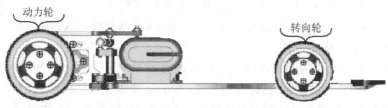

图1-4 电磁组四轮车模运行模式

② 摄像头组：车模反方向运行。

车模使用 B 型车模。车模运行方向为：动力轮在前，转向轮在后，如图 1-5 所示。

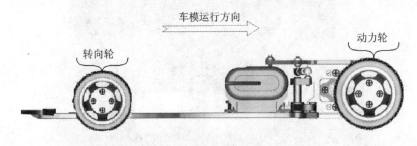

图 1-5　摄像头组四轮车模运行模式

③ 光电平衡组：车模直立行走。

车模使用 D 型车模。车模运行时只允许动力轮着地，车模直立行走。车模运行方向如图 1-6 所示。

1.3.2　赛　道

赛道基本参数如下：

① 赛道路面使用专用白色 KT 基板制作，在初赛阶段，赛道所占面积约为 5 m×7 m；决赛阶段赛道面积可以增大，如图 1-7 所示。

② 赛道宽度不小于 45 cm。赛道与赛道中心线之间的距离不小于 60 cm，如图 1-8 所示。

③ 赛道表面为白色，赛道两边有黑色线，黑线宽 2.5 cm±0.5 cm，沿着赛道边缘粘贴。

④ 赛道最小曲率半径不小于 50 cm。

⑤ 赛道可以交叉，交叉角为 90°，十字路口黑线边缘线如图 1-9 所示。

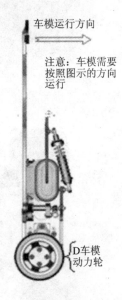

图 1-6　光电平衡组车模运行模式

⑥ 光电组、摄像头组的赛道直线部分可以有坡度在 15°之内的坡面道路，包括上坡与下坡道路，如图 1-10 所示。电磁组的赛道没有坡道。

⑦ 电磁组赛道中心下铺设有直径为 0.1～0.8 mm 的漆包线，其中通有 20 kHz、100 mA 的交变电流，如图 1-11 所示。

⑧ 赛道有一个长为 100 cm 的起跑区，如图 1-12 所示，两边分别有一个计时起始点。长度为 10 cm 的是白色计时起始线，赛车前端通过起始线作为比赛计时开始或者结束时刻。在黑色计时起始线中间安装有永磁铁，每边各 3 个，如图 1-13 所示。

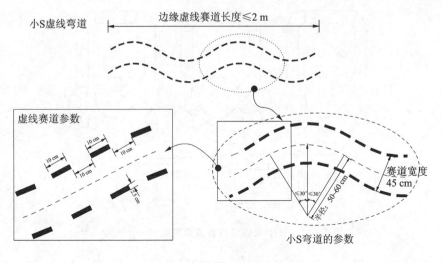

图 1-7 赛道宽度及间距

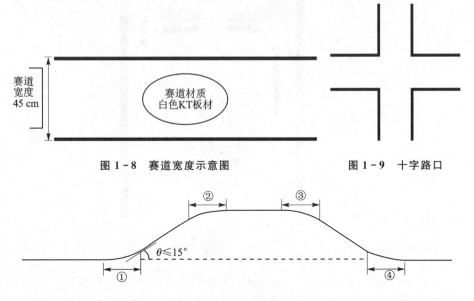

图 1-8 赛道宽度示意图　　　　图 1-9 十字路口

注：①、②、③、④过渡弧线长度大于或等于 10 cm。

图 1-10 坡道设计图

磁铁参数：直径为 7.5～15 mm，高度为 1～3 mm，表面磁通密度为 0.3～0.5 T（3 000～5 000 Gs）。

下面给出第八届全国大学生智能车大赛总决赛的赛道图纸（见图 1-14），仅供参考。

第1章 概 述

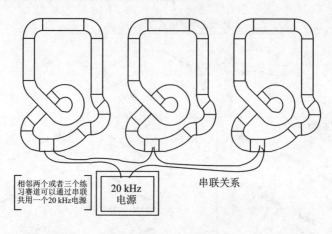

图1-11 三个电磁练习赛道串联共用一个电源

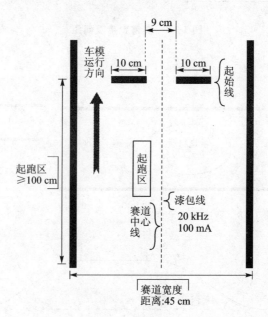

图1-12 起跑区

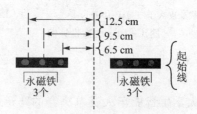

图1-13 跑线下的永磁铁安放位置

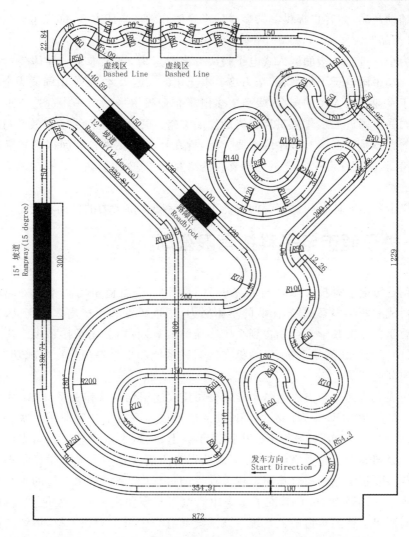

图 1-14 第八届全国大学生智能车大赛总决赛赛道图纸

1.4 关于飞思卡尔半导体公司

飞思卡尔半导体公司(Freescale Semiconductor)是全球领先的半导体公司,总部位于美国德克萨斯州奥斯汀市,其设计、研发、生产及销售机构遍布20多个国家和地区。在创新、质量和注重实效的企业文化引领下,全球18 000名员工齐心协力、锐意进取,为规模庞大、增长迅速的市场提供嵌入式处理器和链接产品;还为客户提供广泛多样的辅助设备,涉及各种产品、网络和真实世界的信号(如声音、振动和压力等)。这些产品包括传感器、射频半导体、功率管及其他模拟和混合信号集成电路,目前,主要为汽车、网络、无线通信、工业控制和消费类电子等行业提供产品。通过嵌入式处理器和辅助产品,为客户提供复杂多样的半导体和软件集成方案,即飞思卡尔所谓的"平台级产品"。

作为全球首屈一指的嵌入式电子解决方案供应商,飞思卡尔半导体公司一向积极参与推动中国电子工程教育,全力培养本土化的工程人才,促使中国成为全球拥有最多电子专业技术人才的国家,吸引更多电子企业投资中国市场。这是飞思卡尔半导体公司在中国近二十年来贯彻始终的发展策略。开展与国内大学在教学与应用研究方面的合作是贯彻这一策略的重要方面,旨在让学生在学校期间得到实际研究项目的经验,让他们在专家指导下进行真正的研究工作,令他们在正式投身社会前即拥有实际的经验。

飞思卡尔半导体公司每年都向智能车大赛活动提供大力的赞助和支持。

1.5 关于蓝宙电子科技有限公司

芜湖蓝宙电子科技有限公司成立于 2011 年 5 月,由蓝宙团队 4 人一起携手创办。公司成立两年多来,靠着团队的不懈努力,积极研发和生产出多款产品,其中汽车电子教学仪器类教学平台销售到全国多所高校。同时,公司承接了多个汽车电子项目,其中智能交通演示系统、发动机在线调试系统和工具等项目已经成功交付,并得到客户高度评价。

公司成立之初便与飞思卡尔半导体公司建立起密切的合作关系,2012 年 11 月,公司生产的线性 CCD 系列产品凭借过硬的质量成为飞思卡尔智能车大赛官方指定免检产品。2013 年初,在飞思卡尔中国区年会上,飞思卡尔半导体公司为蓝宙电子科技有限公司颁发了企业贡献奖,以表彰公司为飞思卡尔中国大学生计划提供的支持。在与多家技术型公司合作研发相关项目的过程中,公司技术人员的水平得到了极大的提高。2012 年,公司看准了未来中国汽车车窗防夹系统的发展方向,投入科研力量研发出了智能车窗防夹系统。该系统具有完全自主知识产权,申请的国家专利已经批复,实现了公司更加深入的研发和技术突破。在过去短短两年之内,公司从零做起,实现年净利润 100 万元,充分展现出初创企业的活力和发展空间。

公司原始股东 4 人,其中 3 人来自大学时同一个科技社团小组——蓝宙科技小组,另外一人是奇瑞销售大区销售经理。作为蓝宙科技小组成员,他们在大学期间获得了骄人的成绩,其中多位成员被地方报纸誉为"科技狂人"、"智能车王",或被评为当年"湖北大学生年度人物",多次在比赛中接受电视台和记者现场采访,成为媒体追逐的焦点人物。毕业后工作,蓝宙成员在奇瑞研发中心核心部门承担核心项目的重要工作,即变速箱、发动机控制系统的研发。销售人员拥有多年的业务经验,在手机专卖店、汽车 4S 店、汽车销售大区担任过销售管理工作,具有丰富的业务经验和业务拓展能力。

1.6 关于智能车创新教学实验平台

　　智能车创新教学实验平台是蓝宙电子科技有限公司集中优势资源开发的多功能教学平台，旨在提高大学生的动手实践能力，培养大学生的创新意识，最终使得大学生能将理论知识应用到实际的项目开发中，为以后的工作打下良好的基础。

　　在使用智能车套件及相关配套教材的时候，最初一定要认真按照教材对车模和套件进行组装。蓝宙提供的智能车套件都是经过多次实际测试并整合用户反馈，经多次改良和升级得到的，以使大家在最初学习智能车时就能接触到最合理、最简洁、最核心的知识和经验。

　　蓝宙电子科技有限公司的智能车系列产品在历届大赛中以其过硬的质量、稳定的性能深受广大参赛选手的欢迎。智能车创新教学平台包含了所有与智能车相关的软硬件以及机械部分的基础理论，能够帮助学生快速入门，使得学生可以更早地独立设计并制作智能车，完成从"菜鸟"到"老鸟"的蜕变。

第 2 章

机械系统及整车调校

2.1 机械系统简介

汽车底盘由四大系统组成:转向系统、传动系统、制动系统和行驶系统。智能车是仿真赛车的模型车,与真实汽车一样也具有四大系统,只是在具体结构上略有差异。本章将参照汽车的结构讲解智能车的各机械系统。

智能车机械部分包括转向系统、行驶系统、动力传动系统以及传感器支架等,同时还包括整体布局及性能调校,如图 2-1 所示。

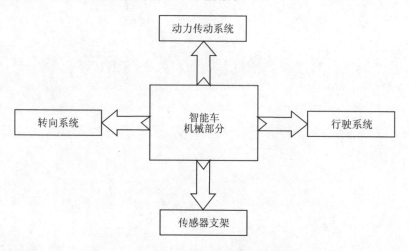

图 2-1 智能车机械部分

机械系统是智能车的最终执行者,机械系统的性能直接影响整车性能。

一个好的执行者,会让算法达到事半功倍的效果。图 2-2 所示为 F1 方程式赛车。

蓝宙电子智能车的各机械系统如图 2-3 所示。

第 2 章 机械系统及整车调校

图 2-2 F1 方程式赛车

图 2-3 蓝宙电子智能车

2.2 转向系统

2.2.1 转向系统结构

汽车转向系统是用来改变汽车行驶方向的专设机构的总成,它的功能是保证汽车能按驾驶员的意愿进行直线或转向行驶。按照转向能源的不同分为机械转向系和动力转向系两大类。

机械式转向系以驾驶员的体力作为转向动力,其中所有传力件都是机械机构,它由转向操纵机构、转向器和转向传动机构三大部分组成,如图2-4所示。

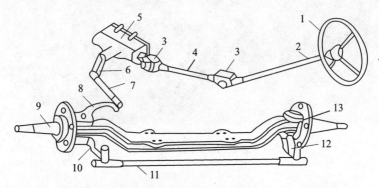

1—转向盘;2—转向轴;3—转向万向节;4—传动轴;5—转向器;6—转向摇臂;7—转向直拉杆;
8—转向节臂;9—转向节;10—梯形臂;11—横拉杆;12—梯形臂;13—转向节臂

图2-4 机械转向系统示意图

转向操纵机构:转向盘、转向轴、万向节、传动轴;

转向器:改变力矩方向,减速增扭;

转向传动机构:转向摇臂、转向直拉杆、转向节臂、转向节、梯形臂、横杆;

传力途径:转动转向盘→通过万向节输入转向器→经转向器减速增扭→转向摇臂→纵拉杆→转向节臂→左转向节绕主销偏转→左梯形臂→横拉杆→右梯形臂→右转向节。

智能车转向系统为机械转向系,结构上与汽车的转向结构类似。汽车的转向系统因前悬架不同,分为非独立式转向系统和独立式转向系统。智能车前悬架为独立式悬架,转向系统是参考汽车独立式悬架转向系统设计的。

图2-5所示为汽车独立式悬架转向系统的结构示意图,图2-6所示为智能车转向系统结构示意图,它们的结构基本相同。智能车转向系统也有左右对称的横拉杆、转向节臂。

现代车辆的转向原理是四杆机构中的双曲柄机构,如图2-7所示。

AC和BD为两等长不平行的曲柄,即AB和CD为两平行不等长的连杆设计而成的阿克曼几何。当以A点为瞬时中心时,中心将曲柄AC向右转动α_1角时,经由连杆CD使曲柄BD亦向右转动β_1角。此时,$\alpha_1 > \beta_1$。

同理,AC向左转动α_2角时,经由连杆CD使曲柄BD亦向左转动β_2角,此时$\alpha_2 < \beta_2$。

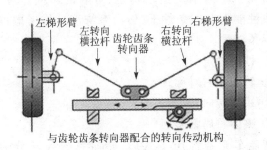

图 2-5　汽车独立式悬架转向系统　　图 2-6　智能车转向系统

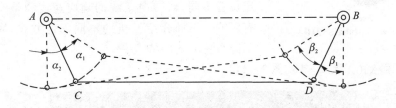

图 2-7　四连杆双曲柄机构

为了避免在汽车转向时产生路面对汽车行驶的附加阻力和轮胎过快磨损,要求转向系统能保证在汽车转向时所有车轮均作纯滚动。这只有在所有车轮的轴线都相交于一点时方能实现。此交点 O 称为车轮的转向中心(见图 2-8)。这个中心不是固定不变的,而是随着驾驶员操纵转向轮的偏转角度的变化而变化。这个中心也叫瞬时转向中心。这就是我们所说的阿克曼转角定律。

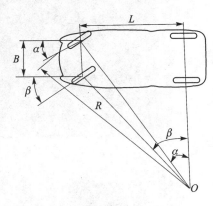

图 2-8　阿克曼转角定律

由图 2-8 可见,内转向轮偏转角 β 应大于外转向轮偏转角 α。在车轮为绝对刚体的假设条件下,α 与 β 的理想关系式为

$$\cot \alpha = \cot \beta + \frac{B}{L}$$

式中,B 为前轮距,L 为轴距。

2.2.2　舵机固定方式

智能车竞赛规则中对舵机做了限制,每个组别的车模只能使用同一种型号的舵机。以 A 车模为例,其使用 Futuba S3010 舵机(见图 2-9)。其性能参数为:6 V 时扭矩为 6.5 kg·cm、动作速度为 (0.16±0.02)s/60°。

图 2-9 Futuba S3010 舵机

智能车转向系统追求稳定、可靠的转向速度。在舵机性能固定的条件下,转向系统设计需考虑以下边界条件:

① 性能稳定、可靠;
② 转向左右对称;
③ 快速转向;
④ 整体布局紧凑。

智能车竞赛经历了八届,转向系统大部分为图 2-6 所示结构,但舵机布局略有差异。舵机的固定位置不同,对转向系统的响应速度和整车布局均有影响。下面介绍舵机的不同固定方式,同时分析不同布置方式的特点。

(1) 卧式(见图 2-10、图 2-11)

图 2-10 前置卧式

图 2-11 后置卧式

优点：安装原车模舵机布置方式，改动量小，重心低。
缺点：响应速度慢，两边拉杆长度不一样，转向不对称。

(2) 扣式（见图 2-12）

图 2-12　扣　式

优点：重心低，响应速度快，转向平顺对称。
缺点：安装过程复杂，不利于后续维护调整。

(3) 立式（见图 2-13、图 2-14）

图 2-13　前置立式　　　　　　图 2-14　后置立式

优点：响应速度快，转向平顺对称，安装便捷。
缺点：重心略高，后置立式占用底盘中部空间。

经过上述对比、分析，发现前置立式舵机固定方式更适合智能车竞赛的综合要求。前置立式舵机固定方式，不仅可以获得更快的转向响应速度，而且舵机前置可以把车模中部的空间完全提供给电路、传感器布局。

2.2.3　转向系统设计

采用前置立式舵机固定方式，因舵机输出轴高度增加，需要重新设计固定支架和转向摆臂。图 2-15 为舵机固定支架，图 2-16 为转向摆臂。

下面以 A 车模为例讲述舵机摆臂和舵机支架的设计思路。

第 2 章 机械系统及整车调校

图 2-15 舵机固定支架

图 2-16 转向摆臂

舵机摆臂是将舵机的旋转运动转换成横摆运动的一种机构。在智能车竞赛中，通过舵机摆臂将舵机转矩传递到连接轮子的横拉杆，实现轮子的左右转动，从而实现转向。转向在智能车比赛中至关重要，而摆臂则直接关系到智能车的转向灵敏度。

如图 2-17 所示，匀速圆周运动的线速度等于角速度与旋转半径的乘积，即 $V = \omega \cdot R$。

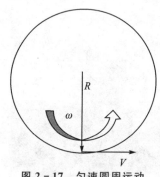

图 2-17 匀速圆周运动

转向舵机因型号固定，故在供电电压确定时其输出力矩是固定的。力矩等于力与力臂的乘积，即 $M = F \cdot L$。舵机的输出力矩与摆臂长度的关系如下：

舵机转矩 = 舵机摆臂作用力 × 摆臂长度

假设舵机输出力矩是恒定的，其输出轴的旋转角速度也是恒定的，舵机摆臂端部的瞬时线速度随舵机摆臂长度的增加而增大。摆臂的瞬时线速度大，会导致转向系统灵敏度提高，这是我们最希望得到的。

同时，在转向时舵机摆臂的力传递到横拉杆，横拉杆的作用力大于轮胎阻力时才开始转向，小于或者等于轮胎阻力时不转向。开始转向后，横拉杆作用力越大，轮胎转得越快，也就是说转向响应速度越快。

而舵机力矩是恒定的，舵机摆臂作用力与摆臂长度是成反比的，此长彼消。舵机摆杆不能太长，也不能太短。太短，响应慢；太长，拉不动，响应也慢。

最合适的舵机摆臂长度值，可以通过转向系统四杆机构仿真结合实际测试来获取。实际测试可以选用不同长度的舵机摆臂，装车后测试转向灵敏度。

获取最佳舵机摆臂长度后，可以对摆臂的外形做优化以达到减重、美观的效果。图 2-18 为优化后的舵机摆臂，选用 1 mm 不锈钢板线切割成型。不锈钢板有良好的刚度、韧性，为了减重将摆臂中部切除一块。

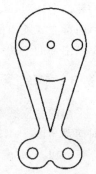

图 2-18 舵机摆臂

第 2 章 机械系统及整车调校

舵机摆臂设计完后,就可以开始设计舵机支架。舵机固定支架的主要作用是固定舵机,舵机固定牢靠才能提供稳定转矩。固定支架的结构和固定方式很重要。

转向系统装配后要求左右转向横拉杆在一条直线上,舵机摆臂的长度已确定下来,舵机的外形参数(见图 2-19)可以通过实际测量或者查询参数获取。

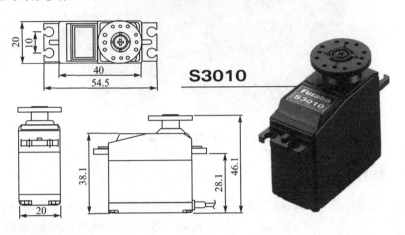

注:尺寸单位为 mm。

图 2-19 舵机尺寸参数

利用上面这些尺寸参数就可以设计出固定支架(见图 2-20)。此支架为龙门架式结构,通过铜螺柱连接上、下支架及车模,舵机通过螺钉与支架连接。上、下支架采用 1 mm 不锈钢板线切割加工,翻边可以增加抗弯强度。此种结构的舵机固定支架简单、牢靠,装配方便。

固定支架最后通过螺钉与车模连接,最终效果如图 2-21 所示。

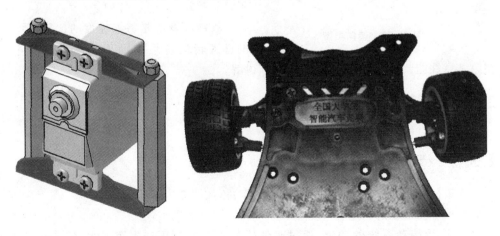

图 2-20 舵机固定支架   图 2-21 舵机固定位置

转向系统效果如图 2-22 所示。

第 2 章 机械系统及整车调校

图 2-22 转向系统效果图

2.2.4 转向类型

汽车在弯道中有三种运动轨迹：与弯道圆弧基本重合、向弯道外侧跑、向弯道内侧跑。这三种运动轨迹分别对应三种不同的转向趋势：中性转向、不足转向、过度转向，如图 2-23 所示。

不足转向特性导致小车在转弯时发生侧滑现象；过度转向特性导致小车在转弯时发生甩尾现象。

为了保证行驶安全，避免转向过度的情况发生，在设计时就应具备一定的转向不足趋势。

智能车竞赛是追求速度的比赛，适当的过度转向特性有助于小车迅速转弯。

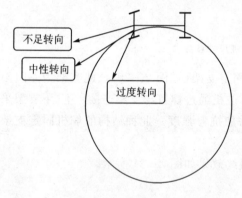

图 2-23 转向类型

在第 2 章性能调校部分，会对此进行详细讲解。

2.3 行驶系统

2.3.1 行驶系统结构

汽车行驶系统包括：车架、车轮、悬架、车桥，如图 2-24 所示。

汽车行驶系统的功用：

① 接受传动系统的动力，通过驱动轮与路面的作用产生牵引力，使汽车正常行驶。

② 承受汽车的总重量，承受与传递路面作用于车轮上的各项反力及其所形成的

第 2 章　机械系统及整车调校

图 2-24　Volvo S60 行驶系统

力矩。

③ 缓和不平路面对车身造成的冲击,衰减汽车行驶中的振动,保持行驶的平顺性。

④ 和转向系配合,保证汽车的行驶稳定性。

智能车与汽车一样具有行驶系统。下面以 A 车模为例(见图 2-25)找出其行驶系统,包括:前悬架、后悬架、车架、前车轮、后车轮以及后桥。其前悬架为独立式悬架,无前桥。

图 2-25　智能车 A 车模行驶系统

2.3.2　车　架

车架的功用:接受传动系统的动力,通过驱动轮与路面的作用产生牵引力,使汽车正常行驶。

对车架的要求:具有足够的强度和适当的刚度。(例如第五届大赛的车模,底板材质不好,底板很软,对于平地竞速车不利。)

图 2-26 为 D 车模车架。

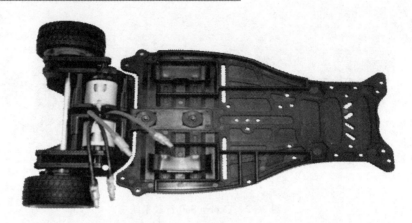

图 2-26 D 车模车架

2.3.3 车轮

车轮的功用：

① 和汽车悬架共同缓冲减振，保证汽车具有良好的乘坐舒适性和行驶平顺性；

② 保证车轮具有良好的附着性，与路面相互作用产生驱动力、制动力和侧向力，以提高汽车的牵引性、制动性和通过性；

③ 承受汽车重力，并传递其他方向的力和力矩；

④ 降低滚动阻力，提高汽车的燃油经济性。

车轮与路面之间的三种力：驱动力、制动力和侧向力。通过图 2-27 来看一下这三种力的作用方式。

图 2-27 车轮受力图

现实生活中，人们可以根据汽车不同的使用工况选用不同的轮胎。

追求行驶安全性就会选择宽胎，追求越野性能就会选择花纹较深、轮辋直径较大的轮胎。

智能车竞赛对车模做了限制,只能使用官方指定的轮胎,不能通过选择更好的轮胎来达到更好的驱动、制动以及防侧滑效果。在第 2 章的性能调校部分,会介绍如何通过处理轮胎来获得更好的性能。

2.3.4 悬　架

悬架的功用:

① 把作用于车轮上的各种力以及这些力所造成的力矩传递到车架上,保证汽车的正常行驶;

② 利用弹性元件和减振器起到缓冲减振的作用;

③ 利用悬架的某些传力机构,使车轮按一定轨迹相对车架或者车身跳动,即起到导向作用;

④ 防止车身在行驶情况下发生侧倾。

前悬架最重要的作用是前轮定位,前轮定位参数是转向轮、主销和路面之间的相互位置关系。前悬架具有自动回正作用,保证汽车直线行驶的稳定性。图 2-28 为 A 车模前悬架,图 2-29 为 A 车模后悬架。

图 2-28　A 车模前悬架

图 2-29　A 车模后悬架

前轮定位参数构成:主销后倾角、主销内倾角、前轮外倾角、前轮前束等。

(1) 主销后倾角(见图 2-30)

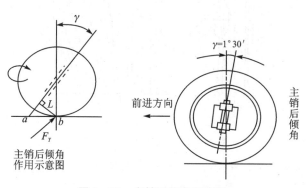

图 2-30　主销后倾角示意图

定义：在汽车的纵向平面内，主销上部相对于铅直线向后倾斜一个角度γ。

作用：能形成回正的稳定力矩，使汽车可以自动回正，保证汽车稳定的直线行驶。但是γ角也不能太大，随着速度变高，轮胎弹性变大，γ角应越来越小。

主销后倾角的调整：改变前后黄色调整垫圈的数量，如图2-31所示。

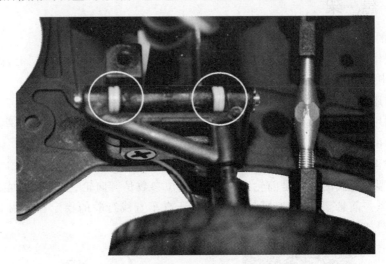

图2-31 主销后倾角调整示意图

(2) 主销内倾角（见图2-32）

定义：在汽车横向平面内，主销上部相对于铅直线向内倾斜一个角度β。

作用：具有自动回正作用，保证汽车直线行驶的稳定；使汽车转向轻便；可以减小转向轮传到方向盘上的冲击力。

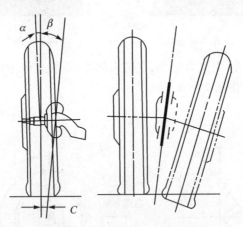

图2-32 主销内倾角示意图

主销内倾角的调整：调整前悬架上部的调整螺栓的长度（见图2-33）。

第 2 章 机械系统及整车调校

图 2-33 主销内倾角调整示意图

(3) 前轮外倾角(见图 2-34)

定义：在汽车横向平面内，前轮中心面不垂直于地面，而向外倾斜一个角度 α。

作用：防止车轮内倾，减轻轮毂外轴承的负荷并使轮胎磨损均匀，与拱形路面相适应。

前轮外倾角的调整：不可调整。

(4) 前轮前束(见图 2-35)

定义：两侧前轮前端距离 B 小于后端距离 A，$A-B$ 之差称为前轮前束。

作用：减小和消除车轮外倾带来的不利影响。

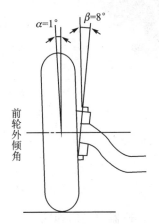

图 2-34 前轮外倾角示意图

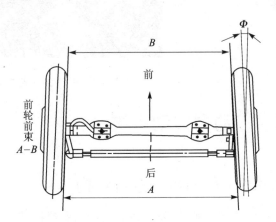

图 2-35 前轮前束示意图

前束的调整：改变横拉杆的长度(见图 2-36)。

第 2 章　机械系统及整车调校

图 2-36　前轮前束调整示意图

A 车模原为 RC 比赛用车模,对减振性能有一定要求,后悬架带有避振器。智能车竞赛的路面很平整,对于速度要求很高,对于减振要求较低。

鉴于此,建议将车模的避振器拆除,同时拆除其他不必要的零件。

将避振器拆除后发现,后悬架偏软。悬架刚度偏软不利于加减速性能。所以,需要将后悬架加固,后悬架刚度越大,加减速性能越好。后悬架如图 2-37 所示。

前面简单提到了悬架刚度与加减速性能的关系,后续将会在第 2 章性能调校部分具体讲解,同时还会讲解悬架刚度对转向特性的影响。

图 2-37　后悬架

2.4　动力传动系统

2.4.1　动力传动系统结构

动力传动系统:发动机、离合器、变速箱、传动轴、差速器、半轴,如图 2-38 所示。
动力传动系统的功用:
① 减速增扭;
② 实现倒车;

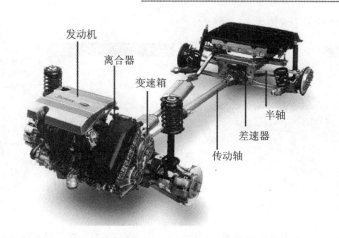

图 2-38　雷克萨斯汽车动力传动系统

③ 必要时中断动力；
④ 差速作用。

智能车与汽车一样具有动力传动系统。下面以 A 车模为例(见图 2-39)找出其行驶系统，包括：电机、电机齿轮、差速器、半轴。电机相当于发动机提供动力源，智能车无离合器和变速箱，但电机可以实现无级变速。

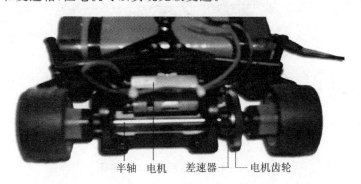

图 2-39　A 车模动力传动系统

2.4.2　动力传动系统布置方式

汽车的驱动方式主要有：前置前驱(FF)、前置后驱(FR)、中置后驱(MR)、后置后驱(RR)、全轮驱动(AWD)。

(1) 前置前驱(FF)(见图 2-40)
优点：传动系和动力系结构紧凑，传动效率高，牵引力好。
缺点：操控性较差，转向不足。

(2) 前置后驱(FR)(见图 2-41)
优点：轴荷分布比较合理，满载时动力性更好，便于维护和保养。

第 2 章 机械系统及整车调校

缺点：传动轴较长，传动效率降低。

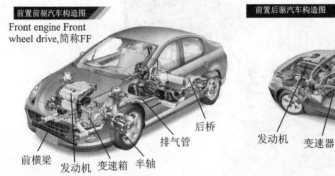

图 2-40　前置前驱汽车构造图　　　　图 2-41　前置后驱汽车构造图

(3) 中置后驱(MR)(见图 2-42)

优点：轴荷分配均匀，传动效率高，转向灵敏。

缺点：舒适性略差，行李箱空间小。

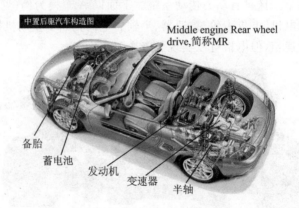

图 2-42　中置后驱汽车构造图

(4) 后置后驱(RR)(见图 2-43)

优点：驱动性强，车厢内的面积利用率高，前后轴荷的分配合理。

缺点：前轮附着力小，高速时转向不稳定，影响了操纵稳定性。

(5) 全轮驱动(AWD)(见图 2-44)

优点：驱动性强，稳定性好。

缺点：油耗高。

智能车是典型的后置后驱方式，重心略靠后，易甩尾。在调校阶段需要留意整体的重心位置，相关内容会在第 2 章性能调校部分讲到。

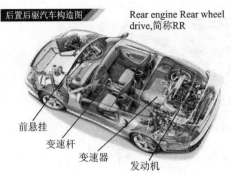

图 2-43 后置后驱汽车构造图

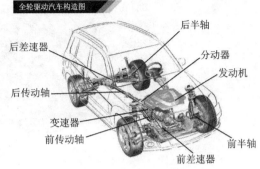

图 2-44 全轮驱动汽车构造图

2.4.3 滚珠式差速器工作原理

前面讲过汽车在转弯时要遵循阿克曼转角定律，下面再来看一下阿克曼转角定律（见图 2-45）。

当汽车转弯时，所有车轮的轴线交于瞬时转动中心 O 点，此时可以看做是汽车所有车轮以瞬时角速度 ω 围绕 O 点旋转。那么，后轴内、外轮的瞬时线速度分别为 $OC \cdot \omega$、$OD \cdot \omega$。显而易见，$OC < OD$，故 $OC \cdot \omega < OD \cdot \omega$。由此可知，汽车转弯时内轮转速比外轮慢。

如果后轴做成一个整体，就无法做到内外侧车轮的转速差异。为了解决这个问题，早在一百年前，法国雷诺汽车公司的创始人路易斯·雷诺就设计了差速器这个部件。

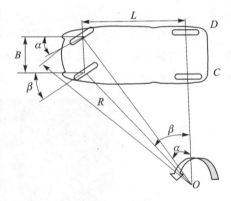

图 2-45 阿克曼转角定律

智能车同样需要差速器来实现后轮的转速差异。

先看一下汽车差速器的内部结构，如图 2-46 所示。动力传动顺序为传动轴（主动齿轮）→从动齿轮→行星齿轮→左、右半轴齿轮→左、右输出轴。

当汽车直线行驶时，左、右轮阻力相同，从动齿轮上的转矩平均分配给左、右半轴，左、右输出轴的转速相同，左、右车轮的转速也相同。此时行星齿轮只随着从动齿轮做圆周运动。

当汽车转弯时，内侧车轮阻力大。按照"能量最低原理"，从动齿轮分配给阻力较小一侧半轴的转矩就偏大。这样，左、右半轴的转速就不同，左、右车轮的转速也不同，内侧的车轮转速就会比外侧车轮的转速慢一些。此时由于左、右半轴旋转速度不同，行星齿轮不仅随着从动齿轮做圆周运动，同时还自转，自转方向与转速快的一侧半轴旋转方向相同。

第 2 章 机械系统及整车调校

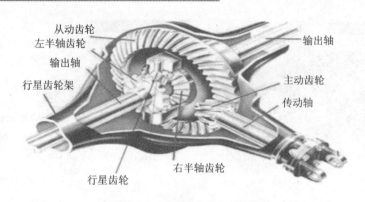

图 2-46 普通差速器三维示意图

智能车的差速器为滚珠式差速器,其结构如图 2-47 所示。从动齿轮上的滚珠相当于行星齿轮,滚珠式差速器与行星齿轮式差速器的工作原理基本相同。动力传动顺序为从动齿轮→滚珠→摩擦盘→左、右半轴。

当智能车转弯时,从动盘上的滚珠发生自转,转动方向与外侧车轮旋转方向一致。

智能车竞赛使用过的大部分车模中均为机械式差速器实现差速(其中第五届大赛出现的四驱车模是行星齿轮式差速器)。D 车模无差速器,通过控制左、右电机转速差实现差速。

图 2-47 智能车滚珠式差速器

2.4.4 传感器固定支架

智能车上有很多传感器,固定这些传感器需要一些支架。传感器固定支架可能只有一两块材质为金属的板子或 PCB,设计巧妙的支架在整车性能以及后期调试方面都会有很大的作用。

设计传感器支架需要在结构、自由度以及材料上下功夫。

结构方面在满足功能的情况下，应尽量将支架设计得更小、更巧妙。这样不仅可以减轻整车质量，还可以有效避免支架与周边的干涉风险。

自由度方面主要考虑所需的调节量及自由度，比如在做智能车的前期阶段，摄像头是不能确定高度和俯仰角的。此时需要设计既可上下调节高度，又可调节俯仰角的支架。

材料方面需考虑加工方便、价格便宜且质量轻，所以首选铝质材料。对于不需要折边的支架，可以选用PCB加工。

在设计阶段可以使用AutoCAD、CAXA、CATIA等制图软件；对于一些精度、外观、性能等方面要求较高的支架，可以用机加工成型。机加工使用最普遍的是线切割、数控铣。

图2-48中的摄像头固定支架由两个小支架组成，可以调节上下高度以及俯仰角。使用铝质材料通过数控铣床加工，精度高且质量轻。

图2-48　摄像头固定支架

汽车在新产品装完样车后，会在试验场做各种操纵稳定性、平顺性、制动性等试验，根据试验结果对整车做调校以提高性能，针对试验结果也会对整车布局做调整，以满足更好的性能。本章将从整车性能角度出发，介绍几种简单的试验方法和性能调校。

2.5　整车系统及调校

2.5.1　车辆坐标系介绍

车辆操纵过程的姿态和运行轨迹，参照固定在地面上的右手直角坐标系来确定。车辆坐标系(见图2-49)是用来描述汽车运动的特殊动坐标系，其原点与质心重合。

第 2 章 机械系统及整车调校

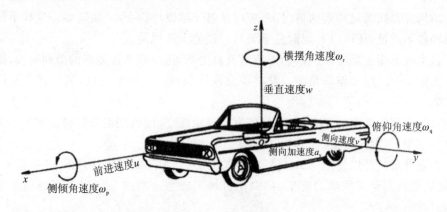

图 2-49 车辆坐标系

车辆坐标系与空间坐标系相同,有三个坐标轴代表三个不同的运动方向,还有三个围绕着三个轴的旋转运动。

车辆坐标系的定义如下:

u——前进速度;

w——垂直速度;

v——侧向速度;

ω_p——侧倾角速度;

ω_q——俯仰角速度;

ω_r——横摆角速度。

2.5.2 轮胎调校

轮胎是连接汽车与道路的唯一部件,其基本职能是支撑车辆重量、传递驱动和制动力矩,吸振以及保证转向稳定性。汽车的运动依赖于轮胎所受的力。与车辆坐标系一样,轮胎也有相应的坐标系(见图 2-50)。

在轮胎坐标系中,地面作用在轮胎上的主要力和力矩有:

纵向力 F_x——地面切向反作用力沿 x 轴的分量;

侧向力 F_y——地面切向反作用力沿 y 轴的分量;

反作用力 F_z——地面法向反作用力;

翻转力矩 M_x——地面反作用力绕 x 轴的力矩;

滚动阻力矩 M_y——地面反作用力绕 y 轴的力矩;

回正力矩 M_z——地面反作用力绕 z 轴的力矩。

智能车的轮胎是非充气轮胎,轮胎与轮辋是分离的。智能车在高速运行时,由于轮胎受到各种力和力矩的作用,很容易就与轮辋脱离。所以,轮胎需要与轮辋粘接为一体,以增加轮胎侧偏刚度,从而提高轮胎性能(见图 2-51)。轮胎与轮辋粘接可以使用热熔胶,有条件时可以使用专业的粘胎胶。

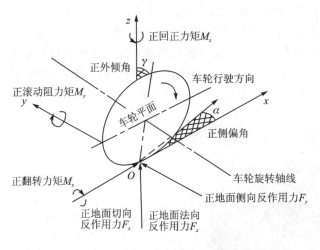

图 2-50 轮胎坐标系与地面作用于轮胎的力和力矩

驱动力是与轮胎接触面积成正比的，智能车轮胎表面有一层凸起物（见图 2-52），当轮胎与地面接触时接触面积就会因为凸起物而减小。因此此处的凸起物需要去除（见图 2-53）。

图 2-51 粘接后的轮胎　　图 2-52 处理前的轮胎　　图 2-53 处理后的轮胎

汽车驱动力和制动力与纵向轮胎附着系数成正比；智能车竞赛所使用轮胎的规格型号和材料是固定的，轮胎附着系数只能通过增加轮胎表面粗糙度来提高。

新轮胎因加工工艺的原因表面是光滑的而且比较硬，这样的轮胎附着性较差。新轮胎可以使用细砂纸，适度、均匀打磨以增加表面粗糙度；后续可将此轮胎装车，在跑道上自然打磨，直到轮胎表面用手摸起来粘粘的，此时的轮胎纵向附着系数是最大的，可以用于比赛。

智能车在高速过弯道时，因侧向力，小车运动轨迹是趋于向外的，也就是我们常说的侧滑。侧滑的原因有多种，以轮胎的侧向附着系数对侧滑影响最大。为了增大轮胎侧向附着系数，可以在前轮表面沿着行驶方向均布划 1~1.5 mm 深的小槽（见

图 2-54)。实际调试中发现,此种处理办法可以有效抑制侧滑。

当车轮滚动时,由于弹性迟滞现象(见图 2-55),处于压缩过程的前部点的地面法向反作用力就会大于处于压缩过程的后部点的地面法向反作用力,这样,地面法向反作用力的分布前后不对称,而使它们的合力 F_a 相对于法线前移一个距离 a,它随着弹性迟滞损失的增大而增大。

图 2-54 轮胎的胎面　　　　图 2-55 轮胎弹性迟滞损失

轮胎迟滞现象的存在,导致车轮在滚动时不仅有纯滚动,而且还存在滑动成分。滑动成分过多,汽车在制动时失控的概率就越大,滑动成分与滚动成分的比率就是滑移率。通过控制滑移率,可以让汽车在制动时不会发生失控现象,而且能缩短失控时间,这样,汽车的安全性就得到了保证。

滑移率与速度的关系如下:

$$\varepsilon = \frac{V_t - V_a}{V_t} \times 100\%$$

式中　V_t——理论车速;
　　　V_a——实际车速。

汽车 ABS 功能是通过电磁阀控制制动系统工作状态来保证在制动时车轮发生抱死现象,保证在制动状态下汽车的转向稳定性。ABS 防抱死系统的核心就是控制滑移率,通过电磁阀实现连续不断的点动刹车。滑移率在正常范围内时制动系统开始工作,当滑移率超出正常范围时,制动系统暂停工作。

依照 ABS 工作原理,智能车上也可以实现此功能。在仪器设备不够先进的时期,汽车试验中通过在汽车后部中间位置安装一个车轮来检测实际车速。也可以通过加装一个能够测速的第五轮来检测实际车速。

旋转编码器检测的信号通过传动比折算后即是智能车的理论车速,通过五轮仪(见图 2-56)检测的是智能车的实际车速,这样就可以实时得到智能车的滑移率。五轮仪在智能车上已成功使用。

汽车行驶过程中,由于路面的侧向倾斜、侧向风或曲线行驶时的离心力等作用,车轮中心将产生一个侧向力,相应地在地面上产生反侧向作用力,这个力称为侧偏力。由于轮胎具有侧向弹性,车轮行驶方向将偏离车轮平面方向,这就是轮胎的侧偏现象,如图 2-57 所示。

图 2-56 五轮仪

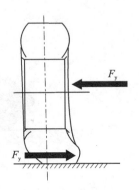

图 2-57 轮胎侧偏现象

当侧偏角不超过 4°～5°时,侧偏角和侧偏力呈线性关系。汽车正常行驶时,侧向加速度不超过 0.4 g,侧偏角不超过 4°～5°。轮胎的侧偏力与轮胎侧偏刚度的关系如下:

$$F_y = K_y \times \alpha$$

式中　F_y——侧偏力;

　　　K_y——侧偏刚度,为负值,是决定操纵稳定性的重要轮胎参数;

　　　α——侧偏角。

侧偏刚度 K_y 与车轮垂直载荷、胎压、车速、路面状态均有关系。当 F_y 一定时,希望偏转角越小越好,所以 K_y 的绝对值越大越好。将轮胎与轮辋粘接是增加轮胎侧偏刚度的一种办法(见图 2-51)。

2.5.3　外廓尺寸参数

汽车外廓尺寸有:最小离地间隙、纵向通过角、接近角、离去角等,主要参数如图 2-58 所示。图中:γ_1 为接近角;γ_2 为离去角;γ_3 为纵向通过角;h 为最小离地高度。

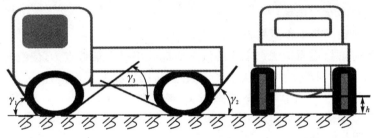

图 2-58　汽车基本外廓尺寸

智能车的外廓尺寸参数大多不可调,或者对整车性能没有太大影响,这里主要介绍影响车辆通过性的接近角和离去角。

接近角:汽车满载静止时,汽车前端突出点向前轮所引切线与地面的夹角,如图 2-59 所示。

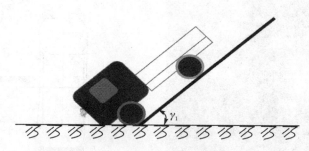

图 2-59 汽车接近角

车辆前端触及地面而不能通过的现象称为触头失效,接近角 γ_1 越大,就越不容易发生触头失效。

离去角:汽车满载静止时,汽车后端突出点向后轮引的切线与地面的夹角,如图 2-60 所示。

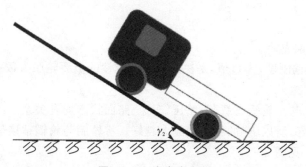

图 2-60 汽车离去角

车辆尾部触及地面而不能通过的现象称为拖尾失效,离去角 γ_2 越大,就越不容易发生拖尾失效。

接近角测量方法:

① 将汽车停至测量场;

② 找出前轮胎与地面接触点 A;

③ 在两前轮与地面接触点之前的汽车前部找出一个最低点 B,使汽车前部所有点都在 AB 连线所在的平面之上,该平面通过 AB 且与 yz 平面垂直;

④ 做 B 点在水平测量面上的投影 B' 点,连接线段 AB';

⑤ 分别测量线段 BB' 和 AB' 的长度;

⑥ 记录测量结果;

⑦ 根据公式 $\gamma_1 = \arctan(BB'/AB')$ 求出接近角。

离去角测量方法同接近角。

智能车竞赛中设置了 15°的坡道,制作小车时需要保证接近角、离去角大于 15°,否则就会发生触头、拖尾失效。小车在上坡时会减速,下坡时会加速;加减速时小车的前后悬架高度会因质心偏移而降低,所以需要适当增大小车的接近角和离去角,保证动态时小车也不会发生触头、拖尾失效。

2.5.4 质心位置调校

汽车的性能与其质心位置密切相关。在智能车调校过程中需要先找到其质心位置,然后根据质心位置调校整体布局,以达到最好的机械性能。

根据车辆坐标系(见图 2-49),可知质心在 x 轴上的位置间接体现了汽车前后轴荷分布,而前后轴荷对转向和制动性能有所影响。质心在 y 轴上的位置体现汽车左右质量对称性,与汽车的运动对称性紧密关联。而质心在 z 轴上的位置与汽车侧倾有关。

下面分别介绍 x、y、z 三轴质心位置的测量方法。测量工具:2 kg 电子秤(2 台)、卡尺(1 把)。

(1) x 轴质心位置

测量步骤:

① 按图 2-61 所示将小车的前后轮分别放在两个电子秤上,保证小车前后轮在两个电子秤上位置相同;

② 读取前后电子秤上的读数分别为 F_f、F_r。

代入公式:
$$X_1 = \frac{F_r L}{F_f + F_r}$$

式中 X_1——质心至前轴中心线的水平距离;

  L——轴距;

  F_f——前轴轴重(前电子秤读数);

  F_r——后轴轴重(后电子秤读数)。

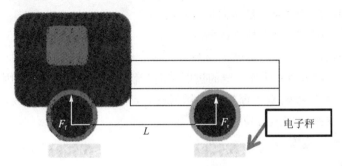

图 2-61 x 轴质心测量

汽车理论中有关操纵稳定性的内容中涉及到稳定性因数 K。K 与汽车重心在 x

方向的位置关系如下：

$$K = \frac{m}{L^2}\left(\frac{b}{|k_1|} - \frac{a}{|k_2|}\right)$$

式中　　K——稳定性因数；

m——汽车质量；

L——轴距；

a——质心至前轴中心线的水平距离；

b——质心至后轴中心线的水平距离；

k_1——前轮侧偏刚度；

k_2——后轮侧偏刚度。

稳定性因数 K 与转向特性的关系如图 2-62 所示。

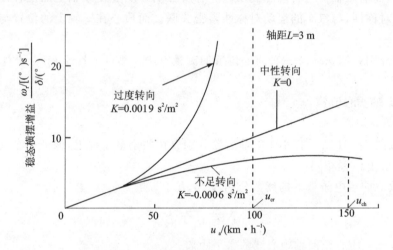

图 2-62　汽车的稳态横摆角速度增益曲线

由于前后轮规格型号一致，侧偏刚度 $k_1 = k_2$，那么，决定 K 值大小的就是质心至前后轴中心的距离。

当 $a > b$ 时，$K < 0$，为不足转向特性；

当 $a = b$ 时，$K = 0$，为中性转向特性；

当 $a < b$ 时，$K > 0$，为过多转向特性。

智能车为竞速小车，具备一定的过度转向特性有助于高速过弯。因此，a 需要略小于 b，也就是说后轴略重于前轴。实际调校时，可以通过调整电路板、电池、舵机等部件的前后位置来调节质心位置。

(2) y 轴质心位置

测量步骤：

① 如图 2-63 所示将小车的左侧两车轮和右侧两车轮分别放在两个电子秤上，保证小车同一侧后轮都在电子秤托盘上；

② 读取左右电子秤上的读数，分别为 $F_左$、$F_右$。

代入公式：$$Y_1 = \frac{F_左 L}{F_左 + F_右}$$

式中 Y_1——质心至左侧车轮中心线的水平距离；

L——轴距；

$F_左$——左侧两车轮承重（左电子秤读数）；

$F_右$——右侧两车轮承重（右电子秤读数）。

图 2-63 y 轴质心测量

智能车竞赛中稳定性和对称性是很重要的，转向不对称会导致小车顺时针和逆时针过同一个弯道时出现不同的姿态，甚至出现顺时针可以顺利通过而逆时针无法通过的状况。智能车是运动的执行机构，机械方面的对称是转向对称性能的保障。通过测量质心在 y 轴方向的位置可以让我们得知小车在机械方面是否对称，同时可以调整零部件的左右位置来达到机械对称。

(3) z 轴质心位置

测量步骤：

① 如图 2-64 所示将小车的前轮用垫块抬高，后轮放在电子秤上；

② 读取电子秤数据 F_{r1}；

③ 测量后轮半径 r。

代入公式：$$Z_1 = \frac{F_{r1} - F_r}{F_r + F_r} \frac{L}{\tan \alpha} + r$$

式中 $$\alpha = \arccos \frac{l}{L}$$

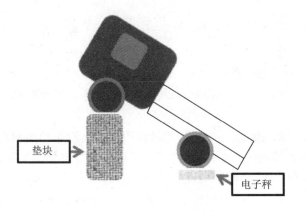

图 2-64 z 轴质心测量

Z_1——质心高度;

L——轴距;

l——前轮抬起后,前后轮的水平距离;

r——后轮半径;

F_{r1}——前轮抬起后的后轮轴重(电子秤读数)。

汽车侧翻是指汽车在行驶中绕其纵向轴转动 90°或更大角度,以致车身与地面接触的一种极其危险的侧向运动。有很多因素可能引起汽车的侧翻,包括汽车结构、运动状态以及道路状况条件等。汽车在道路上行使时,由于侧向加速度超过一定限度,使得汽车内侧车轮的垂直反力为零而引起侧翻。

图 2-65 是刚性汽车的准静态侧倾模型,在这里忽略汽车悬架及轮胎的弹性变形,认为汽车是刚性的,准静态是指汽车的稳态转向。

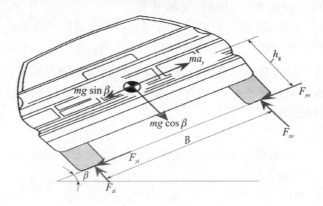

图 2-65 准静态侧倾模型

假设路面的侧向坡道角 β 很小,即 $\sin\beta=\beta, \cos\beta=1$,于是有

$$ma_y h_g - mg\beta h_g + F_{zi}B - \frac{1}{2}mgB = 0$$

$$\frac{a_y}{g} = \frac{\frac{1}{2}B + \beta h_g - \frac{F_{zi}B}{mg}}{h_g} = \left(\frac{1}{2} - \frac{F_{zi}}{mg}\right)\frac{B}{h_g} + \beta$$

当汽车在水平路面行驶时,$\beta=0, a_y=0, F_{zi}=mg/2$。当 a_y 增加时,F_{zi} 将减小。当 $F_{zi}=0$ 时,汽车开始侧翻。侧翻时 $a_y/g=B/2h_g+\beta$,发生侧翻时的加速度 a_y 称为侧翻阈值。

当 $\beta=0$ 时,侧翻阈值为 $B/2h_g$。此值常用来预估汽车的抗侧翻能力,因为它只需要轮距 B 和质心高度 $2h_g$ 两个结构参数,应用起来很方便。实际使用时需要考虑悬架变形和轮胎弹性变形,侧翻阈值约减小 10%。

智能车竞赛中也发生过侧翻现象,主要是因为侧向加速度太大且小车质心不够低所导致。因此,为使智能车具备良好的防侧翻性能,可以借鉴真实汽车的理论参数来调校小车。

2.5.5 悬架调校

偏软的悬架,其在高速入弯时侧倾过大,就会使曲线走得过大,也就是前面讲的转向不足。其在出弯时,由于车身不稳,得不到持续的抓地力,出弯速度就会变慢,在连续 S 弯道的表现就显得十分迟钝;而且在加、减速过程中,由于质心向后、向前移动,汽车就会出现后倾、前倾现象(也就是通常所说的"抬头"、"点头"现象),不利于操控。智能车的前后悬架偏软同样会出现这些现象,最终体现就是出现侧滑、转向不足、传感器抖动等现象。

偏硬的悬架,其在高速入弯时侧倾较小,后轮循迹较好,也就是我们说的过度转向。其在连续 S 弯道的表现就显得很灵敏,加、减速时质心移动量较小,姿态较为稳定。但是,偏硬的悬架在路况不佳时乘坐舒适感就很差,体现在智能车上就会出现跳动、传感器抖动等现象。

智能车竞赛的赛道状况较好且追求速度,硬悬架可以获得更好的运动性能。考虑到赛道中会设置路障,为保证小车的稳定性需要使悬架适度偏软。

智能车的前悬架是独立式悬架,其中的小弹簧起到减振作用,这个小弹簧的刚度就直接影响前悬架的软硬。实际调校时可以选用不同刚度的弹簧测试,以小车在赛道上的运动姿态决定弹簧的型号。

智能车的后悬架因结构原因整体偏软,沿着 x 轴有较大窜动量,这是不利于小车的高速性能的。所以,后悬架需要调校得偏硬。

在上一小节内容中讲到质心高度会影响侧翻,而悬架的软硬也会影响侧翻。侧翻是汽车从一边到另一边的来回运动,在弯道中时外侧悬架被压缩,同时内侧伸张,此时汽车的质心高度会因此升高,就存在侧翻趋势。汽车上安装有防倾杆连接左右悬架,通过防倾杆吸收侧倾,可以降低侧翻趋势。

智能车后悬架调校可以依照上述方法增加连接后悬架左右侧的支架,这样,一方面可以增加后悬架刚度,另一方面还可以起到防倾杆的作用。支架可选用偏硬却有一定弹性的 PCB 材料制作(见图 2-66)。同样,前悬架可以参考汽车防倾杆,制作一根连接左右悬架的细杆防倾。

图 2-66 增加加固支架

2.5.6 前轮定位参数调校

现代汽车在正常行驶的过程中,为了使汽车直线行驶稳定、转向稳定、轻便,转向后能及时回正,并减少轮胎和转向系零件的磨损等,前轮定位的作用很重要。前轮是转向轮,它的安装位置由主销内倾、主销后倾、前轮外倾和前轮前束4个项目决定,反映了转向轮、主销和前轴三者在车架上的位置。

(1) 主销后倾角

采用主销后倾角的原因是汽车在车轮偏转后会产生一个回正力矩,纠正车轮的偏转,使车轮回正。

可以通过增减黄色垫片的数量来改变智能车主销后倾角,每侧有4片垫片(见图2-67)。前2后2,后倾角为0°。前1后3,后倾角为2°~3°。前0后4,后倾角为4°~6°。

欲使智能车具有较大的回正力同时保证转向轻便,调节为前1后3。当车速较高时,可以调整为前0后4。

(2) 主销内倾角

主销内倾的作用是使前轮自动回正。角度越大,前轮自动回正的作用就越强,但转向时也越费力,轮胎磨损增大;反之,角度越小,前轮自动回正的作用就越弱。

可以通过调整前悬架上横臂的长度,来调节智能车主销内倾角(见图2-68),速度越快,主销内倾角越大。实际调校时,可以使用游标卡尺测量长度,保证两侧的倾角相同。

主销内倾和主销后倾都有使汽车转向自动回正、保持直线行驶的功能。不同之处是主销内倾的回正与车速无关,主销后倾的回正与车速有关,因此高速时主销后倾的回正作用大,低速时主销内倾的回正作用大。

图2-67 主销后倾角调整示意图

图2-68 主销内倾角调整示意图

(3) 前轮外倾角

前轮外倾角的作用是提高前轮的转向安全性和转向操纵的轻便性。在汽车的横向平面内,轮胎呈"八"字形时称为"负外倾",而呈现"V"字形张开时称为正外倾。如果车轮垂直于地面,一旦满载就易产生变形,可能引起车轮上部向内倾侧,导致车轮连接件损坏。所以事先将车轮校偏一个正外倾角度,一般这个角度约为 1°,以减小承载轴承负荷,延长零件使用寿命,提高汽车的安全性能。智能车提供了专门的外倾角调整配件,可近似调节其外倾角。由于竞赛中模型主要用于竞速,所以要求尽量减轻质量,其底盘和前桥上承受的载荷不大,所以外倾角调整为 0°即可,并且要与前轮前束匹配。

(4) 前轮前束

前轮前束的作用是保证汽车的行驶性能,减少轮胎的磨损。

前轮在滚动时,其惯性力自然将轮胎向内偏斜,如果前束适当,则轮胎滚动时的偏斜方向就会抵消,轮胎内外侧磨损的现象就会减少。像内八字那样前端小后端大的称为"前束",反之则称为"后束"或"负前束"。在实际的汽车中,一般前束为 0～12 mm。

前束的调整总是依据主销内倾的调整。只有主销内倾确定后才能确定合适的前轮前束与之配合。前轮前束的调整是方便的。主销内倾的调整要拧开螺丝钉,固定件又是塑料制成的,频繁地调整容易引发滑丝;而前束不会,所以调整前束是最安全、方便的。

前束调整在摩擦大的时候有明显的效果,但是一定不要太大,适当地放开一两圈就够了。

在智能车中,前轮前束是通过调整伺服电机带动左右横拉杆实现的(见图 2-69)。主销在垂直方向的位置确定后,改变左右横拉杆的长度即可改变前轮前束的大小。在实际的调整过程中,我们发现较小的前束(0～2 mm)可以减小转向阻力,使智能车转向更为轻便,但实际效果不是十分明显。调节合适的前轮前束在转向时有利过弯,还能提高减速性。将前轮前束调节成明显的内八字,运动阻力加大,可提高减速性能。因为阻力比不调节前束时增大,所以直线加速会变慢。智能车采用稳定速度策略或者采用在直道高速、弯道慢速的策略时,应该调节不同的前束。后一种策略可以适当加大前束。

为了让前轮定位更加准确,应尽量减少机械虚位导致的误差。可以采用误差放大分析的方法来修正机械误差,从最基本的机械安装上做到机械上是对称的,便于后期调试,如图 2-70 所示。

由于智能车的主销后倾角、主销内倾角、车轮外倾角和前轮前束等均可调整,且车模存在加工和制造精度的问题,在通用的规律中还存在着不少的偶然性,故应以实际调校的效果为准。

 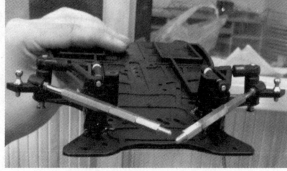

图 2-69　前轮前束调整示意图　　　　图 2-70　误差放大分析图

2.5.7　直线行驶性能调校

为保证小车的转向性能，对前轮定位参数做了适当调整。由于手工调整存在误差，左右定位参数不对称就会导致小车直线跑偏，因此，需要做小车直线行驶性能检测来校核前轮定位参数。

操作步骤：

① 单片机写入低速直线行驶 1 m 的程序；

② 将小车左侧（右侧）的前后轮紧贴赛道边缘，在小车左前轮处做标记 A，启动小车；

③ 待小车停止后，在小车左前轮处做标记 B，并测量 B 点与赛道边缘的垂直距离 h 以及 A、B 的纵向距离 l；

④ 若左（右）前轮跑出赛道，则换为右（左）侧前后轮紧贴赛道边缘检测。

h 为小车的跑偏量，借鉴汽车行业的标准±5 mm/m，即汽车行驶 1 m，跑偏量在 ±5 mm 内为合格。因此，h/l 的数值应小于或等于±5，若超过此数值，则需要重新调整前轮定位参数。

2.5.8　动力传动系统调校

动力传动系统通过传动平顺性和差速性能来评判。传动平顺性主要由电机齿轮与从动盘之间的啮合间隙体现，啮合间隙不合适，会造成小车在行使过程中传感器抖动甚至发生车轮跳动现象。差速性能影响过弯平顺性以及加减速性能。

传动平顺性的条件：啮合的两齿轮分度圆相切。

在电机齿轮、从动齿轮的齿数及模数已知的条件下，电机齿轮轴与从动齿轮轴间距可以确定下来。理论上只要调整电机前后位置，保证轴间距为两齿轮分度圆半径之和，就可达到齿轮传动平顺的条件。实际上，轴间距是很难准确测量的。

可以通过给电机一个稳定转速，然后听齿轮啮合声来判断是否调整到位。声音尖锐,说明啮合间隙过大;声音沉闷,说明啮合间隙过小。调整电机前后位置直到齿轮传动声音很小,几乎听不到,此时啮合间隙合适。

差速器首先要保证差速平顺,即需要保证左、右侧摩擦盘与滚珠的间隙不能过小。

评判标准:

① 在电机转动的情况下,用手捏住左或右侧车轮,另外一侧车轮能够正常转动;

② 在电机转动的情况下,用手同时捏住左、右侧车轮,从动齿轮不转动且电机齿轮也迅速停止转动。

注意:应防止电机长时间堵转。

摩擦盘与滚珠的间隙越大,差速性能越好;但过大的间隙会造成从动齿轮松动,电机的转矩就无法快速、有效传递,这样就会影响小车的加减速性能。所以,摩擦盘与滚珠的间隙不能过大。图2-71为A型车模差速器与电机齿轮。

图2-71 A型车模差速器与电机齿轮

第 3 章

智能车硬件设计基础

3.1 智能车总体设计

3.1.1 摄像头组智能车总体设计

摄像头组是基于摄像头作为主要传感器的智能车组别,主要是通过摄像头(包括模拟和数字摄像头)来感知赛道的黑线,从而控制智能车的行走而完成比赛的。

在正式分析智能车的组成部分之前,先简单讨论一下智能车的功能需求,然后根据功能需求再进行具体的硬件设计,这也是进行项目开发的一般流程。

摄像头组智能车的比赛就是利用摄像头捕捉赛道获得前方道路的信息,为控制器控制智能车动作提供判断条件。关于控制器,根据大赛组委会的规定,只能选择飞思卡尔公司的单片机。通过常识我们可以知道,智能车的控制分为两部分:直行和转向,直行部分的执行机构可以选用直流电机,转向部分的执行机构可以选用舵机,两者结合起来控制智能车顺着弯曲的赛道跑完全程。在这个过程中,要形成闭环控制还需要检测车速,检测车速的部件可以通过编码器实现。

通过以上这些分析,可以得出智能车的硬件组成分为:系统控制板、电机模块、舵机模块、摄像头模块、编码器、电源模块和 7.2 V 的锂电池。整个系统的动力和电能都通过 7.2 V 的锂电池来提供,这也是大赛组委会规定的,因此这个电池必须作为系统的一部分。

由于单片机、摄像头等模块的工作电压不一样,因此还需要设计一个电源模块,以 7.2 V 为输入,然后输出满足各功能模块的工作电压。另外,关于直流电机,需要能够控制电机两端电压的正反向,当电机两端加正向电压时,电机正转进而带动智能车前进;相反,当电机两端加反向电压时,电机反转进而带动智能车后退。直流电机的控制非常简单,没接触过的同学,可以找一个直流电机和一个电源做个试验,就会对电机的控制有最直观的认识。

经过以上分析,可以得出摄像头组智能车的硬件组成如图 3-1 所示。

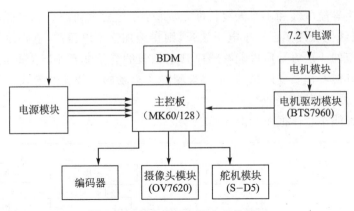

图 3-1 摄像头组智能车总体框图

3.1.2 电磁组智能车总体设计

电磁组是第五届"飞思卡尔杯"智能车竞赛增添的组别。在电磁组的赛道中心安放通有 100 mA、频率为 20 kHz 的交流电流的导线,智能车需要通过采集此信号,判断车身位置和赛道情况,做出决策从而控制小车的行驶。

根据麦克斯韦电磁场理论,交变电流会在周围产生交变的电磁场,导线周围的电场和磁场按照一定规律分布。通过检测相应的电磁场的强度和方向,可以反过来获得距离导线的空间位置,这正是我们进行电磁导航的目的。

导线周围是变化的磁场,并且越靠近导线的位置,磁场强度越大,所以可以通过采集电感的电压值,再经过程序处理得到赛道的信息,从而达到控制智能车的目的。蓝宙电子设计的方案是在导线的左右对称位置放置两个电感,通过对两个电感的电压值求差以得到赛道数据。

下面对电磁场原理进行简单的介绍。根据麦克斯韦电磁场理论,交变电流会在周围产生交变的电磁场。智能车竞赛使用路径导航的交流电流频率为 20 kHz,产生的电磁波属于甚低频(VLF)电磁波。甚低频频率范围处于工频和低频电磁波之间,为 3~30 kHz,波长为 100~10 km,如图 3-2 所示。

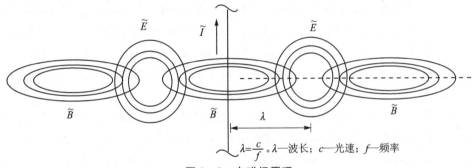

$\lambda = \dfrac{c}{f}$。λ—波长;c—光速;f—频率

图 3-2 电磁场原理

由于赛道导航电线和小车天线长度 l 远远小于电磁波的波长 λ，电磁场辐射能量很小（如果天线的长度 l 远小于电磁波长，则在施加交变电压后，电磁波辐射功率正比于天线长度的 4 次方），所以能够感应到电磁波的能量非常小。为此，将导线周围变化的磁场近似看作缓变的磁场，按照检测静态磁场的方法获取导线周围的磁场分布，从而进行位置检测。

电磁组智能车总体框图如图 3-3 所示。

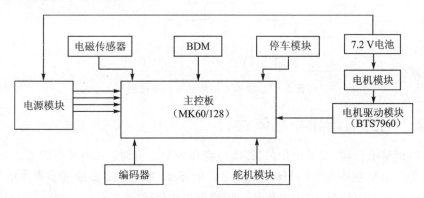

图 3-3　电磁组智能车总体框图

3.1.3　光电平衡组智能车总体设计

光电平衡组是基于线性 CCD、陀螺仪、加速度计作为主要传感器的智能车组别，主要是通过陀螺仪、加速度计来控制智能车的平衡直立，同时通过线性 CCD 来感知赛道的黑线，从而控制智能车的直立行走而完成比赛的。

陀螺仪传感器是将偏转角度转换成模拟信号，然后经过 A/D 采集将其转换成数字信号；同时又根据加速度计测得的角速度信息进行融合，控制平衡车左右电机的正反转来控制小车的直立。

线性 CCD 传感器探测距离远，能够采集一条直线。CCD 将车前方的道路景物，包括道路黑线的中心位置、车偏离黑线的程度、弯道的曲率等，通过镜头生成的光学图像投射到图像传感器表面上，然后转为模拟信号，经过 A/D 转换后变为数字信号，送到单片机中加工处理，由 USB 接口输出。加工处理后的数字信号经由单片机存储到内部的 RAM 中，通过软件算法对图像信号进行处理以控制智能车的左右电机的正反转来控制转向，指导行车速度和执行转弯等动作，并对前方道路做出预测判断。

光电平衡组智能车总体设计如图 3-4 所示。

下面简述直立行走的任务分解。光电平衡组比赛要求车模在直立的状态下以两个轮子着地沿着赛道进行比赛，相比四轮着地状态，车模控制任务更为复杂。为了能够方便地找到解决问题的办法，首先将复杂的问题分解成简单的问题进行讨论。根据比赛规则要求，维持车模直立也许可以设计出很多的方案。本参考方案假设维持车

第3章 智能车硬件设计基础

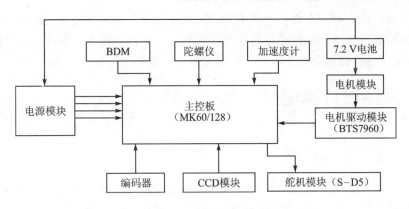

图 3-4 光电平衡组智能车总体设计

模直立、运行的动力都来自于车模的两个后车轮。后轮转动由两个直流电机驱动。因此从控制角度来看,车模作为一个控制对象,它的控制输入量是两个电极的转动速度。

车模运动控制任务可以分解成以下三个基本控制任务,如图 3-5 所示。

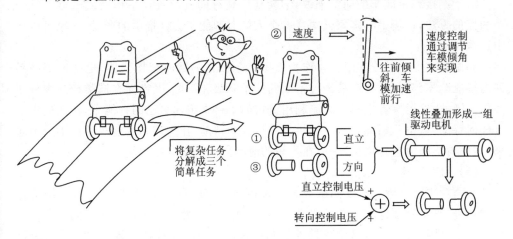

图 3-5 车模控制任务分解

① 控制车模平衡:通过控制两个电机正反向运动保持车模直立平衡状态。

② 控制车模速度:通过调节车模的倾角来实现车模速度控制,实际上最后还是演变成通过控制电机的转速来实现车轮速度的控制。

③ 控制车模方向:通过控制两个电机之间的转速差实现车模转向控制。

具体的原理可以参考大赛组委会编写的《新版电磁组参考设计方案第二版》。这里直接给出控制车模直立稳定的条件如下:

① 能够精确测量车模倾角 θ 的大小和角速度 θ' 的大小;

② 可以控制车轮的加速度。

经过原理分析,我们会发现,通过测量车模的倾角和倾角速度,可以控制车模车轮的加速度以消除车模的倾角,进而使得车模可以保持直立。因此,车模倾角以及倾角速度的测量成为控制车模直立的关键。测量车模倾角和倾角速度可以通过安装在车模上的加速度传感器和陀螺仪来实现。加速度传感器和陀螺仪是这一组别的理解难点,后面还会有详细介绍。

3.2 硬件设计基础

3.2.1 硬件开发方法

硬件开发方法主要包括两种:一种是利用现有的硬件模块进行系统集成,好处是可以快速熟悉智能车,把精力集中到算法上;另一种是自己设计智能车制作中需要用到的控制板及各硬件模块。对于基础比较好或者有过智能车比赛经验的同学,可以尝试。目前采用这种方法的同学较少,因为风险相对较大。

(1) 使用蓝宙套件进行组装

对于刚接触智能车的同学来说,学会利用现有的资源进行系统集成未尝不是一个快捷的方法,市场上有多家公司或者个人针对智能车套件推出的产品,大家可以从中选购。

芜湖蓝宙电子科技有限公司作为飞思卡尔公司的战略合作伙伴,也推出了一系列的智能车零部件,这些产品经过不断的技术升级和锤炼,其性能在同类产品中首屈一指。因此,这里笔者也建议大家利用蓝宙的平台来组建自己的智能车,在此过程中有任何疑问,蓝宙公司都会及时提供技术指导和帮助,让大家的智能车可以迅速跑起来,然后再不断地进行优化,争取在最短的时间内取得最好的成绩。

(2) 自主开发

所谓自主开发就是需要团队或者个人在弄清智能车的功能需求后,对系统进行功能划分,落实到硬件部分就是要设计多少个电路板,并且要亲自焊接和调试。在这个过程中,需要亲自用电路设计软件绘制原理图和 PCB 图,做封装库,买物料,焊接元器件并逐个调试,然后才能进行系统集成。由此可以看出,这种方法所花费的时间较多,风险较大,但是好处也是显而易见的——可以根据机械的要求灵活地调整 PCB 的形状和面积,使得机械与电路可以更加灵活地进行组合。高年级的同学或者有丰富项目实践经验的同学可以尝试这种方法。

3.2.2 硬件开发环境

这里讲的硬件开发环境是指设计原理图和 PCB 时所使用的应用软件,市场上这方面的主流软件有两种:Altium Designer 和 PADS。

(1) Altium Designer

Altium Designer 是原 Protel 软件开发商 Altium 公司推出的一体化的电子产品开发系统,主要运行在 Windows XP 操作系统下。这套软件通过把原理图设计、电路仿真、PCB绘制编辑、拓扑逻辑自动布线、信号完整性分析和设计输出等技术的完美融合,为设计者提供全新的设计解决方案,使设计者可以轻松进行设计。熟练使用这一软件必将使电路设计的质量和效率大大提高。

目前,Altium公司刚刚发布了Altium Designer 2013的第一次升级——Altium Design 13.1版。

(2) PADS

PADS软件是Mentor Graphics公司的电路原理图和PCB设计工具软件。目前该软件是国内从事电路设计的工程师和技术人员主要使用的电路设计软件之一,是PCB设计高端用户最常用的工具软件。按时间先后分为PowerPCB2005、Power-PCBS2007、PADS9.0、PADS9.1、PADS9.2、PADS9.3、PADS9.4、PADS9.5。

绘制原理图的环境为PADS Logic,绘制PCB的环境为PADS Layout。

(3) Altium Designer 和 PADS 两种软件的对比

两种软件掌握一种即可,对于已经接触Altium Designer软件的同学,则可以继续深入研究。对于还没有开始学习这两个软件的同学来说,建议学习PADS,因为PADS在PCB设计时相对Altium Designer来说还是要高级一点,笔者也认为PADS在使用时更方便、更快捷,具体还取决于个人喜好。

3.2.3 阅读Data Sheet的方法

在进行电路系统设计时经常需要阅读Data Sheet。所谓Data Sheet也就是芯片或者元器件的使用手册,特别是对某个元器件不熟悉时,就需要查阅Data Sheet。然而由于这些Data Sheet往往全部是英文的,导致很多同学望而却步,或者选择看翻译成中文的Data Sheet,但是中文版的经常会出现翻译失误,影响设计者对芯片的理解。下面总结一下阅读Data Sheet的大致步骤,目的是让英文不好的同学也可以基本看懂Data Sheet,正确理解Data Sheet的主要参数。

步骤1:用2分钟的时间看Data Sheet第一页,如果Data Sheet页数较多,有目录的,可以翻看前几页,直到正文第1页。目的是知道这个元器件是什么,能干什么或者说用在什么场合。Data Sheet第1页一般会包括:该元器件的生产商(是哪家公司的产品)、元器件的具体型号、元器件的特性或者应用场合。

步骤2:熟悉元器件的功能框图、引脚功能描述及注意事项。关于工作条件,以单片机为例,我们要知道这个型号的单片机工作电压是多少。如果单片机工作电压是3.3 V的,则设计电源时就必须设计一个输出为3.3 V的电源给单片机供电才可以。如果设计一个5 V的电源给工作电压为3.3 V的单片机供电,则单片机势必会烧毁,因为超过了单片机的工作电压。关于引脚功能描述,只有知道每个引脚是干什么的,做外围电路设计或者接口电路时才会比较清楚。至于注意事项是指器件正常工作所能承受的最坏条件,超过这个范围,芯片就会损坏或者不能正常工作。

步骤3:外围电路设计。阅读Data Sheet的最终目的就是使用该元器件,一般情

第3章 智能车硬件设计基础

况下都需要在元器件外围添加一些电阻、电容或者其他辅助元器件,才能使这个元器件正常工作。通常称这个过程为外围电路设计。

步骤4:元器件封装。完成电路设计后,一般需要进行电路板(也称PCB)设计,这就需要知道该元器件封装的形状及尺寸,才能保证设计的PCB经过加工之后可以将元器件焊接到正确的位置上。

这里以电机驱动芯片BTS7960为例,按照上述步骤再说明一下如何阅读Data Sheet。BTS7960的Data Sheet共有28页,预计花费8~10分钟的时间来阅读这个Data Sheet,当然是有选择地阅读。下面就按照上面所总结的步骤开始吧。

步骤1:先看Data Sheet的第1页,具体分析过程如图3-6、图3-7、图3-8、图3-9所示,英语不好的同学可以使用金山词霸进行简单的翻译。如果查阅专业英语词汇,可以登录http://dict.cnki.net进行在线翻译。

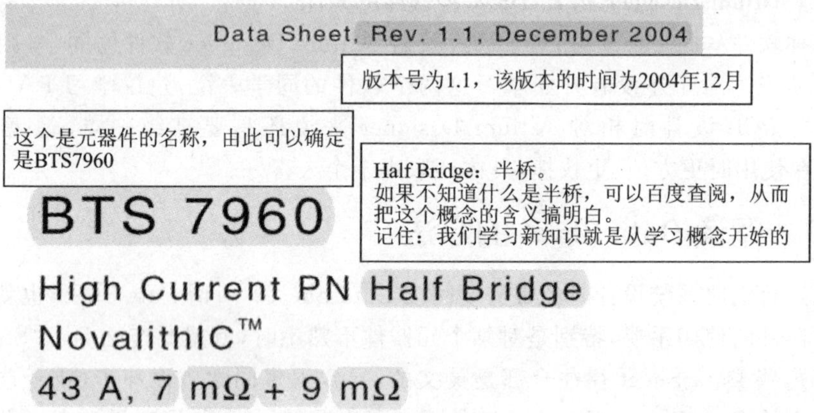

Data Sheet, Rev. 1.1, December 2004

版本号为1.1,该版本的时间为2004年12月

这个是元器件的名称,由此可以确定是BTS7960

BTS 7960

Half Bridge:半桥。
如果不知道什么是半桥,可以百度查阅,从而把这个概念的含义搞明白。
记住:我们学习新知识就是从学习概念开始的

High Current PN Half Bridge
NovalithIC™
43 A, 7 mΩ + 9 mΩ

图3-6 芯片型号

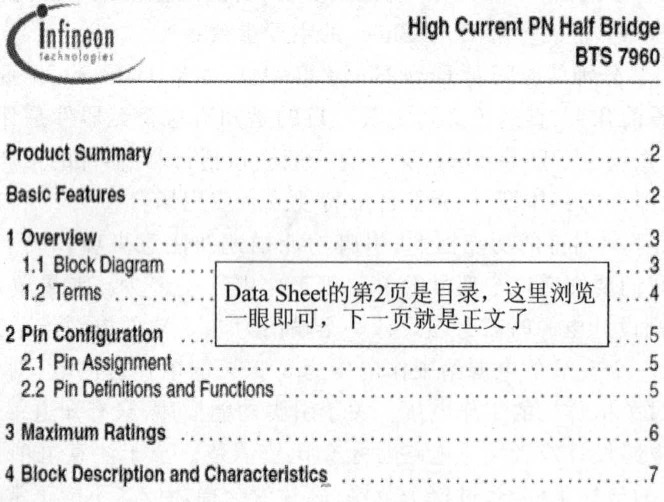

High Current PN Half Bridge
BTS 7960

Product Summary 2
Basic Features 2
1 Overview 3
　1.1 Block Diagram 3
　1.2 Terms 4
2 Pin Configuration 5
　2.1 Pin Assignment 5
　2.2 Pin Definitions and Functions 5
3 Maximum Ratings 6
4 Block Description and Characteristics 7

Data Sheet的第2页是目录,这里浏览一眼即可,下一页就是正文了

图3-7 芯片目录

第3章 智能车硬件设计基础

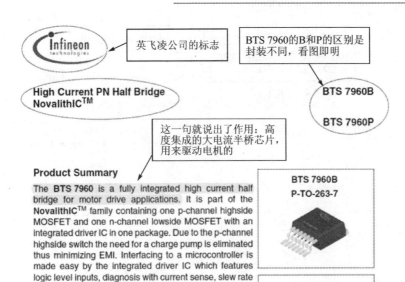

图3-8 芯片概述

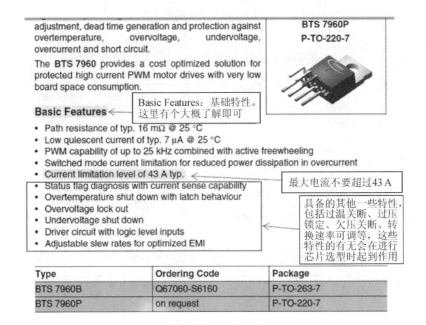

图3-9 芯片特性及类型划分

步骤2:浏览功能框图及引脚定义描述(见图3-10、图3-11)。最大参数范围如图3-12所示。

步骤3:设计外围电路。其实,知道芯片引脚的作用后,就大概知道了怎样去控制该芯片的使用。当然,如果 Data Sheet 中提供了参考电路,我们何不直接借鉴呢?

图 3-10 功能框图

2.2 Pin Definitions and Functions ← 这就是引脚定义和功能描述了

Pin	Symbol	I/O	Function
1	GND	-	Ground
2	IN	I	Input Defines whether high- or lowside switch is activated
3	INH	I	Inhibit When set to low device goes in sleep mode
4,8	OUT	O	Power output of the bridge
5	SR	I	Slew Rate The slew rate of the power switches can be adjusted by connecting a resistor between SR and GND
6	IS	O	Current Sense and Diagnosis
7	VS	-	Supply

Input表明只能用做输入，该脚是决定高边和低边两个MOS管哪一个工作

桥的功率输出引脚

在SR与GND之间串联一个电阻即可调整Slew Rate

表明这个脚要接电源

图 3-11 引脚定义

图 3-13 为 BTS7960 的真值表(Truth Table)，Device State 为设备状态。从真值表中可以看出芯片有好几种工作状态，我们需要掌握的是芯片正常工作时的条件(Normal Operation)。

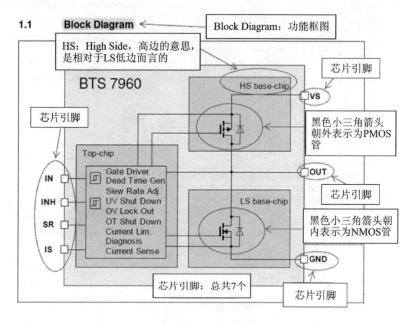

3 Maximum Ratings ← 芯片工作的最大范围

-40 °C < T_j < 150 °C (unless otherwise specified)

Pos	Parameter	Symbol	Limits min	Limits max	Unit	Test Condition
Electrical Maximum Ratings ← 电气参数的最大范围,这需要认真看						
3.0.1	Supply voltage	V_{VS}	-0.3	45	V	
3.0.2	Logic Input Voltage	V_{IN} V_{INH}	-0.3	5.3	V	
3.0.3	HS/LS continuous drain current	$I_{D(HS)}$ $I_{D(LS)}$	-40	40 1)	A	T_C < 85°C switch active
3.0.4	HS pulsed drain current	$I_{D(HS)}$	-60	60 1)	A	T_C < 85°C
3.0.5	LS pulsed drain current	$I_{D(LS)}$	-60	60 1)	A	t_{pulse} = 10ms
3.0.6	Voltage at SR pin	V_{SR}	-0.3	1.0	V	
3.0.7	Voltage between VS and IS pin	V_{VS} - V_{IS}	-0.3	45	V	
3.0.8	Voltage at IS pin	V_{IS}	-20	45	V	
Thermal Maximum Ratings ← 热参数的最大范围						
3.0.9	Junction temperature	T_j	-40	150	°C	
3.0.10	Storage temperature	T_{stg}	-55	150	°C	
ESD Susceptibility ← ESD的最大范围						

图 3-12 最大参数范围

4.4.5 Truth Table

Device State	Inputs INH	Inputs IN	Outputs HSS	Outputs LSS	Outputs IS	Mode
Normal operation	0	X	OFF	OFF	0	Stand-by mode
	1	0	OFF	ON	0	LSS active
	1	1	ON	OFF	CS	HSS active
Over-voltage (OV)	X	X	ON	OFF	1	Shut-down of LSS, HSS activated, error detected
Under-voltage (UV)	X	X	OFF	OFF	0	UV lockout
Overtemperature or short circuit of HSS or LSS	0	X	OFF	OFF	0	Stand-by mode, reset of latch
	1	X	OFF	OFF	1	Shut-down with latch, error detected
Current limitation mode	1	1	OFF	ON	1	Switched mode, error detected
	1	0	ON	OFF	1	Switched mode, error detected

图 3-13 真值表

INH 和 IN 为 BTS7960 的两个引脚,用做芯片的输入。当 INH=1、IN=0 时,低边的 MOSFET 导通,即真值表中的 LSS active;当 INH=1、IN=1 时,高边的 MOSFET 导通,即真值表中的 HSS active。当 INH=0、IN=X 时,芯片进入待机模

第3章 智能车硬件设计基础

式(Stand - by mode),这里的 IN=X 是指不论 IN=0 还是 IN=1,只要 INH=0,芯片都会进入待机模式。

图 3-14 为 BTS7960 驱动电机的典型应用原理图,图中的 M 就是指电机,M 是 MOTOR 的缩写。

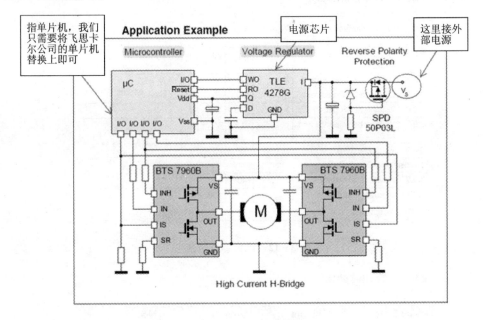

图 3-14 应用电路

步骤 4:查看封装尺寸。

这在需要绘制 PCB 时要看,封装尺寸一般出现在 Data Sheet 的最后几页,也有少数像三极管之类的元器件封装尺寸出现在 Data Sheet 的开始页,一般这种元件 Data Sheet 的页数较少。BTS7960 的实际尺寸如图 3-15 所示。

BTS7960 的封装尺寸如图 3-16 所示。Footprint 的意思是封装,一般在设计 PCB 封装时,按照图 3-16 的尺寸进行绘制即可,这个尺寸会略大于元器件的实际尺寸。

图 3-15 和图 3-16 中的尺寸单位为 mm,如图 3-17 所示,在 Data Sheet 的右下角,不留心的同学可能会看不到。

小结:上面的阅读步骤仅供还没入门的同学参考,毕竟每个元器件的 Data Sheet 都不一样。同种类型的元器件,不同公司的 Data Sheet 编写得也不尽相同,这里主要指文档内容的详细程度不同。一篇好的 Data Sheet 会让设计人员读起来比较轻松。当然也会有另外的两种情况:一种是太简单了,大家都知道怎么用;另外一种就是同类型芯片的其他公司编写的 Data Sheet 比较详细。比如运放 LM358 或者串口芯片的生产厂家就有好几个,每个公司所编写的 Data Sheet 也有较大不同,主要表现在详细程度不同,但用法都基本一样。需要注意的是,阅读 Data Sheet 时要有重

第 3 章 智能车硬件设计基础

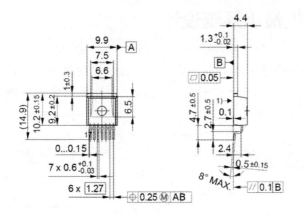

图 3-15 实际尺寸

点,不要抱着必须弄懂每个单词和参数的含义才开始着手设计的心态,而应根据需要有选择地消化和理解。

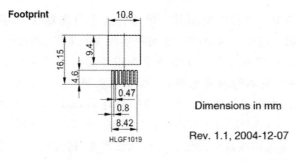

图 3-16 封装尺寸   图 3-17 尺寸单位

  在掌握阅读 Data Sheet 的基本方法之后,在工作或项目开发中还要学会横向阅读和纵向阅读 Data Sheet,这样才能最终掌握芯片的应用设计。这里说的横向阅读是指横向比较阅读不同公司的 Data Sheet,因为有的公司写得比较详细。很多芯片除了有 Data Sheet 的文档外,还有关于该芯片的应用笔记(Application Note),应用笔记是生产厂商对 Data Sheet 的延伸和补充。这里说的纵向阅读就是指阅读 Data Sheet 的应用笔记,只有这样才有助于全方位地掌握芯片的使用。需要注意的是,不是每个芯片都有官方的应用笔记,有应用笔记的一般会在 Data Sheet 中说明,所以还是需要我们先阅读 Data Sheet。

  下载 Data Sheet 的方法比较多,这里提供几种实用的:一种是到芯片生产商官方网站下载;一种是登录 www.allDatasheet.com,该网站提供的 Data Sheet 比较全面,版本比较新、比较全,比第一种方法方便;还有一种是登录 www.ic37.com 下载。官方应用笔记(Application Note)一般需要到官方网站下载。

3.3 单片机最小系统设计

所谓单片机最小系统就是指让单片机正常工作的最少条件,一般包括:电源电路、时钟电路、复位电路和JTAG接口电路。单片机的最小系统组成如图3-18所示。

图3-18 单片机最小系统组成框图

3.3.1 电源电路

电源电路是为单片机提供电源的。单片机属于有源器件,因此必须给它供电。在进行单片机电源电路设计时,首先,要确定单片机的工作电压是多少。一般单片机的工作电压是3.3 V或者5 V。具体是多少需要参考单片机的芯片手册,即Data Sheet。其次,取决于具体的电源电路,一般如果系统工作电流不大,则用线性电源LDO设计单片机的电源电路即可。常用的型号有78L05(用于产生5 V)、LD1117-3.3(用于产生3.3 V)、LD1117-5(用于产生5 V)、NCV4264(用于产生5 V)。若系统的电流较大,如果还用线性电源就会发热比较严重,这种情况建议使用开关电源电路。后面会详细介绍电源设计。

3.3.2 时钟电路

时钟电路一般是由晶振通过振荡产生的,为芯片提供准确的工作时钟。时钟电路所使用的晶振一般分为片内和片外晶振。所谓片内就是利用单片机内部自带的晶振来产生时钟信号,这种情况通常用在对时钟信号的精度要求不高的场合。片外晶振又分为陶瓷晶振、石英晶振、有源晶振等。下面详细介绍利用片外晶振产生时钟电路的相关知识。

(1)晶体与晶振

晶体(crystal):晶体本身并非振荡器,它只有借助于有源激励和无源电抗网络,方可产生振荡。

晶振(oscillator):包含晶体与振荡电路。

通常我们会将两个概念混为一谈,有源晶振是将晶体与振荡电路合为一体,名副其实可以称为"晶振"。

(2) 晶振的分类与比较

按是否需要借助于外部电路可分为:有源晶振和无源晶振。无源晶振可分为:石英晶体振荡器和陶瓷振荡器。按封装模式可分为:插件型和贴片型。

晶振的分类及比较如图 3-19 所示。

类型	符号	价格	尺寸	处理	精度
RC振荡器	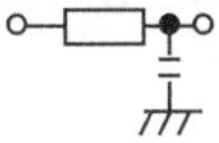	最低	大	需要校准	差
陶瓷振荡器		较低	最小	需要匹配	好
石英晶体		低	较小	需要匹配	较好
时钟振荡器	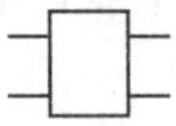	高	小	需要电压源	最好

图 3-19 晶振的分类及比较

(3) 石英晶体振荡器

压电效应:当石英晶片的两极加上一个电场时,晶片将会产生机械变形;相反,若在晶片上施加机械压力,则在晶片相应的方向上会产生一定的电场,这种物理现象称为压电效应。

在一般情况下,晶片机械振动的振幅和交变电场的振幅都非常微小,只有在外加交变电压的频率为某一特定频率时,振幅才会突然增大,比一般情况下的振幅要大得多,这种现象称为压电谐振。因此,石英晶体又称为石英谐振器。上述特定频率称为晶体的固有频率或谐振频率。石英晶体典型振荡电路如图 3-20 所示。

R_1:反馈电阻,产生负反馈,保证放大器工作在高增益的线性区,稳定振荡效果。由于 PCB 绝缘阻抗减小,R_1 阻值过大容易导致时钟电路停振;阻值过小会使放大器增益变小,理想值在 1~10 MΩ 之间,具体视实际应用而定。

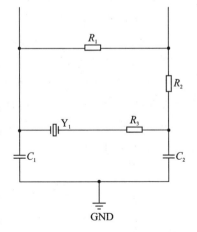

图 3-20 石英晶体典型振荡电路

第3章 智能车硬件设计基础

R_2：阻尼电阻，和外部电容形成一个低通滤波器，能更好地调整基本增益，减小电流损耗和辐射噪声。

R_3：测试电阻（预留 PCB 坐标），用来测试起振裕度，其值通常 5 倍于晶体等效阻抗，也可以称之为"负电阻"，即当 R_3 增大到一定值时，晶体不能起振。无特殊精度、封装要求。

C_1、C_2：匹配电容，为了使晶体两端的等效电容等于或接近负载电容，以精确匹配，此电容选择精度高、介质损耗少、温度特性好的高频陶瓷电容为宜。

太小的电容会使增益变大，产生寄生振荡、波形失真，增加对外部噪声的敏感度。太大的电容会减小电路的增益并能使其停止振荡。

(4) 晶振电路 PCB 设计注意事项

- 晶体、匹配电容（如果有）与 IC 之间的信号走线应尽量短；
- 其他时钟线、重要信号线等应尽量远离晶振；
- 外壳接地，可对外界辐射干扰起到一定的屏蔽作用；
- 有些 IC 内部已经建立反馈网络，若没有，则外部必须添加反馈电阻；
- 更改电容 C_1、C_2 的值，微调负载电容 C_L，可以匹配晶体，但会影响整个振荡电路中负阻抗值 $-R$ 参数，影响起振电路稳定。增加电路中的负载电容 C_L 值，则负阻抗值 $-R$ 参数会减小，必须平衡相关因素。

(5) 陶瓷振荡器

陶瓷振荡器，简称陶振，它是利用了压电陶瓷的机械谐振特性。陶瓷振荡电路的等效电路如图 3-21 所示。使用陶振来设计单片机的时钟电路时，只需要在陶振两端再并联一个 1 MΩ 的电阻即可，如图 3-22 所示。陶振有 3 个引脚，石英晶振有 2 个引脚，有源晶振一般有 4 个引脚，应注意区别。

(6) 有源晶体振荡器

有源晶振的 EMC 标准电路如图 3-23 所示。

R_1 为预留匹配设计，可根据实验情况进行调整或做更换磁珠处理；C_1 为预留设计，可根据实际情况进行增加或者调整处理。如果对 EMC 要求不高，可以去掉 L_1 及 C_1，只保留电源输入端的去耦电容。有源晶振输出正弦波或方波，如果有源晶振把整形电路做在有源晶振内部，则输出就是方波。但很多时候在示波器上看到的还是波形不太好的正弦波，这是由于示波器的带宽不够。

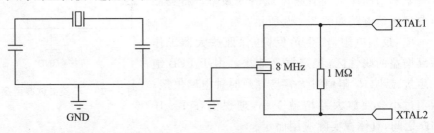

图 3-21 陶瓷振荡器的等效电路　　　图 3-22 陶振时钟电路

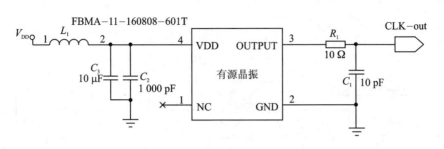

图 3-23 有源晶振的 EMC 电路

3.3.3 复位电路

单片机在启动时都需要复位,以使 CPU 及系统各部件处于确定的初始状态,并从初始状态开始工作。单片机的复位电路就是用于产生单片机复位动作的电路。有的单片机是上电自动复位,即一接通单片机的电源,单片机就会自动复位;有的单片机是通过外部按键进行复位的,按键按下去时,将低电平信号传到单片机的复位引脚,使得单片机完成复位。

这里主要讲两种通过外部电路使单片机进行复位的方式,这两种是最重要也是最常用的方式。第一种是通过按键进行复位的方式;第二种是利用专用的复位芯片进行复位的方式。

(1) 第一种:按键复位

通过按键来产生复位信号的电路如图 3-24 所示。当按键 S_1 按下时,RESET 连接 GND,从高电平,变成低电平,进而使得单片机复位。R_2 不能太小,这里选择 4.7 kΩ,复位时产生 mA 级的电流,符合电路设计原则,一般在进行电路设计时最好都要考虑电流为 mA 级,进而减小整个电路的功耗。

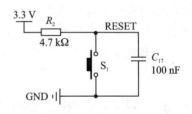

图 3-24 按键复位电路

电容 C_{17} 一般选择 100 nF,当然也可以选择容值更大的,以延长复位时间,确保单片机可以复位。

(2) 第二种:专用芯片复位

使用专门的复位芯片,主要目的就是为了提高可靠性,通常用于 ARM 和 DSP 的系统设计中,复位芯片可以选择如 Sipex 公司的 SP708 等复位芯片。使用复位芯片的电路具体可以参考相应的芯片手册。这里以带复位电路的存储器芯片 CAT1025 为例,复位电路如图 3-25 所示。

3.3.4 JTAG 接口电路

JTAG(Joint Test Action Group,联合测试行动小组)是一种国际标准测试协议

第3章 智能车硬件设计基础

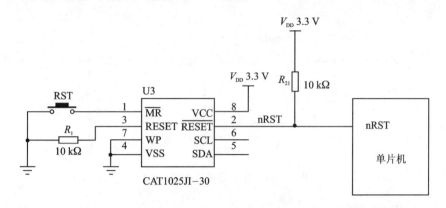

图 3-25 专用芯片复位电路

(IEEE 1149.1 兼容),主要用于芯片内部测试。现在多数的高级器件都支持 JTAG 协议,如 DSP、FPGA 器件等。标准的 JTAG 接口是 4 线:TMS、TCK、TDI、TDO,分别为模式选择、时钟、数据输入、数据输出线。

通常所说的 JTAG 大致分两类,一类用于测试芯片的电气特性,检测芯片是否有问题;另一类用于 Debug。一般支持 JTAG 的 CPU 内都包含了这两个模块。

这里说的 JTAG 接口电路其实大家可以简单地理解为用于给单片机烧写程序的接插件接口电路。不同公司的单片机的 JTAG 接口电路都有所不同,接口设计需要参考各公司具体型号的单片机的 JTAG 接口定义。这里,大家只需要知道烧写程序的电路也是单片机最小系统的一个组成即可。如果没有 JTAG 接口,软件代码就无法烧写到单片机里面。每个半导体公司的单片机的 JTAG 接口电路都有所不同,因为配套的调试器的引脚接口不一样,所以 JTAG 接口电路要根据具体的单片机进行设计。

3.4 开关电源及线性电源电路设计

开关电源有三种拓扑:BUCK、BOOST 和 BUCK-BOOST,这三个拓扑是非隔离的,也就是说输入和输出共地。那些隔离的拓扑电源电路其实也是由这三种非隔离的拓扑演变而来的。所谓的电源拓扑其实就是指开关管、二极管、输出电感、输出电容之间的连接方式,不同的连接方式对应着不同的拓扑。

3.4.1 BUCK 电源拓扑

1. BUCK 基本原理

最常用也最简单的电源拓扑应该属 BUCK 了,有时也称 BUCK 为降压电路。电源设计者之所以选择 BUCK,是因为输出电压总是小于输入电压,输出电压与输入电压极性相同,非隔离。对于 BUCK 而言,输入电流总是断续的,因为开关管电流在每个周期内都会从 0 逐渐增加到输出电流 I_O。输出电流总是连续的,因为输出电流总是由电感和输出电容的交点(习惯称电源节点)处供应。这里需要注意的是,整个负载的电流并不是只由输出电容供应的,因为还包括流过电感的电流。

图 3-26 为 BUCK 拓扑的原理图,V_I 为电路的输入电源,Q1 为 N 沟道的 MOS 管,CR1 为续流二极管,电感 L 和电容 C 组成输出滤波电路,R_L 为为电感内部的直流电阻,R_C 是电容 C 的等效串联电阻,R 为负载,V_O 为输出电压。

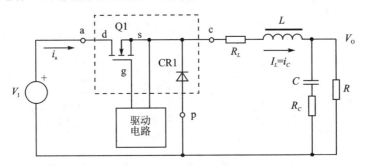

图 3-26 BUCK 拓扑原理图

在 BUCK 正常工作期间,Q1 在驱动电路的控制下会不停地开和关,这种不停的开关动作会在 Q1、CR1 和 L 的交点处产生脉冲,经过 L、C 滤波之后产生直流输出电压 V_O。

电源的工作模式一般分为两种:连续模式(CCM)和断续模式(DCM)。由于电源正常工作时都是处于连续模式,因此这里只介绍连续模式下的电源工作情况。简单地说,连续模式就是指电感电流在整个电源工作期间是连续的,没有电流归零的情况。断续模式就是指电感电流在整个电源工作期间会有一段时间一直为 0。

首先讨论电压转换的关系,也就是说输出电压 V_O、占空比以及输入电压 V_{IN} 之间的关系,或者简单地讲如何计算占空比(Duty Cycle)。在电路处于稳态时,输入电压、输出电压、输出电流以及占空比都是固定不变的。在连续工作模式下,BUCK 电路只有两种状态:ON 和 OFF,即开和关。在 ON 时,Q1 是导通的,CR1 是反向截止的。在 OFF 时,Q1 是关断的,而 CR1 是正向导通的。ON 和 OFF 两种状态下的电路简图分别如图 3-27 和图 3-28 所示。

图 3-27 中,$R_{DS(on)}$ 为 MOS 管导通时 D、S 之间的电阻。图 3-28 中,V_d 为 CR1 正向导通时的二极管两端电压。在 ON 状态时,开关管导通的时间 $T_{ON}=D\times T_S$,这里 D 指占空比,T_S 指开关周期,D 是开关导通的时间 T_{ON} 与开关周期 T_S 的比值。开关关断状态所持续的时间称为 T_{OFF}。对于连续模式,由于每个开关周期只有 ON 和 OFF 两种状态,因此 $T_{OFF}=(1-D)T_S$。

由图 3-27 可知,在 MOS 管导通时,Q1 的漏源两极之间存在着一个低阻值的 $R_{DS(ON)}$,因此 MOS 的 D、S 之间也有一个小压降 $V_{DS}=I_L\times R_{DS(ON)}$。同样,电感内部有一个串联电阻 R_L,也会产生一个小压降$=I_L\times R_L$。因此,电感 L 左端的电压就等

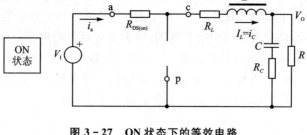

图3-27 ON状态下的等效电路

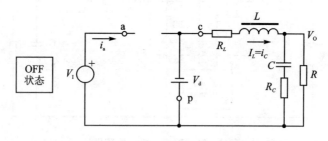

图3-28 OFF状态下的等效电路

于输入电压 V_I 减去损耗电压(或 $V_{DS}+I_L \times R_L$)。在 MOS 管导通期间,CR1 因为反向截止,所以处于关断状态。很显然,电感 L 右端的电压等于输出电压 V_O。电感的电流方向是从输入电压 V_{IN} 经过 Q1 流向输出电容和负载 R 的交点。在 MOS 管导通状态,由于电感两端电压 V_{ON} 是固定的,等于 $V_I - V_{DS} - I_L \times R_L - V_O$,因此电感电流会线性增加,电感电流在 T_{ON} 期间的增加情况如图 3-29 所示。电感电流的增加情况可以按照下面的公式计算:

$$V_L = L \times \frac{\mathrm{d}i_L}{\mathrm{d}t} \Rightarrow \Delta L_L = \frac{V_L}{L} \times \Delta T$$

从上式可以推出,在 ON 期间增加的电感电流 $\Delta I_L(+)$ 可以用下式来表述:

$$\Delta I_L(+) = \frac{(V_I - V_{DS} - I_L \times R_L) - V_O}{L} \times T_{ON} \tag{3-1}$$

从图 3-29 可以看出,当 Q1 关断时,即处于 OFF 状态时,由于电感 L 的方向不能立即改变,也就是说电感的电流依旧维持之前的方向,只是电流从电感的右端经过 CR1 回到电感的左端,不再经过 Q1;但是,这时加在电感两端的电压是负的,电感两端电压的极性是左-右+,与 Q1 导通时电感两端电压的极性是相反的,所以电感电流逐渐减小。电感两端电压极性反向直到 CR1 正向导通。这时电感 L 左端电压变成 $-(V_d + I_L \times R_L)$,这里 V_d 是二极管 CR1 的压降。电感 L 右端的电压依然是输出电压 V_O。电感电流 I_L 现在的流向是从地经过 CR1 再到输出电容与负载电阻 R 的交点。在 OFF 状态,电感两端的电压 V_{OFF} 是常数值,等于 $V_O + V_d + I_L \times R_L$,如果还按照之前 ON 状态时电感 L 两端电压方向左+右-,则现在 OFF 状态下电感 L 两端的电压方向为左-右+,与 ON 状态时的电压方向是相反的,因此 OFF 状态时,电感

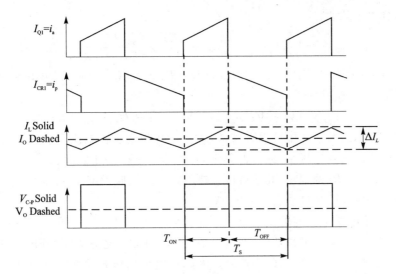

图 3-29 BUCK 拓扑连续模式下关键点波形

L 的电流是减小的,而且是线性减小。在 OFF 期间,电感电流减小的数值可以按照下面的公式计算:

$$\Delta I_L(-) = \frac{(V_d + I_L \times R_L) + V_o}{L} \times T_{OFF} \qquad (3-2)$$

在稳态时,电感电流在 ON 期间的增加情况与在 OFF 期间的减小情况一定是相等的;否则,电感电流在几个周期之后会产生一个净增加或者净减少的情况,这样将不能形成一个稳态。

电感电流在 ON 期间的增加情况与在 OFF 期间的减小情况只有是一样的,即 $\Delta I_L(+) = \Delta I_L(-)$,才能使电源处于稳定的工作状态。不断重复上述开关过程,每次结果都相同。换言之,每个开关周期为前一周期的复制。进一步说,电路能够以连续能量包的形式向输出电容和负载传输稳定的能量流,这就是所谓的功率变换器,即电源。正确的电源拓扑必须满足

$$\Delta I_L(+) = \Delta I_L(-)$$

若不满足此方程,则不是正确的拓扑。

因此,由方程(3-1)与方程(3-2)可得

$$\frac{(V_I - V_{DS} - I_L \times R_L) - V_o}{L} \times T_{ON} = \frac{(V_d + I_L \times R_L) + V_o}{L} \times T_{OFF}$$

即 $[(V_I - V_{DS} - I_L \times R_L) - V_o]T_{ON} = [V_o + (V_d + I_L \times R_L)]T_{OFF}$

可以看到,等式左边是 ON 期间电感电压与 T_{ON} 的乘积,一个是电压,一个是时间,所以电压与时间相乘就简称伏秒积;而等式右边是 OFF 期间电感电压与 T_{OFF} 的乘积,也简称伏秒积。所以开关电源中经常说的伏秒积相同的依据就是这样来的,开关电源中很多公式的推导也都是基于这个关系式进行的。可以进一步简化上面这个

公式,得到以下算式:

$$V_O = (V_I - V_{DS}) \times \frac{T_{ON}}{T_{ON} + T_{OFF}} - V_d \times \frac{T_{OFF}}{T_{ON} + T_{OFF}} - I_L \times R_L$$

将 $T_S = T_{ON} + T_{OFF}$、$D = T_{ON}/T_S$、$1-D = T_{OFF}/T_S$ 代入上式,则可得 V_O 的表达式如下:

$$V_O = (V_I - V_{DS}) \times D - V_d \times (1-D) - I_L \times R_L$$

从上面 V_O 的关系式中可以看出,V_O 实际上可以通过占空比 D 来调节,而且输出电压 V_O 总是比输入电压小,因为占空比 D 的大小是在 $0\sim1$ 之间。

V_{DS}、V_d 以及 R_L 都很小,几乎可以忽略不计。这里假设 V_{DS}、V_d 和 R_L 为 0,则上式可以简化为 $V_O = V_I \times D$ 或者 $D = V_O/V_I$。

现在讨论电感电流与输出电流之间的关系。通过图 3-27、图 3-28 和图 3-29 可知,整个反复开关的工作期间,即不论是处于 ON 状态还是处于 OFF 状态,电感电流都是流向输出电容与负载的交点处。因此在整个电源开关期间,电感电流的平均值等于输出电流。从另一个角度考虑也能说明这个关系,就是流向输出电容的电流肯定为 0,因此输出电流 I_O 也等于电感平均电流 $I_{L(Avg)}$,即 $I_O = I_{L(Avg)}$。

开关导通时,输入电源经过开关管把能量输入电感;开关关断时,电感储存的能量通过二极管传递给输出端。换句话可以理解为,电感电流在 T_{ON} 阶段等于开关管的电流,电感电流在 T_{OFF} 阶段等于二极管的电流。因此:

- 流过开关管的平均电流为 $I_{L(Avg)} \times D = I_O \times D$;
- 流过二极管的平均电流为 $I_{L(Avg)}(1-D) = I_O(1-D)$;
- 平均输入电流与平均开关电流是相等的,平均输出电流与平均二极管电流是相等的。

由于电感上的电流一般存在纹波,因此在选择电感时,电流要按照 $1.2 I_{L(Avg)}$ 考虑,即 $1.2 I_O$。

这里再顺便介绍一下纹波率,用 r 表示。电流纹波率 r 是指电感电流的交流分量与其相应的直流分量的比值,即

$$r = \Delta I / I_L$$

这个公式适用于任何拓扑。结合下面这个公式

$$V_L = L \times \frac{di_L}{dt} \Rightarrow \Delta I_L = \frac{V_L}{L} \times \Delta T$$

可推出以下这个式子:

$$r = \frac{Et}{L \times I_L} \equiv \frac{V_{ON} \times D}{(I \times I_L) \times f} \equiv \frac{V_{OFF} \times (1-D)}{(L \times I_L) \times f} \quad (\text{对所有拓扑})$$

$$r = (V_{ON} \times D)/(I_L \times L \times f) = V_{OFF}(1-D)/(L \times I_L \times f)$$

经处理,可得由 r 表示 L 的公式

$$L = \frac{V_{ON} \times D}{r \times I_L \times f} \quad (\text{对所有拓扑})$$

上述公式适合所有拓扑。

根据经验，$r=0.3\sim0.5$，一般可取 0.4。

2. BUCK 电感计算举例

假设变换器的输入电压范围为 15～20 V，输出电压为 5 V，最大输出电流为 5 A。如果开关频率是 200 kHz，那么电感的推荐值应该是多大？

解：

① BUCK 变换器，最恶劣的情况，即电感电流最大的情况应该是在输入电压为最大的时候出现，因此这里应该在输入电压为 20 V 时考虑电感的计算。

② 占空比 $D=V_O/V_{IN}=5/20=0.25$；

③ 周期 $T=1/f=1/(200\ kHz)=5\ \mu s$；

④ 关断时间 $T_{OFF}=T(1-D)=3.75\ \mu s$；

⑤ 伏秒积 $V_{ON}\times T_{ON}=V_{OFF}\times T_{OFF}=18.75\ V\mu s$；

⑥ 套用公式，可得由 r 表示 L 的公式：

$$L=\frac{V_{ON}\times D}{r\times I_L\times f}\quad（对所有拓扑）$$

$$I_L=I_O=5\ A$$

$$L=(V_{OFF}\times T_{OFF})/(r\times I_L)=[18.75/(0.4\times 5)]\mu H\approx 9\ \mu H$$

这里要注意单位的变换。

⑦ 电感电流的额定值最小是

$$(1+r/2)I_L=(1.2\times 5)A=6\ A$$

因此，选择电感时应该选择 9 μH、6 A 的电感，或者选择与这个参数相近的电感。

3. 元件选择

(1) 二极管选择

频率在几百 kHz 范围内，选择肖特基二极管。在 T_{ON} 阶段，二极管承受最大反向电压，其值为 V_I。考虑到设计冗余，二极管耐压至少选择 V_{I_MAX} 的 1.2 倍。如果二极管两端有尖峰，则需要根据实际情况进行调整。二极管的平均电流 $I_{D\_AVG}=I_O\times(1-D)$。二极管额定电流至少选择 I_{D_AVG} 的 2 倍以上，电流较大的需要注意散热处理，可以适当选择较大的封装体积，以获得较低的"温度-环境"热阻 θ_{JA}。

(2) MOS 管选择

T_{OFF} 阶段，开关管承受的最大电压为 V_I，耐压值至少选择 V_{I_MAX} 的 1.2 倍，如果 MOS 管的 D、S 两端有尖峰，则需要根据实际情况进行调整。开关管的电流至少选择导通时电流的 2 倍以上；电流较大的需要注意散热处理，可以选择较大的封装体积及较低的"温度-环境"热阻 θ_{JA}。

(3) 输出电容选择

输出电容 C 并非理想电容，它可等效为寄生电阻 R_0 和电感 L_0 与其理想纯电容 C

的串联。R_0 称为等效串联电阻(ESR),L_0 称为等效串联电感(ESL)。一般如果考虑电感的纹波电流幅值,总希望这个纹波电流的大部分分量流入输出电容 C。因此,输出电压的纹波由输出电容 C、等效串联电阻 R_0、等效串联电感 L_0 决定。

对于连续模式下的 BUCK 电源,输出电容容值取决于电感纹波电流 ΔI_L、开关频率 f_s 以及输出电压纹波 ΔV_O,具体的计算可以参考下式进行:

$$C \geqslant \frac{\Delta I_L}{8 \times f_s \times \Delta V_O}$$

式中,ΔI_L 可以根据 $I_L \times r$ 计算,r 取 0.4。从上式可以看出,ΔV_O 越小,所计算的电容值越大,一般干净的电源都要求输出电压纹波不超过 1%,因此这里的 ΔV_O 可以按照 $V_O \times 1\%$ 计算得出。

4. NCP3020 完整设计实例

在这里和后面的硬件设计中给大家讲解电路时会有两个思路,一个是告诉大家电路的设计结果,另一个是告诉大家第一次接触时如何去设计,目的就是把大家领进门。

蓝宙公司设计的电源模块所用的 7.2 V 转 6 V 电源电路就是 BUCK 拓扑,驱动芯片选择的是 NCP3020。NCP3020 的主要作用就是驱动开关管的开与关。用 NCP3020 设计 BUCK 电路时要先浏览一遍它的 Data Sheet。看完 Data Sheet 后,我们会发现里面有一张应用电路图,如图 3-30 所示。

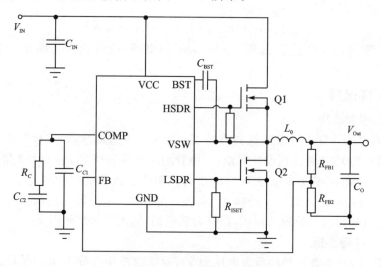

图 3-30 典型应用电路

图 3-30 所示的典型应用电路是以 NCP3020 设计 BUCK 电源时的电路作为依据和参考的。这里简单分析图 3-30 与之前所讲的 BUCK 拓扑是否一致,这里的 Q1 相当于图 3-26 中的 Q1,这里的 Q2 相当于图 3-26 中的 CR1,这里的 L_0 相当于图 3-26 中的电感 L。可以看出图 3-30 与图 3-26 中的 BUCK 拓扑是一致的,因

此可以肯定，根据这个电路图所设计的电源是属于 BUCK 电路的。这里，大家可能会有些疑问，二极管怎么就能换成 MOS 管了呢？因为 BUCK 拓扑中二极管换成 MOS 管以后，一样可以通过控制使得这个 MOS 管在 ON 期间截止，在 OFF 期间导通，只是需要再增加这个 MOS 管的驱动电路而已。将二极管换成 MOS 管的拓扑也称为同步整流。

C_{BST} 是挂在 BST 与 VSW 之间的，而 VSW 却是下管的 D 极。当下管导通时，VSW 接地，芯片的内部基准通过内部的二极管对 C_{BST} 充电。当下管关，上管通时，VSW 点的电压上升，C_{BST} 上的电压自然就被举了起来。这样，驱动电压才能高过输入电压。当然，芯片内部的逻辑信号在提供给驱动时，还需要 Level Shift 电路，把信号的电平电压也提上去。现在 BUCK 电路有太多的控制芯片集成了自举驱动，让整个设计变得很简单。但是，对于双管的桥式拓扑，多数芯片没有集成驱动，那样就可以外加自举驱动芯片。

自举电容主要在于其大小，该电容在充电之后，就要对 MOS 的结电容充电，如果驱动电路上有其他功耗器件，也是该电容供电的，则该电容要足够大，在提供电荷之后，电容上的电压下跌最好不要超过原先值的 10%，这样才能保证驱动电压。但是电容也不能太大，太大的电容会导致二极管在充电时，冲击电流过大。

同步整流是采用通态电阻极低的专用功率管 MOSFET 来取代整流二极管，以降低整流损耗的一项新技术。它能大大提高 DC/DC 变换器的效率并且不存在由肖特基势垒电压而造成的死区电压。功率管 MOSFET 属于电压控制型器件，它在导通时的伏安特性呈线性关系。用功率管 MOSFET 做整流器时，要求栅极电压必须与被整流电压的相位保持同步才能完成整流功能，故称之为同步整流。

NCP3020A 的 Data Sheet 中还有一张关于 NCP3020A 的设计原理图，如图 3-31 所示。

这个 BUCK 电路是输入电压为 9~18 V、输出电压为 3.3 V、输出电流为 10 A 的参考电路，如果所需要的电路正好是这样一个参数，那就可以直接套用了。

若输入电压不是一个固定值，而是一个范围，则计算电感值时输入电压要选择最大值，因为输入电压最大时电感的纹波电流最大，这种情况是最恶劣的情况。具体原因如下：

$$\Delta I_L(-) = \frac{(V_d + I_L \times R_L) + V_O}{L} \times T_{OFF}$$

$D = V_O/V_{IN}$，V_{IN} 最大时 D 最小，则 $T_{OFF} = T_S(1-D)$ 为最大，而 V_O 和 L 不变，因此这时的 $\Delta I_L(-) = \Delta I_L(+) = \Delta I_L$，为最大，所以最恶劣的情况是在输入电压为最大的时候。

但是，在智能车比赛中实际需要的电源是 6 V，即输出电压为 6 V，而输入电源是 7.2 V 的锂电池，所以只需根据图 3-31 调整相应的电路参数即可变成我们所要设计的电路，这样原理图设计就算完成了。

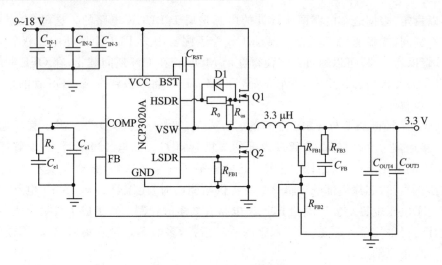

图 3-31 设计实例原理图

现在开始用 NCP3020 设计我们的原理图,如图 3-32 所示。下面介绍设计步

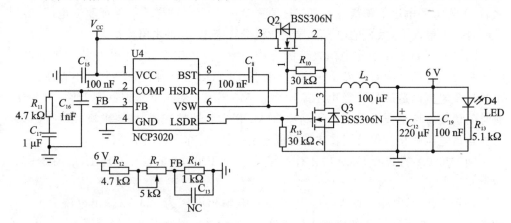

图 3-32 7.2 V 转 6 V 原理图

骤。从已知条件可得,输入电压 $V_1=7.2$ V,输出电压 $V_O=6$ V,I_O 最大不超过 1 A,开关频率 $f=300$ kHz。

步骤 1:计算占空比 D:

$$D = V_O/V_1 = 6 \text{ V}/7.2 \text{ V} = 0.8$$

步骤 2:计算电感值。可由 r 表示 L 的公式

$$L = \frac{V_{ON} \times D}{r \times I_L \times f} \quad \text{(对所有拓扑)}$$

计算,则 $V_{ON}=V_1-V_O=1.2$ V;$D=0.8$;$I_L=I_O=0.8$ A(最大不超过 1 A,这里按照 0.8 A 计算);$f=300$ kHz;$L=10$ μH。

设计所要选择的电感值必须大于 10 μH。蓝宙所设计的原理图中采用的是

100 μH，主要原因是有现成的 100 μH 的物料，不用重复采购。

步骤 3：选择 MOS 管。

这里用 MOS 管代替二极管实现同步整流，因此，只要算出流过 MOS 管和二极管的最大电流即可。MOS 管的电流 $=I_O\times D=0.8\text{ A}\times 0.8=0.64\text{ A}$，流过二极管的电流 $=I_O\times(1-D)=0.8\text{ A}\times 0.2=0.16\text{ A}$。因此，这里按照最大电流 0.64 A 来计算，$0.64\text{ A}\times 2=1.28\text{ A}$。查看 BSS306N 的 Data Sheet 可知，MOS 管的 I_D 最大为 2.3 A，$V_{DS}=30\text{ V}\gg 1.2\times 7.2\text{ V}$；因此，选择 BSS306N 是合适的。BSS306N 的相关参数如图 3-33 所示。

	V_{DS}		30	V
$R_{DS(on),max}$	V_{GS}=10 V		57	mΩ
	V_{GS}=4.5 V		93	mΩ
	I_D		2.3	A

图 3-33 BSS306N 的相关参数

步骤 4：计算输出电容值。

输出电容电压的耐压值一般选择为输出额定电压的 1.2～1.5 倍，计算公式如下：

$$C\geqslant \frac{\Delta I_L}{8\times f_S\times \Delta V_O}$$

式中，ΔI_L 为电感纹波电流，f_S 为开关频率，ΔV_O 为输出电压纹波。

ΔI_L 可以根据 $I_L\times r$ 计算，r 取 0.4；从上式可以看出，ΔV_O 越小，所计算的电容值越大，一般干净的电源都要求输出电压纹波不超过 1%，因此这里的 ΔV_O 可以按照 $V_O\times 1\%$ 计算得出。

根据上述公式可以计算 $C\geqslant 2\text{ μF}$。而实际中选择的输出电容 C_{12} 的容值为 100 μF，这个 100 μF 其实是根据经验值直接选择的，而且 100 μF 是一个常用的电容值。

关于电感和电容值的具体计算只能作为一个参考，实际中应根据具体情况再进行调整。

步骤 5：计算反馈电阻阻值。

反馈电阻指的是 R_{12}、R_7 与 R_{14}，这三个电阻是串联的关系，R_7 是一个可变电阻。这三个电阻之间的关系需满足：R_{14} 两端的分压值应该等于 Data Sheet 中参考电压值 $V_{ref}=0.6\text{ V}$。由于 R_7 阻值在 0～5 kΩ 之间可变，因此对应的 V_{OUT} 也有范围。当 $R_7=0\text{ kΩ}$ 时，FB 点的电压为 0.6 V，有 $V_{OUT1}\times R_{14}/(R_{12}+R_7+R_{14})=0.6\text{ V}$，则可得 $V_{OUT1}=3.42\text{ V}$；当 $R_7=5\text{ kΩ}$ 时，FB 点的电压依然为 0.6 V，这个点的参考电压是不

会变的,输出电压就是由这个点的参考电压和反馈电阻的比例决定的,则有 $V_{OUT2} \times R_{14}/(R_{12}+R_7+R_{14})=0.6$ V,可推出 $V_{OUT2}=6.42$ V。所以,经过可变电阻的调节,输出电压 V_{OUT} 的范围会在 3.42~6.42 V 之间可调,适于不同需求的应用。

3.4.2 BOOST 电源拓扑

1. BOOST 基本原理

BOOST 拓扑也是常用的非隔离电源拓扑,有时也称升压电路。电源设计者选择 BOOST 时,通常是要求输出电压大于输入电压的场合,输出电压与输入电压极性相同,非隔离。对于 BOOST 而言,输入电流是连续的,因为输入电流总是等于电感电流。输出电流是断续的,因为输出二极管不是在整个开关周期内都正向导通。输出电容在整个开关期间为负载提供续流。

图 3-34 为 BOOST 拓扑的原理图,V_1 为电路的输入电源,Q1 为 N 沟道的 MOS 管,CR1 为续流二极管,电感 L 和电容 C 组成输出滤波电路,R_L 为电感内部的直流电阻,R_C 是电容 C 的等效串联电阻,R 为负载,V_O 为输出电压。

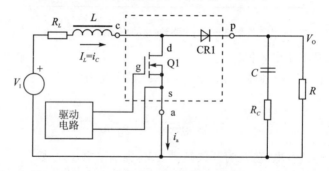

图 3-34 BOOST 原理图

在 BOOST 正常工作期间,Q1 在驱动电路的控制下会不停地开和关,这种不停的开关动作会在 Q1、CR1 和 L 的交点处产生脉冲电流。当二极管 CR1 导通时,电感 L 连接到输出电容 C,这时电感 L 和电容 C 才组成一个有效的 LC 滤波电路,产生直流输出电压 V_O。

像讨论 BUCK 拓扑一样,这里依然首先讨论电压的转换关系,也就是说输出电压 V_O、占空比以及输入电压 V_1 之间的关系,或者简单地讲如何计算占空比(Duty Cycle)。在电路处于稳态时,输入电压、输出电压、输出电流以及占空比都是固定不变的。在连续工作模式下,BOOST 电路也只有两种状态:ON 和 OFF,即开和关。在 ON 时,Q1 是导通的,CR1 是反向截止的。在 OFF 时,Q1 是关断的,而 CR1 是正向导通的。ON 和 OFF 两种状态下的电路简图分别如图 3-35 和图 3-36 所示。

在 ON 状态时,开关管导通的时间 $T_{ON}=D \times T_S$,这里 D 指占空比,是开关导通的时间 T_{ON} 与开关周期 T_S 的比值。开关关断状态所持续的时间称为 T_{OFF}。对于连

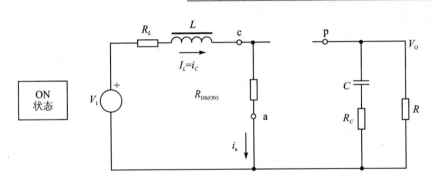

图 3-35　ON 状态下的 BOOST 电路

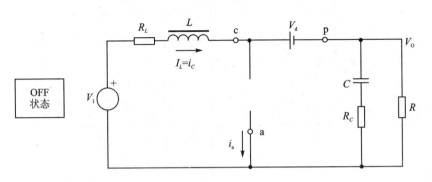

图 3-36　OFF 状态下的 BOOST 电路

续模式,由于每个开关周期只有 ON 和 OFF 两种状态,因此 $T_{OFF}=(1-D)\times T_S$。

连续模式下 BOOST 拓扑电路的理想波形如图 3-37 所示。

由图 3-34 和图 3-35 可知,在 MOS 管导通时,Q1 的漏源两极包含着一个低阻值的 $R_{DS(ON)}$,因此 MOS 的 D、S 之间也有一个小压降 $V_{DS}=I_L\times R_{DS(ON)}$。同样,电感内部有一个串联电阻 R_L,也会产生一个小压降 $=I_L\times R_L$,因此,电感 L 两端的电压就等于输入电压 V_1 减去损耗电压 $(V_{DS}+I_L\times R_L)$,即导通期间电感 L 两端的电压 $V_{ON}=V_1-(V_{DS}+I_L\times R_L)$。

在 MOS 管导通期间,CR1 因为反向截止,所以处于关断状态。而电感右端的电压其实就是 MOS 管导通时的压降 V_{DS}。电感的电流方向是从输入电压 V_1 经过 Q1 流向地(ground)。从上面的分析可知,电感两端电压是一个常数,等于 $V_1-(V_{DS}+I_L\times R_L)$,因此流过电感的电流将会呈线性增长。增加的电感电流大小 ΔI_L 可以按照下面的公式进行计算:

$$V_L = L\times \frac{di_L}{dt} \Rightarrow \Delta I_L = \frac{V_L}{L}\times \Delta T$$

式中,$V_L=V_1-(V_{DS}+I_L\times R_L)$,$\Delta T=T_{ON}$。

因此,可得出

$$\Delta I_L(+) = \frac{V_1-(V_{DS}+I_L\times R_L)}{L}\times T_{ON}$$

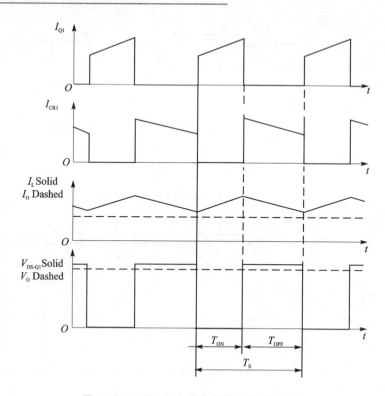

图 3-37 BOOST 电路各参考点的理想波形

从图 3-34 和图 3-36 可以看出,当 Q1 关断时,即处于 OFF 状态时,Q1 的漏、源极之间呈现高阻抗。由于流过电感 L 的电流方向不能立即改变,也就是说电感的电流依旧维持之前的方向,只是电感电流的途径从流过 Q1 转向流过 CR1。电感电流逐渐减小,电感两端电压极性反向直到 CR1 正向导通。

这时电感 L 左端电压仍然是 $V_I - I_L \times R_L$。电感 L 右端电压现在等于输出电压 V_O 与二极管 CR1 压降 V_d 之和。电感电流 I_L 现在的流向是从输入电源 V_I,经过二极管 CR1 到输出电容和负载电阻 R 的交接处。在 OFF 状态,电感两端的电压 V_{OFF} 是常数值,等于 $(V_O + V_d + I_L \times R_L) - V_I$,即 $V_{OFF} = V_O + V_d + I_L \times R_L - V_I$。如果还按照之前 ON 状态时电感 L 两端电压的方向左+右-,则现在 OFF 状态下电感 L 两端的电压方向为左-右+,与 ON 状态时的电压方向是相反的,因此 OFF 状态下,电感 L 的电流是减小的,而且是线性减小。在 OFF 期间,电感电流减小的算法可以按照下面的公式计算:

$$\Delta I_L(-) = \frac{(V_O + V_d + I_L \times R_L) - V_I}{L} \times T_{OFF}$$

在稳态时,电感电流在 ON 期间的增加值与在 OFF 期间的减小值一定是相等的,否则,电感电流在几个周期之后会产生净增加或者净减少,这样将不能形成稳态。

换句话说,电感电流在 ON 期间的增加值与在 OFF 期间的减小值只有相等,才能使电源处于稳定的工作状态。

因此,

$$\frac{V_\mathrm{I} - (V_\mathrm{DS} + I_L \times R_L)}{L} \times T_\mathrm{ON} = \frac{(V_\mathrm{O} + V_\mathrm{d} + I_L \times R_L) - V_\mathrm{I}}{L} \times T_\mathrm{OFF}$$

将上式进行相应的变换可得

$$V_\mathrm{O} = (V_\mathrm{I} - I_L \times R_L) \times \left(1 + \frac{T_\mathrm{ON}}{T_\mathrm{OFF}}\right) - V_\mathrm{d} - V_\mathrm{DS} \times \left(\frac{T_\mathrm{ON}}{T_\mathrm{OFF}}\right)$$

把 $T_\mathrm{S} = T_\mathrm{ON} + T_\mathrm{OFF}$,$D = T_\mathrm{ON}/T_\mathrm{S}$ 和 $1 - D = T_\mathrm{OFF}/T_\mathrm{S}$ 代入上式可得

$$V_\mathrm{O} = \frac{V_\mathrm{I} - I_L \times R_L}{1 - D} - V_\mathrm{d} - V_\mathrm{DS} \times \left(\frac{D}{1 - D}\right)$$

从上式可以看出,输出电压 V_O 的大小受占空比 D 的影响,由于输出电压总是比输入电压大,因此占空比 D 的大小同样在 0~1 之间。同样,如果忽略电感的串联电阻以及二极管和 MOS 管的压降,则

$$V_\mathrm{O} = V_\mathrm{I}/(1 - D) \qquad 或者 \qquad D = (V_\mathrm{O} - V_\mathrm{I})/V_\mathrm{O}$$

现在定性分析 BOOST 电路的一个简单方法就是把电感当做一个储能单元,实际上也确实如此。当 Q1 导通时,输入电源的能量被储存到电感上;当 Q1 关断时,电感和输入电源将能量传送到输出电容和负载。输出电压的大小受 Q1 导通时间的控制,如果增加 Q1 的导通时间,则电感的储能将会增加,那么在 Q1 关断时,将会有更多的电能被传送到输出端,进而输出电压也会增加。

这与 $V_\mathrm{O} = V_\mathrm{I}/(1 - D)$ 的公式也是一致的。BUCK 电路的电感平均电流与输出电流 I_O 是相同的,而 BOOST 则不是这样,结合图 3-36 和图 3-37,再联想一下电感电流与输出电流可知,电感电流只有在 OFF 期间才会把电能传送到输出端,而由于输出电容的平均电流为 0,因此,输出电流等于电感电流在 OFF 期间的电感电流。因此,有这样一个公式:

$$I_{L(\mathrm{AVG})} \times \frac{T_\mathrm{OFF}}{T_\mathrm{S}} = I_{L(\mathrm{AVG})} \times (1 - D) = I_\mathrm{O}$$

或者,我们可以换一种思路理解上述公式,以便记忆。电感的总电流只流向两个地方:MOS 管和二极管,经过二极管的电流也就是输出电流。经过 MOS 管的电流为 $I_{L(\mathrm{AVG})} \times D$;经过二极管的电流与输出电流一样,也等于 $I_{L(\mathrm{AVG})}(1 - D)$。

2. 电感值计算

这里直接给出工程计算 L 的公式,不再做分析和推导,因为不同的推导方法得出的公式总是不同的,但是误差不会太大,所以实际中都是计算一个值之后,根据调试结果再进行更改。

经处理,可得由 r 表示 L 的公式:

$$L = \frac{V_{ON} \times D}{r \times I_L \times f} \quad \text{(对所有拓扑)}$$

3. 元件选择

(1) 二极管选择

频率在几百 kHz 范围内,选择肖特基二极管。在 T_{ON} 阶段,二极管承受最大反向电压,其值为 V_O。考虑到设计冗余,二极管耐压至少选择 V_O 的 1.2 倍。如果二极管两端有尖峰,则需要根据实际情况进行调整。二极管的平均电流 $I_{D\_AVG}=I_O$。二极管额定电流至少选择 I_O 的 2 倍以上,若电流较大,则需要做散热处理,可以适当选择较大的封装体积,以获得较低的"温度-环境"热阻 θ_{JA}。

(2) MOS 管选择

T_{OFF} 阶段,开关管承受的最大电压为 V_O,耐压值至少选择 V_O 的 1.2 倍;如果 MOS 管的 D、S 两端有尖峰,则需要根据实际情况进行调整。开关管的电流至少选择导通时电流的 2 倍,电流较大的需要注意散热处理,可以选择较大的封装体积,以获得较低的"温度-环境"热阻 θ_{JA}。

(3) 输出电容选择

输出电容 C 并非理想电容,它可等效为寄生电阻 R_0 和电感 L_0 与其理想纯电容 C 的串联。R_0 称为等效串联电阻(ESR),L_0 称为等效串联电感(ESL)。一般如果考虑电感的纹波电流幅值,则希望这个纹波电流的大部分分量流入输出电容 C。因此,输出电压的纹波由输出电容 C、等效串联电阻 R_0、等效串联电感 L_0 决定。

对于连续模式下的 BOOST 电源,输出电容取决于电感纹波电流 ΔI_L、开关频率 f_S 以及输出电压纹波 ΔV_O。具体计算可以参考下式进行:

$$C \geqslant \frac{I_{Omax} \times D_{max}}{f_S \times \Delta V_O}$$

I_{Omax} 可以按照 I_O 的 1.2 倍计算,D_{max} 可以在 V_I 最小时计算,因为这时的占空比 D 最大,ΔV_O 越小,所计算的电容值越大,一般干净的电源都要求输出电压纹波不超过 1%,因此这里的 ΔV_O 可以按照 $V_O \times 1\%$ 计算得出。

4. BOOST 电感感值计算举例

BOOST:假设变换器的输入范围为 5~10 V,输出为 25 V,最大输出电流为 2 A。如果开关频率是 200 kHz,那么电感的推荐值应该为多少?

解:

① 对于 BOOST 变换器,应该在 V_{INmin} 即输入电压为 5 V 时设计电感。

因为 $V_O = V_I/(1-D)$,而 V_O 大小保持不变,当 V_I 为最小时,$1-D$ 也为最小,因此 $I_{L(AVG)} = I_O/(1-D)$ 则为最大,所以对于 BOOST 电路而言,输入电压为最小时,电感电流最大,这是最恶劣的情况。为防止电感饱和,需要在输入电压最小时计算电感感值。

② 占空比 $D=(V_O-V_{IN})/V_O=(25\ V-5V)/25\ V=0.8$；

③ 周期 $T=1/f=1/(200\ kHz)=5\ \mu s$；

④ 导通时间 $T_{ON}=D\times T=0.8\times 5\ \mu s=4\ \mu s$；

⑤ 伏秒积是 $V_{IN}\times T_{ON}=5\ V\times 4\ \mu s=20\ V\cdot \mu s, V_{ON}=V_{IN}$；

⑥ 套用公式。

经处理，可得由 r 表示 L 的公式

$$L=\frac{V_{ON}\times D}{r\times I_L\times f}\quad （对所有拓扑）$$

$$I_L=I_O/(1-D)=10\ A；$$

$L=(V_{ON}\times T_{ON})/(r\times I_L)=[20/(0.4\times 10)]\ \mu H=5\ \mu H$。这里要注意单位的变换。

⑦ 电感电流的最小额定值是 $(1+r/2)\times I_L=1.2\times 10\ A=12\ A$。

因此，应该选择 5 μH、12 A 的电感，或者与这个参数相近的电感。

5．设计实例：MC34063

从 MC34063 的 Data Sheet 可知，MC34063 是一款可以应用于降压拓扑电路（指 BUCK 拓扑，英文用 Step-Down 表示）、升压拓扑电路（指 BOOST 拓扑，英文用 Step-Up 表示）和输出电压反向拓扑电路（指 BUCK-BOOST 拓扑，英文用 Voltage-Inverting 表示）的电源芯片。电源芯片在电路中的主要作用就是拓扑电路中开关管的驱动控制，就是说通过这个电源并设定固定的频率后，让它按照固定频率去控制开关管的导通和关断。

在第一次使用 MC34063 设计电源时，要认真看 Data Sheet，Data Sheet 中的资料，其足够指导我们设计该电源电路。当然还可以研究 MC34063 的应用笔记 AN920A/D。MC34063 与相应的电源拓扑结合起来就可以设计一款完整的相应的电源芯片。

下面分析如何使用 MC34063 来设计一款 BOOST 电源，因为蓝宙电源板上利用 MC34063 设计的电源就属于 BOOST 电路，输入是 7.2 V，输出是 12 V，输出电压>输入电压，所以自然是 BOOST 电路。下面的分析依据都来源于 MC34063 的 Data Sheet，目的还是让大家学会看 Data Sheet，因为对于硬件工程师来说，在进行一个新项目设计时，在原理图设计阶段就必须通过对 Data Sheet 的理解来进行相应的电路设计。

MC34063 的引脚定义如图 3-38 所示，先大概了解芯片有几个引脚，然后再结合引脚功能定义深入理解引脚相应接口的电路设计。遗憾的是，通读 MC34063 的 Data Sheet 会发现没有对各个引脚的功能描述，但很多电源引脚的功能定义几乎都一样，所以可以根据以往的经验再结合内部框图进行简单的分析，内部框图如

图 3-39 所示。

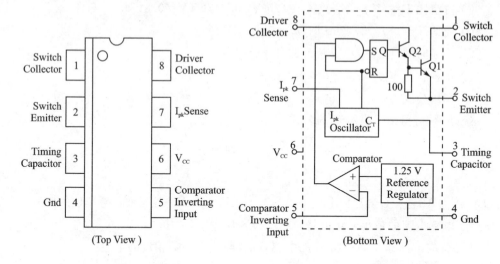

图 3-38　MC34063 引脚定义　　图 3-39　MC34063 内部框图

1 脚和 2 脚是用于开关管控制的；3 脚其实就相当于 NCP3020 的 COMP 脚，一般该脚会连接一个电容到地，目的是产生振荡，用于给开关管提供稳定的控制频率。4 脚为 Gnd，自然会接地；6 脚为电源脚，自然会接电源；5 脚是用于进行反馈控制的引脚，相当于 NCP2030 的 FB 引脚，该脚的功能可以参看之前对 BUCK 环路控制的讲解，这里虽然是 BOOST，其实道理是一样的；I_{PK} 是用于检测峰值电流的，一般是作为限流使用，限制输出电流的大小，相当于 NCP2030 的 VSW 引脚；8 脚是用于驱动集电极的，一般该引脚也需要一个固定的电压。

我们可以看到 Data Sheet 提供的 BOOST 应用参考电路如图 3-40 所示。当然因为 MCP34063 不仅可以用来设计 BOOST，也可以设计 BUCK 以及 BUCK-BOOST，所以 Data Sheet 中也提供了 BUCK 和 BUCK-BOOST 的参考电路。这里只要掌握 BOOST 的设计方法，另外两种的设计思想也是一样的，只是拓扑不同，相应的参数计算方法也不同而已。

下面分析这个电路。由图 3-40，$V_{in}=12$ V，$V_{out}=28$ V，$I_{out}=175$ mA，这些参数通常是已知的，因为要为别人设计一个电源，别人肯定已经给我们确定了这些参数。将图 3-40 和 BOOST 拓扑架构比较一下，发现图 3-40 确实属于 BOOST 拓扑，只是这里的开关管是 Q1 与 Q2 组成的达林顿管放到了芯片内部。但是对于使用芯片内部开关管的情况有一个限制，就是输出电流比较小，从 DS 可以看出，最大不能超过 1.5 A，而这里的 I_{OUT} 为 175 mA，当然就可以使用内部的开关管了。

测试结果如表 3-1 所列。

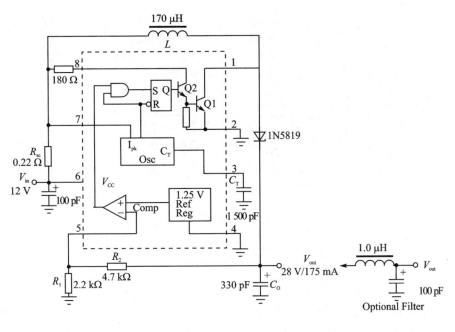

图 3-40 MC34063 的 BOOST 设计参考电路

表 3-1 测试结果

测 试	条 件	结 果
Line Regulation	$V_{in}=8.0\sim16$ V, $I_{out}=175$ mA	30 mV, ±0.05 %
Load Regulation	$V_{in}=12$ V, $I_{out}=75\sim175$ mA	10 mV, ±0.017 %
Output Ripple	$V_{in}=12$ V, $I_{out}=175$ mA	400 mV(峰-峰值)
Efficiency	$V_{in}=12$ V, $I_{out}=175$ mA	87.7 %
Output Ripple With Optional Filter	$V_{in}=12$ V, $I_{out}=175$ mA	40 mV(峰-峰值)

下面分析我们要设计的电路参数:$V_{in}=7.2$ V,$V_{out}=11.7$ V,$f=100$ kHz,$I_{out}=200$ mA。根据之前的步骤计算。所设计的原理图如图 3-41 所示。

步骤 1:计算占空比:

$$D = \frac{V_O + V_D - V_{IN}}{V_O + V_D - V_{SW}} \quad (BOOST)$$

$D=(V_O+V_D-V_{IN})/(V_O+V_D-V_{SW})$,二极管压降 V_D 和开关管压降 V_{SW} 都比较小,这里可以忽略不计,则 $D=(V_O-V_{IN})/V_O=(11.7-7.2)$ V/11.7 V$=0.38$。

步骤 2:计算电感值。

根据上面计算电感值的公式,可得由 r 表示 L 的公式:

$$L = \frac{V_{ON} \times D}{r \times I_L \times f} \quad (对所有拓扑)$$

第3章 智能车硬件设计基础

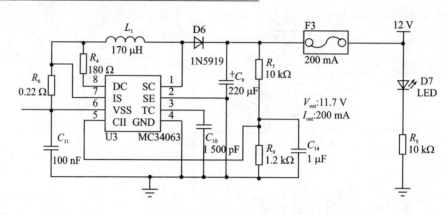

图3-41 7.2 V转12 V电路

式中,$V_{ON}=V_1-(V_{DS}+I_L \times R_L)$,忽略MOS管压降和电感内阻,则$V_{ON}=V_1=7.2$ V。$D=0.38$,$f=100$ kHz。

$I_L=I_O/(1-D)=0.2$ A$/0.62=0.323$ A。

将这些参数代入上述公式可得,$L=(V_{ON} \times T_{ON})/(r \times I_L)=121$ μH。这里要注意单位的变换。由原理图可知,我们实际选择的是170 μH,实际值一定要大于计算值。

步骤3:选择开关管。

因为这里的开关管选择的是内部的,所以就不用选了。

步骤4:选择二极管。

选择二极管主要考虑电流承受能力和反向电压承受能力,这里选择的1N5819满足要求。

步骤5:选择输出电容。

根据经验值,选择220 μF。当然根据之前所讲的公式直接计算一个参考值也可以,然后再选择一个比参考值大的电容值即可。

步骤6:计算反馈电阻。

R_5与R_9为反馈电阻,计算这两个电阻比值的依据是使得5脚电压为1.25 V。$(11.7 \times R_9)/(R_5+R_9)=(11.7$ V$\times 1.2$ kΩ$)/(10$ V$+1.2$kΩ$)=1.254$,与1.25 V差0.004 V可以接受。选择电阻时要注意选择标称电阻。因为电阻是有规格的,不是什么阻值都有。

6. 线性电源设计

用到的线性电源总共有两种:3.3 V输出和5 V输出,输入均为7.2 V。

(1) 2.4 V的电源设计

3.3 V的电源采用LDO芯片设计,所设计的原理图如图3-42所示。P3为接插件，VBAT 为外接的锂电池电压。D1 用于防反接，C_4 为电源输入端的储能电容，保证电源供应的稳定。D2 为输出电源指示灯，D2 点亮说明输出电压是正常的，电容 C_{18}、C_3、C_{22} 和 C_{23} 用于输出电源滤波，使得输出电压的纹波在可接受的范围之内。

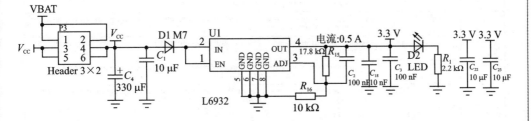

图 3-42　7.2 V 转 3.3 V 电路

这里选用的 LDO 芯片是 L6932，该芯片的输入电压范围为 2～14 V，可以固定输出 1.8 V 和 2.5 V，在 1.2～5 V 之间可以通过设置来进行输出可调设计，输出电流最大可达 2 A，所以该芯片非常适合应用于低压大电流的场合。L6932 的引脚分布及引脚功能定义分别如图 3-43 和图 3-44 所示。

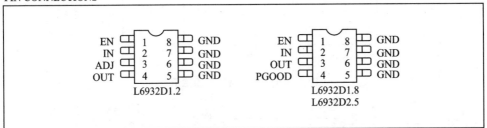

图 3-43　L6932 引脚分布

图 3-45 是用于固定输出的 LDO 电路，L6932D2.5 是具体的型号，表示输出为 2.5 V，这种 LDO 一般只要加入输入电容和输出电容即可组成稳定的 LDO 电路。L6932D1.8 也是指具体的型号，表示输出为 1.8 V，用法与 L6932D2.5 一样。图 3-46 是输出电压可调的电路。

(2) 5 V 的电源设计

5 V 电源的设计依然使用的是 LDO 芯片 LM1117-5，这个型号表示固定输出为 5 V。使用这种 LDO 设计电源非常简单，只需要加入输入电容和输出电容即可完成电源电路的设计。这里的 5 V 电源设计不同于上面 3.3 V 电源的设计之处在于，3.3 V 的电源使用的是 ADJ 的类型，即输出可调的方式，而 5 V 的电源则是属于固定输出的，由原理图（见图 3-47）也可以看出 ADJ 引脚是接地的，表明是固定输出。

PIN FUNCTION

N°	L6232D 1.2	L6232D 1.8/2.5	Description
1	EN		Enables the device if connected to Vin and disables the device if forced to gnd
2	IN		Supply voltage. This pin is connected to the drain of the internal N-mos. Connect this pin to a capacitor larger than 10μF
3	ADJ	—	Connecting this pin to a voltage divider it is possible to programme the output voltage between 1.2V and 5V
	—	OUT	Regulated output voltage. This pin is connected to the source of the internal N-mos. Connect this pin to a capacitor of 10μF
4	OUT	—	Regulated output voltage. This pin is connected to the source of the internal N-mos. Connect this pin to a capacitor of 10μF
	—	PGOOD	Power good output. The pin is open drain and detects the output voltage. It is forced low if the output voltage is lower than 90% of the programmed voltage
5, 6, 7, 8	GND		Ground pin

图 3-44 引脚定义

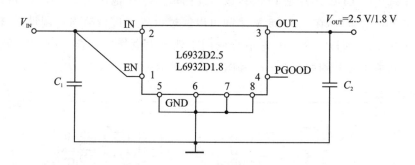

图 3-45 输出电压为固定值

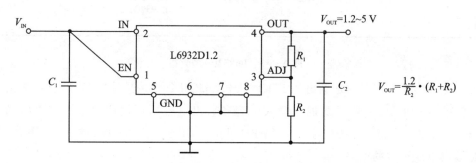

图 3-46 输出电压为可调值

几乎所有 LDO 电源芯片的使用方法都是一样的,大家掌握一种 LDO 芯片的设计即可,其他都是类似的,参考 Data Sheet 即可完成相应的设计。

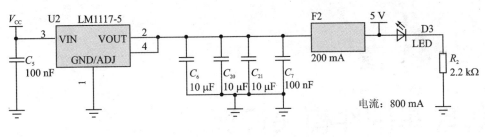

图 3-47　7.2V 转 5V 电路

第 4 章

智能车硬件模块设计

4.1 摄像头模块设计

4.1.1 摄像头基础知识

摄像头(camera)是一种视频输入设备,被广泛运用于视频会议、远程医疗及实时监控等方面。摄像头可分为数字摄像头和模拟摄像头两大类。数字摄像头可以将视频采集设备产生的模拟视频信号转换成数字信号,进而将其储存在计算机中。模拟摄像头捕捉到的视频信号必须经过特定的视频捕捉卡将模拟信号转换成数字模式,并加以压缩后才可以转换到计算机中运用。

摄像头的工作原理大致为:景物通过镜头生成的光学图像投射到图像传感器表面,然后转为电信号,经过 A/D 转换后变为数字图像信号,再送到控制器(比如单片机或者 DSP)中加工处理,再通过 USB 接口传输到计算机中处理,通过显示器就可以看到图像了。

摄像头对于参加智能车大赛的同学来说也许并不陌生,但是大家都只是对摄像头模块有个基本了解,对摄像头模块的设计本身了解还是不够深入。下面从应用的角度对摄像头及相关硬件设计进行说明。

一般摄像头包括两部分:镜头和图像传感器。图像传感器又可以分为两类:CCD 和 CMOS。CCD 与 CMOS 是目前市场上被普遍采用的两种图像传感器。CMOS 摄像头其实跟 CCD 差不多,也是将光转换成电信号的器件。它们的差异之处就是图像的扫描方式不同:CCD 是采用连续扫描方式,即它只有等到最后一个像素扫描完成后才进行放大;CMOS 传感器的每个像素都有一个将电荷放大为电信号的转换器。

由于 CMOS 功耗小,较 CCD 要便宜,而且图像质量可满足要求,所以 CMOS 图像传感器正在以其价格、功耗、图像质量等方面的优势,逐渐取代 CCD 图像传感器,并在相关电子产品的生产中得到广泛的应用。CMOS 图像传感器具有以下几个优势:① 功耗低;② 速度快,可靠性高;③ 集成度高。

4.1.2 图像信号相关概念解释

目前的模拟摄像头一般都是 PAL 制式的,输出的信号由复合同步信号、复合消隐信号和视频信号组成。在采集图像之前,首先要知道摄像头输出信号的特性,因此,下面介绍图像的相关概念。

① 视频信号:真正的图像信号,对于黑白摄像头,图像越黑,电压越低;图像越白,电压越高。在这里我们通过 A/D 采集来得到亮度信号。

② 复合同步信号:用于控制电视机的电子枪对电子的偏转。当电子枪收到行同步信号时,电子束就从上一行的最右端移动到下一行的最左端。当电子枪收到场同步信号时,就从屏幕的右下角移到左上角。在这里需要用这个信号来控制采集像素的时序。

③ 复合消隐信号:在图像换行和换场电子枪回扫时不发射电子,即收到复合同步信号后,电子枪要换位置时是不能发射电子束的,这时就由这个信号来消隐。在这里完全不用理会这个信号。

④ 像素:指基本原色素及其灰度的编码。当图片尺寸以像素为单位时,需要指定其固定的分辨率,才能将图片尺寸与现实中的实际尺寸相转换。例如大多数网页制作常用图片分辨率为 72,即每英寸像素为 72,1 in=2.54 cm。那么通过换算可以得出每厘米等于 28 像素,比如 15 cm×15 cm 的图片,像素为 420×420。

⑤ 分辨率:指的是单位长度中所含的像素数目。摄像头的分辨率表示摄像头解析图像的能力,即摄像头图像的传感器像素数。例如 30 万像素的最高分辨率一般为 640×480,50 万像素的最高分辨率为 800×600。分辨率的两个数字表示的是图像在长和宽上占的点数,长宽比通常是 4:3。以数字摄像头 OV7620 为例,隔行扫描,分奇偶场输出,各有 240 行,每行输出 640 个像素点,则分辨率为 640×480。

⑥ 帧数:帧数就是在 1 s 时间内传输图片的量,也可以理解为图形处理器每秒能够刷新几次,通常用 f/s(frame per second)表示。每一帧都是静止的图像,快速连续地显示帧便形成了运动的假象。高的帧率可以得到更流畅、更逼真的动画。每秒帧数越多,所显示的动作就会越流畅,但文件会变得越大。智能车中采用的摄像头一般为 PAL 制式,每秒输出 25 帧图像,隔行扫描,分奇偶场输出,每秒 50 场。也有采用 NTSC 制式的摄像头,每秒 30 帧,分奇偶场输出,每秒 50 场。

⑦ 灰度:灰度是指黑白图像中像素点的颜色深度,范围是从 0~255,白色为 255,黑色为 0,故黑白图像也称灰度图像。对于模拟摄像头,灰度信息则需要通过 A/D 转换后得到,而数字摄像头则可直接输出 8 位的灰度信息供单片机采集。

⑧ 场信号、行信号:场信号就是垂直扫描信号,行信号就是水平扫描信号。在 CRT 显示器中,光栅的形成是由垂直和水平扫描电流通过垂直偏转线圈和水平偏转线圈产生磁场,使电子束有规律地偏转形成的。扫完一个垂直画面叫做一场,电子束水平方向从一端扫到另一端叫做一行。普通电视机水平方向传送一幅图像是 625 行,

分两次传送,分单数行和偶数行,这种扫描方式叫隔行扫描。

⑨ 扫描:将组成一帧图像的像素,按顺序转换成电信号的过程称为扫描。扫描的过程和我们读书时视线从左到右、自上而下依次进行的过程类似,扫完第一幅后扫第二幅,如此循环。从左至右的扫描称为行扫描;自上而下的扫描称为帧(或场)扫描。电视系统中,扫描多是由电子枪进行的,通常称其为电子扫描。

⑩ 扫描同步:进行扫描时,要求收发两端的扫描规律必须严格一致,称为扫描同步。由于人眼看到的图像大于或等于 24 Hz 时才不会觉得图像闪烁,所以 PAL 制式输出的图像是 25 Hz,即每秒有 25 幅画面,说得专业点就是每秒 25 帧,其中每一帧有 625 行。但由于早期电子技术还不发达时,电源不稳定,容易对电视信号进行干扰,而交流电源是 50 Hz,为了和电网兼容,同时由于 25 Hz 时图像不稳定,所以工程师们把一幅图像分成两场显示,对于一幅画面,一共有 625 行,但是电子枪先扫描奇数场 1、3、5…,然后再扫描偶数场 2、4、6…,这样,一副图像就变成了隔行扫描,每秒就有 50 场了。

⑪ YUV 视频信号:YUV 视频信号是由 3 个信号 Y、U、V 组成的,Y 是亮度和同步信号,U、V 是色差信号,由于无需滤波、编码和解码,因而图像质量极好,主要应用于专业视频领域。

⑫ 模拟视频信号:模拟视频信号携带了由电磁信号变化而建立的图像信息,可用不同的电压值来表示,比如黑白信号,0 V 表示黑,0.7 V 表示白,其他灰度介于两者之间。

⑬ 数字视频信号:数字视频信号是通过把视频核的每个像素表现为不连续的颜色值来传送图像资料,并且由计算机使用二进制数据格式来传送和储存像素值。数字视频信号没有噪声,用 0 和 1 表示,不会产生混淆。数字视频信号可以长距离传输而不产生损失,可以通过网络线、光纤等介质传输,方便地实现资源共享。

⑭ P 制与 N 制:当前在智能车竞赛中用到的摄像头,基本只有 2 种制式:P(PAL)制式和 N(NTSC)制式。PAL 制式和 NTSC 制式有很大区别,其中最主要的区别就是 PAL 制标准的摄像头,每秒输出 25 帧图像。这是因为人眼看到的图像大于或等于每秒 24 Hz 时不会觉得闪烁,所以 PAL 制式输出图像的频率是 25 Hz,每秒有 25 幅画面,即每秒 25 帧。而 N 制标准的摄像头,每秒输出 30 帧图像。

智能车摄像头的例子:
- PAL 制式摄像头:OV6620、SonyCCD、LG CCD、OV5116 等;
- NTSC 制式摄像头:OV7620、OV7640 等。

⑮ 逐行扫描与隔行扫描:所谓逐行扫描,即摄像头的像素自左向右、自上而下,一行紧接一行扫描输出(点击查看动态图);而隔行扫描,就是在每行扫描点数不变的前提下,将图像分成 2 场进行传送,这两场分别称为奇数场和偶数场。奇数场传送 1、3、5…奇数行;偶数场传送 2、4、6…偶数行。

- 逐行扫描摄像头:OV6620、OV7640 等;

- 隔行扫描摄像头：OV7620 等。

⑯ 消隐信号：消隐区的出现，在电视机原理上，是因为电子束结束一行扫描，从一行尾换到另一行头，期间会有空闲期，这叫做行消隐信号；同理，从一场尾换到另一场尾，期间也会有空闲期，这叫做场消隐信号。在图 4-1 中，虚线为消隐信号。

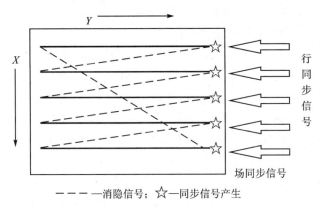

———消隐信号；☆—同步信号产生

图 4-1 同步信号机消隐信号说明

4.1.3 OV7620 摄像头模块设计

OV7620 是 CMOS 彩色/黑白图像传感器。它支持连续和隔行两种扫描方式，有 VGA 与 QVGA 两种图像格式；最高像素为 664×492，帧速率为 30 fps；数据格式包括 YUV、YCrCb、RGB 三种，能够满足智能车图像采集系统的要求。OV7620 内部可编程功能寄存器的设置有上电模式和 SCCB 编程模式。OV7620 的控制采用 SCCB(SeriaI Camera Control Bus)协议。SCCB 是简化的 I^2C 协议，SIO-I 是串行时钟输入线，SIO-O 是串行双向数据线，分别相当于 I^2C 协议的 SCL 和 SDA。OV7620 数字摄像头是一款非常适合用于智能车寻迹的摄像头，经过多届大赛的历练，OV7620 越发显得稳定和成熟。OV7620 之所以为众多人所采纳，原因是其具有几大优点：

① OV7620 的电平兼容 3.3 V 和 5 V。目前智能车用户用到的基本上可以分为 XS128 和 K60 两种控制器，而这两种控制器的工作电平分别是 5 V 和 3.3 V。OV7620 可以完全适应这两种电平，无需做电平匹配。

② OV7620 的帧率是 60 帧/s。新手学习摄像头时，误以为摄像头帧率越快越好，其实不然。就拿 OV7620 来说，其 PCLK(像素中断)的周期是 73 ns，该频率下的 PCLK 很容易被 K60 的 I/O 捕捉。帧率越快的摄像头，其 PCLK 的周期就会越小，该频率下 PCLK 不易被 K60 的 I/O 捕捉到。

③ OV7620 的分辨率也是非常合适的，OV7620 是隔行扫描，采集 VSYN，其输出分辨率是 640×240。如果改为 QVGA 格式，则默认输出分辨率是 320×120。该分辨率下非常适合采集赛道，数据容量有限，又不会使图像失真。

第4章 智能车硬件模块设计

(1) OV7620 时钟同步

OV7620 有 4 个同步信号:VSYNC(垂直同步信号)、FODD(奇数场同步信号)、HSYNC(水平同步信号)和 PCLK(像素同步信号)。当采用连续扫描方式时,只使用 VSYNC 和 HSYNC,PCLK 三个同步信号。当需要检测 OV7620 扫描窗口的有效大小时,还需引入 HREF 水平参考信号。

(2) OV7620 图像数据的输出速度匹配

在 OV7620 的 3 个同步信号中,PCLK 的周期最短。当 OV7620 使用 27 MHz 的系统时钟时,默认的 PCLK 的周期为 74 ns。而单片机的中断响应时间远远大于这个值,所以只能将 OV7620 的 PCLK 降频。通过设置时钟频率控制寄存器,可将 PCLK 的周期设为 4 μs 左右。我们已经知道,对于 OV7620 来说,行信号 HREF 与场信号 VSYN 的时间比较长,XS12 的单片机足以捕捉到;但是 OV7620 的像素同步信号 PCLK 只有 73 ns,而 XS12 单片机的稳定总线时钟只有 25 MHz,很难捕捉到 PCLK 这个像素同步信号。即使单片机主频倍频到 60 MHz 以上,能够捕捉到 73 ns 的信号,也还有采集这一步,很难做到既采集又判断是否有像素同步。

(3) OV7620 图像数据的接入

当 OV7620 工作于主设备方式时,它的 YUV 通道将连续不断地向总线上输出数据。OV7620 有两组并行的数据口 Y[7...0] 和 UV[7...0],其中对于数据口 Y[7...0],输出的是灰度信号 Y;对于 UV[7...0],输出的是色度信号 UV。对于智能车大赛,赛道是白底黑线,因此我们只关心图像的灰度值,并不需要它们的彩色值。对于全白的赛道背景,采集回来的数据是 255;对于黑色的赛道,采集回来的数据是 0,这样就能很好地区别开赛道与背景。

(4) 摄像头模块设计

OV7620 摄像头模块的组成框图如图 4-2 所示。

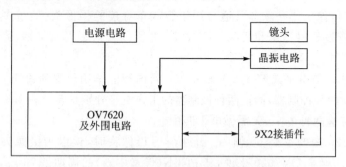

图 4-2 OV7620 摄像头模块的组成框图

从实际组成来看,该摄像头模块分为两个模块:镜头与 OV7620 模块。镜头与 OV7620 模块的实物图如图 4-3 所示。

OV7620 共有 48 个引脚,但我们真正能用到的不多。在做智能车时一般用到以下引脚,如表 4-1 所列。

第 4 章 智能车硬件模块设计

图 4-3 镜头与 OV7620 模块实物图

表 4-1 OV7620 与单片机连接的引脚描述

OV7620	单片机
Y0~Y7(数据输出端)	GPIO(通用 I/O 口)
VSYNC(场中断信号)	定时器或者中断引脚
HREF(行中断信号)	定时器或者中断引脚
VCC(接 5 V 或者 3.3 V)	—
VTO(接视频采集卡调焦)	不与单片机连接
PCLK(像素同步信号端)	—
FODD(奇偶场信号端)	—
GND	GND

行中断 HREF 和场中断 VSYNC 接单片机的定时器引脚或者中断引脚,以保证图像采集不容易被干扰。

摄像头模块的电源电路如图 4-4 所示。

VIN_5V 是通过 9X2 接插件 P10 从单片机主板上引过来的,经过电感 L_2 和电容 C_{21}、C_{22} 进行隔离和滤波后得到电压更为稳定的电源 VDD_5V,用于给图像传感器 OV7620 提供电源。HT7133 为线性稳压电源芯片,输入为 5 V,输出为 3.3 V。这个线性电源比较简单,在进行具体设计时,可以参考 HT7133 的 Data Sheet。当然如果是自己动手,直接参考蓝宙的这个原理图即可。

我们知道,OV7620 是兼容 5 V 和 3.3 V 的,不论是和 5 V 的单片机相连,还是

第 4 章 智能车硬件模块设计

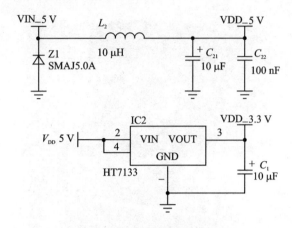

图 4-4 电源电路

和 3.3 V 的单片机相连,OV7620 的某些引脚都必须是 5 V,但是 OV7620 的 32 脚的电源需要和单片机的工作电压一致。具体看 Data Sheet 的引脚描述,如表 4-2 所列。

表 4-2 OV7620 电源引脚描述

Pin#	Name	Class	Function
1	SVDD	Bias	Sensing Power(+5V)pins
8,14,44	AVDD	Bias	Analog Power(+5V)pins
29	DVDD	Bias	Digital Power(+5V)pins
32	DOVDD	Bias	Digital I/O Power(+5V/+3.3 V)pins

晶振电路如图 4-5 所示。

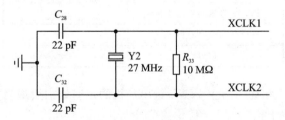

图 4-5 OV7620 晶振电路

用 OV7620 设计的电路模块如图 4-6 所示,如果看不清,可以向蓝宙公司索要资料。

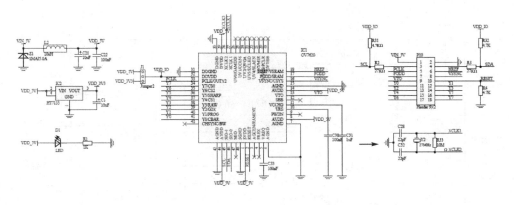

图 4-6　OV7620 摄像头模块原理图

4.2　电机驱动电路设计

  一般的电机驱动控制电路由 MCU＋预驱动＋MOSFET＋闭环检测电路构成。根据电机驱动芯片的类型，又可以具体分为以下几种方案：一种是使用预驱动芯片＋外置 MOSFET 的方式，这种方案的优点是散热好，MOSFET 可以通过很大的电流；另一种是预驱动和 MOSFET 集成在一起的方式，这种方案的优点是所占空间小，内部保护电路较出色。还有一种是小功率电机，可用于调整后视镜等，其优势是控制简单，成本较低。下面给出各方案设计的参考原理图。

1. MC33883 应用

  这里选择的预驱动芯片为 MC33883，首先给出 MC33883 的应用参考原理图，如图 4-7 所示。其中，两个高边 MOSFET 为 M1 和 M3，两个低边驱动为 M2 和 M4。

  MC33883 是一种全桥栅极驱动 IC，内置集成电荷泵和独立的高低边 MOSFET 的栅极驱动通道。MC33883 共有 4 个独立的栅极输入驱动通道，MCU 可以通过控制这 4 个栅极驱动通道来控制两个高边的栅极驱动和两个低边的栅极驱动。

  由图 4-7 可知，MC33883 的两个低边栅极通道（GATE_LS1 和 GATE_LS2）是以地作为参考的，因为两个低边 MOSFET 的源极 S 极（SRC_LS1 和 SRC_LS2）是接地的，所以只要低边栅极给予高电平，使得 VGS＞MOSFET 的开启电压，就可使得相应的 MOSFET 导通。低边 MOSFET 的驱动较为简单。两个高边栅极通道（GATE_HS1 和 GATE_HS2）则不是以地作为参考，因为高边 MOSFET 的源极 S 极（SRC_HS1 和 SRC_HS2）是悬空的，不是直接接地的，要驱动高边 MOSFET，必须使得高边 MOSFET 的 VGS＞高边 MOSFET 的开启电压。高边 MOSFET 的驱动技术是大家在理解 MC33883 时会感到困难的地方。后面会详细讲解高边 MOSFET 的驱动技术，主要目的是帮助大家理解这种驱动方式。

第 4 章　智能车硬件模块设计

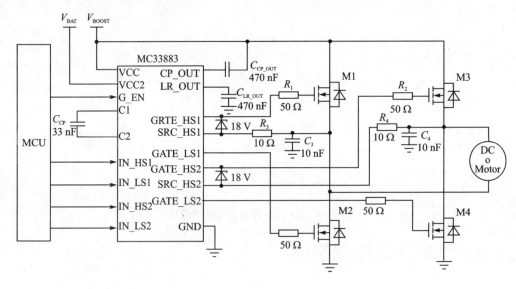

图 4-7　MC33883 的应用参考原理图

2. 功能框图

MC33883 的功能框图如图 4-8 所示,通过功能框图可以了解 MC33883 芯片内部的逻辑关系,有助于后面对高边驱动技术的分析。

3. 引脚功能描述

MC33883 的引脚分布及引脚描述如图 4-9 所示和表 4-3 所列。

(1) 电源引脚 VCC 和 VCC2

从 MC33883 的 Data Sheet 上可以看出,VCC 和 VCC2 均为该芯片的电源引脚,VCC 用于 MOSFET 高边的驱动端,VCC2 用于线性调节。这两个引脚可以共用同一路电源,也可以分开供电。VCC 的最大电压为 55 V,VCC2 的最大电压为 28 V,所以在设计这两个引脚的供电电源时,应注意不超过这个范围。

VCC 和 VCC2 具有欠压保护和过压保护功能,当这两个电源引脚有一个电压处于过压或者欠压时,栅极输出就会为低电平,进而关断外部的 MOSFET。当电源恢复正常范围时,该芯片的操作功能也恢复正常。

(2) 高低边输入引脚

高低边输入引脚包括 IN_HS1、IN_HS2 和 IN_LS1、IN_LS2。这些引脚是受输入控制的引脚,用来控制 MOSFET 的栅极 G 的高低输出,IN_HS1、IN_HS2 和 IN_LS1、IN_LS2 控制栅极 G 的方式是一样的,当这些引脚输入为高电平时,栅极输出就为高电平,MOSFET 导通。

(3) 高边源极输出引脚

SRC_HS1 和 SRC_HS2:高边 MOSFET 的源极输出控制端,通过这个引脚可以控制高边 MOSFET 的源极。

第 4 章 智能车硬件模块设计

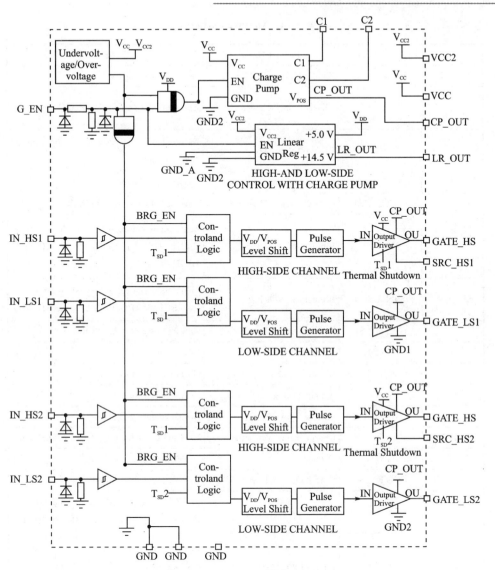

图 4-8 MC33883 的功能框图

图 4-9 MC33883 引脚分布

第4章 智能车硬件模块设计

表 4-3 MC33883 引脚描述

Terminal	Terminal Name	Formal Name	Definition
1	VCC	Supply Voltage 1	Device power supply 1
2	C2	Charge Pump Capacitor	External capacitor for internal charge pump
3	CP_OUT	Charge Pump Out	External reservoir capacitor for internal charge pump
4	SRC_HS1	Source1 Output High Side	Source of high-side 1 MOSFET
5	GATE_HS1	Gate 1 Output High Side	Gate of high-side 1 MOSFET
6	IN_HS1	Input High Side 1	Logic input control of high-side 1 gate(i.e., IN_HS1 logic HIGH = GATE_HS1 HIGH)
7	IN_LS1	Input Low Side 1	Logic input control of low-side 1 gate(i.e., IN_LS1 logic HIGH=GATE_LS1 HIGH)
8	GATE_LS1	Gate 1 Output Low Side	Gate of low-side 1 MOSFET
9	GND1	Ground 1	Device ground 1
10	LR_OUT	Linear Regulator Output	Output of internal linear regulator
11	VCC2	Supply Voltage 2	Device power supply 2
12	GND_A	Analog Ground	Device analog ground
13	C1	Charge Pump Capacitor	External capacitor for internal charge pump
14	GND2	Ground 2	Device ground 2
15	GATE_LS2	Gate 2 Output Low Side	Gate of low-side 2 MOSFET
16	IN_LS2	Input Low Side 2	Logic input control of low-side 2 gate(i.e., IN_LS2 logic HIGH=GATE_LS2 HIGH)
17	IN_HS2	Input High Side 2	Logic input control of high-side 2 gate(i.e., IN_HS2 logic HIGH = GATE_HS2 HIGH)
18	GATE_HS2	Gate 2 Output High Side	Gate of high-side 2 MOSFET
19	SPC_HS2	Source 2 Output High Side	Source of high-side 2 MOSFET
20	G_EN	Global Enable	Logic input Enable control of device(i.e., G_EN logic HIGH=Full Operation, G_EN logic LOW=Sleep Mode)

(4) 高低边栅极输出引脚

GATE_HS1、GATE_HS2 和 GATE_LS1、GATE_LS2 是高低边 MOSFET 的

栅极控制端。

(5) 全局使能引脚

G_EN:全局使能引脚,用来使该芯片进入睡眠模式。当该引脚处于低电平时,芯片进入睡眠模式。当该引脚处于高电平时,典型值为 5 V,芯片则从睡眠模式进入到正常模式。

(6) 电荷泵输出引脚

CP_OUT:电荷泵输出引脚,该引脚一般会外接一个自举电容以形成电荷泵电路。该引脚与高边 MOSFET 的驱动有关。

(7) 电荷泵电容引脚

C1、C2:用来产生电荷泵的电容引脚,这两个引脚之间会串接一个电容以产生电荷泵。

(8) 内部线性电源输出引脚

LR_OUT:该引脚是芯片内部线性电源的输出端,该引脚一般外接一个电容。

4. 电荷泵及自举电路

MC33883 外围总共有 4 个 MOSFET,高低边各 2 个。低边的 2 个 MOSFET 因为源极接地,所以栅极 G 只要给一个高电平即可驱动低边的 MOSFET。高边的 MOSFET 的 S 极没有接地,因此不可以直接驱动。那么实际上是怎么驱动的呢?首先,通过上面的电路正常驱动 MOSFET 是没有问题的,下面说明芯片内部到底是如何驱动的。其实,高边 MOSFET 的驱动是因为芯片内部通过电荷泵集成了自举电路,使高边 MOSFET 的 G 极在驱动 MOSFET 时可以比 S 极高十几伏,所以可以保证高边 MOSFET 的驱动。

Data Sheet 中的 Charge Pump 就是电荷泵的意思。电荷泵是利用电容的充放电来实现电压转换的,输入回路和输出回路轮流导通,通过调节占空比来调节输出电压。电荷泵也称为开关电容式电压变换器,是一种利用所谓的"快速"(flying)或"泵送"电容(而非电感或变压器)来储能的 DC - DC 变换器。它们能使输入电压升高或降低,也可以用于产生负电压。其内部的 FET 开关阵列以一定方式控制快速电容器的充电和放电,从而使输入电压以一定因数(0.5,2 或 3)倍增或降低,从而得到所需要的输出电压。这种特别的调制过程可以保证高达 80 % 的效率,而且只需外接陶瓷电容即可。由于电路是开关工作的,电荷泵结构也会产生一定的输出纹波和 EMI(电磁干扰)。

利用电荷泵来实现的基本倍压电路如图 4 - 10 所示。

下面讲解具体过程。第一阶段是让开关 S1 和 S3 闭合,则 V_{bat} 与电容 C_{fly} 并联,进而把电荷传输到加速电容 C_{fly} 上,如图 4 - 11 所示。这时,快速电容 C_{fly} 的上面为正极,下面为负极,C_{fly} 两端的电压 $V_{C_{fly}} = V_{bat}$。

第二阶段需要断开 S1 和 S3,闭合 S2 和 S4,将 V_{bat} 加到 C_{fly} 上,如图 4 - 12 所示。

第 4 章 智能车硬件模块设计

由于第一阶段快速电容 C_{fly} 的上面为正极,下面为负极,这时又将 V_{bat} 叠加到该快速电容上,如果把 C_{fly} 当做一个电源,第二阶段就相当于两个电源的串联,那么这时的输出电压 $V_{out}=V_{C_{fly}}+V_{bat}=2V_{bat}$,实现了输出电压倍增。

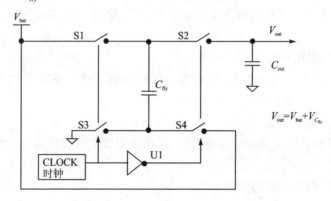

图 4-10 电荷泵实现的基本倍压电路

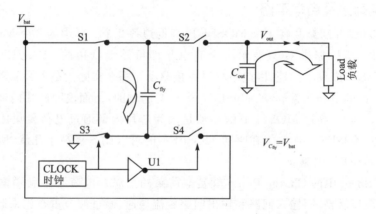

图 4-11 给 C_{fly} 充电

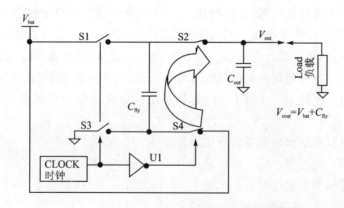

图 4-12 将 V_{bat} 电压叠加到 C_{fly} 上

至此大家应该对电荷泵的概念及电路有了基本了解。下面结合 MC33883 具体讲解如何实现电压自举。

电荷泵在 C_{CP_OUT} 产生高边 MOSFET 驱动的电源电压。图 4-13（引自 MC33883 的 Data Sheet）给出了没有负载的电荷泵基本电路。

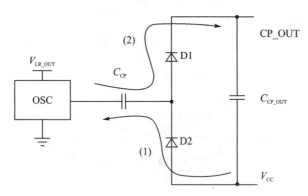

图 4-13 电荷泵基本电路

当晶振处于低电平时，C_{CP} 通过二极管 D2 充电，直到 C_{CP} 两端电压等于 $V_{CC} - V_{D2}$。这时电容 C_{CP} 的电压极性是左-右+。当晶振处于高电平时，C_{CP} 通过二极管 D1 在 C_{CP_OUT} 放电。由于电容 C_{CP} 的极性是左-右+，因此，电荷泵最后的电压 $V_{CP\_OUT} = V_{CC} - V_{D2} + V_{LR\_OUT} - V_{D1} = V_{CC} + V_{LR\_OUT} - 2V_D$，晶振的频率大约为 330 kHz。

图 4-14 是高边 MOSFET 的栅极驱动电路简图，晶体管 Tosc1 和 Tosc2 可以理解为图 4-13 中晶振内的开关。当 Tosc1 导通时，晶振处于低电平；当 Tosc2 导通时，晶振处于高电平。电容 C_{CP_OUT} 在高边 MOSFET 导通期间提供驱动电流。

在 HSS 导通时，C_{CP_OUT} 处的电压就引入到高边 MOSFET 的栅极 G 端，进而可以控制高边 MOSFET 的导通。在 LSS 导通时，用于高边 MOSFET 的栅极端放电，使得高边 MOSFET 的 G、S 端产生一个 10 V 左右的电压，进而可以保证高边 MOSFET 的驱动，而 G、S 端的电压又因为内部的稳压管确保 G、S 间的电压不会过大而损坏 MOSFET，如图 4-15 所示。

5. 集成式电机驱动方案

这里选择的集成芯片是 BTS7960，蓝宙公司选择的 BTS7960 均为原装进口英飞凌芯片，该驱动模块兼容 BTS7960B（默认）、BTN7960B、BTS7970B、BTN7970B、BTN7971B。BTS7960 的特性如下：

① 大电流输出，43～70 A，具体参数与芯片有关；

② 与单片机 5 V 隔离，有效保护单片机；

③ 电机驱动输出端电压显示；

④ 可以焊接散热片；

第4章 智能车硬件模块设计

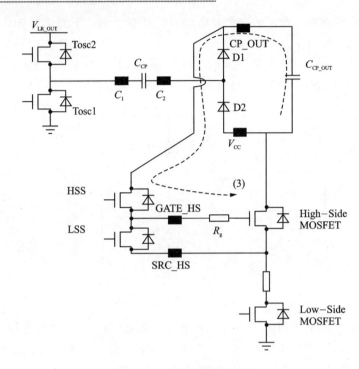

图4-14 高边栅极驱动电路

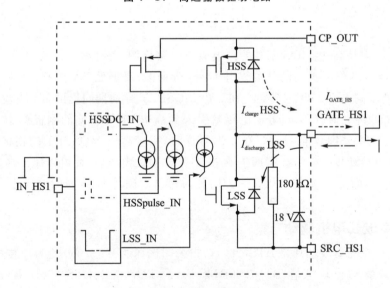

图4-15 高边MOSFET栅极驱动原理图

⑤ 隔离芯片5 V电源(可以与单片机共用5 V);

⑥ 单片机到驱动模块用4根线即可(GND、5 V、PWM1、PWM2);

⑦ 最大频率支持15 kHz,超过会造成芯片发烫、电机运转不正常;

⑧ 板子上预留 4×φ3 孔,可直接固定在智能车 A 车模、B 车模尾部;
⑨ 板子布线规范,过电流能力强;
⑩ 接口文字说明清晰,使用方便。

BTS7960B 的应用原理图如图 4-16 所示,TLE4278G 为电源芯片,Voltage Regulator 直译就是电压调节器,实际就是电源;μC 是微控制器,μ 就是 micro(中文意思就是"微"),C 指 Controller;MOS 管 SPD50P03L 为 Reverse Polarity Protection(反接保护二极管)。在参考 Data Sheet 的应用电路时,要先理解该电路,才能设计好自己的电路。

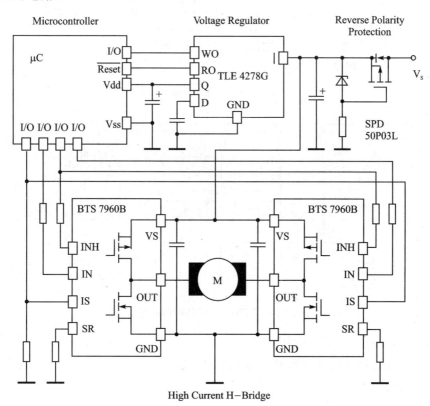

图 4-16　BTS7960B 应用参考电路

蓝宙所设计的 BTS7960B 应用电路是在单片机与 BTS7960B 之间加入了一个双向总线缓冲器 74LVC245,主要作用是进行信号隔离,达到保护电机驱动芯片 BTS7960B 的目的,如图 4-17 所示。

PWM1、PWM2 和 PWM3 是来自单片机的控制信号,经过 74lVC245 后分别从 Motor In1、Motor In2 和 Motor In3 输出到 BTN7960,如图 4-18 所示。

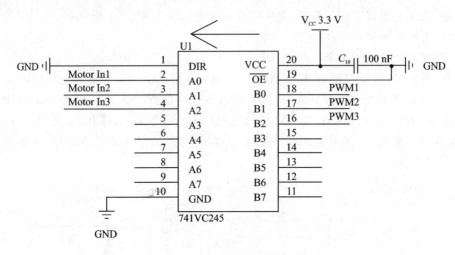

图 4-17 信号隔离电路

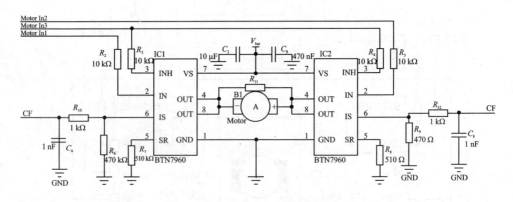

图 4-18 BTN7960 驱动模块原理图

6. 继电器方式控制电机

继电器驱动电机的方式如图 4-19 所示,这种方式一般用于频率不太高的场合。

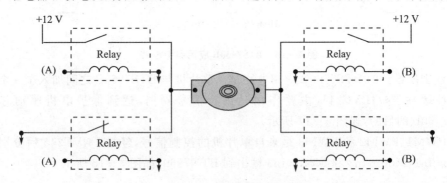

图 4-19 继电器驱动电机

继电器可以选择国产的宏发继电器。宏发继电器现在很多已经用在量产的汽车上,性能可靠,成本低廉。继电器由一个线圈和一个开关组成,它的控制方法是这样的:当给线圈两端施加一个电压时,开关就会导通;若线圈两端电压消失,则开关断开。

继电器可以选择达林顿管来驱动,达林顿管的型号这里给大家推荐 ULQ2003。单片机通过达林顿管 ULQ2003 控制继电器动作的原理图如图 4-20 所示。查阅 ULQ2003 的 Data Sheet 可知,ULQ2003 内部其实就是一个反相器,单片机输出为低电平的时候,经过达林顿管就输出高电平,这样继电器线圈两端的 1、2 脚均为 12 V,线圈两端之间的电压差为 0,继电器就不会动作;相反,当单片机输出高电平的时候,经过达林顿管就输出低电平,这样继电器线圈的 2 脚也为低电平,而线圈的 1 脚为 12 V,线圈两端之间的电压差为 12 V,进而使得继电器动作。

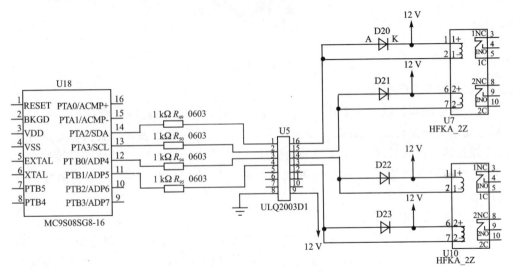

图 4-20 单片机通过达林顿管控制继电器的原理图

U18 是一个飞思卡尔的 8 位单片机,U5 是达林顿管 ULQ2003D1,继电器选择的型号是宏发的 HFKA_2Z。该继电器是一个双胞继电器,即一个封装里面包含了两个单独的继电器,继电器的 1、2 脚是线圈的两端,继电器的 3、4、5 脚分别是继电器的常闭端、常断端和公共端。默认情况下,3 和 5 脚是连通的;当继电器动作时,4 和 5 脚导通,3 和 5 脚断开。在继电器的线圈两端并接一个二极管,用于继电器断电时线圈放电,防止损害继电器。

4.3 舵机模块设计

智能车的转向控制也是关键模块之一,转向性能的好坏和转向控制的适当与否对车子的速度及稳定性有很大影响。一般来讲,舵机主要由以下几个部分组成:舵盘、变速齿轮组、位置反馈电位计、小型直流电机、控制电路板等,如图4-21所示。

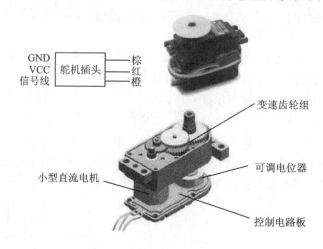

图4-21 舵机的组成及实物

(1) 舵机工作原理

控制电路板接收来自单片机的控制信号(具体信号后面再讲),控制电机转动,电机带动一系列齿轮组,减速后传动至输出舵盘。舵机的输出轴和位置反馈电位计相连,舵盘转动的同时,带动位置反馈电位计,电位计将位置电压信号反馈到控制电路板,然后控制电路板根据所在位置调整电机的转动方向和速度,直至达到控制的目的。

(2) 舵机的基本结构

舵机的基本结构实现起来有很多种。例如电机就有有刷和无刷之分,齿轮有塑料和金属之分,输出轴有滑动和滚动之分,壳体有塑料和铝合金之分,速度有快速和慢速之分,体积有大中小之分,等等,组合不同,价格也千差万别。例如,小舵机也被称做微舵。在同种材料的条件下,其价格是中型舵机的一倍多。金属齿轮价格是塑料齿轮的一倍多。应根据需要选用不同类型。

舵机的输入线共有三条,红色在中间,是电源线;一边黑色的是地线,黑线与红线给舵机提供最基本的能源保证,主要是电机的转动消耗;还有一根是信号控制线。电源有两种规格,一种是4.8 V,一种是6.0 V,分别对应不同的转矩标准,即输出力矩不同。6.0 V对应的力矩要大一些,具体看应用条件。

舵机的控制信号是周期为20 ms的脉宽调制(PWM)信号,其中脉冲宽度从0.5~2.5 ms,相对应舵盘的位置为0~180°,呈线性变化,控制要求如图4-22所示。也就是说,给它提供一定的脉宽,输出轴就会保持在一个相对应的角度上,无论外界转矩怎样改变,直到给它提供另外一个宽度的脉冲信号,它才会改变输出角度到新的对应的位置上。

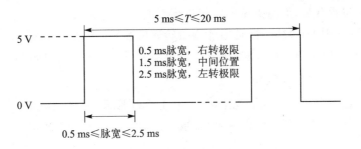

图 4-22　舵机控制要求

舵机的控制信号是一个脉宽调制信号,所以很容易和数字系统进行接口。只要能产生标准控制信号的数字设备,都可以用来控制舵机。

舵机是智能车中转向控制的执行单元,由单片机给出 PWM 信号控制舵机转角实现转向。舵机与单片机之间的接口电路如图 4-23 所示。由于舵机是外购的模块,因此,只要将舵机的接口与单片机的接口进行接线即可。

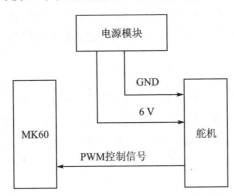

图 4-23　舵机与 MK60 的接口电路

4.4　编码器模块

4.4.1　编码器基础介绍

1. 编码器介绍

编码器(encoder)是将信号或数据进行编制,转换为可用于通信、传输和存储的信号形式的设备。编码器把角位移或直线位移转换成电信号,前者称为码盘,后者称为码尺。

编码器按照工作原理可分为增量式和绝对式两类。增量式编码器是将位移转换成周期性的电信号,再把这个电信号转变成计数脉冲,用脉冲的个数表示位移的大小。绝对式编码器的每一个位置对应一个确定的数字码,因此它的示值只与测量的起始和终止位置有关,而与测量的中间过程无关。

欧姆龙(OMRON)编码器是用来测量转速的装置,光电式旋转编码器通过光电转换,可将输出轴的角位移、角速度等机械量转换成相应的电脉冲以数字量输出。

2. 编码器的工作原理

编码器是一个中心有轴的光电码盘,其上有环形通、暗的刻线,由光电发射和接收器件读取,获得四组正弦波信号,组合成 A、B、C、D,每个正弦波相差 90°(相对于一个周波为 360°),将 C、D 信号反向,叠加在 A、B 两相上,可增强稳定信号;另外,每转输出一个 Z 相脉冲以代表零位参考位。由于 A、B 两相相差 90°,可通过比较 A 相在前还是 B 相在前,以判别编码器的正转与反转;通过零位脉冲,可获得编码器的零位参考位。

编码器码盘的材料有玻璃、金属、塑料。玻璃码盘是在玻璃上沉积很薄的刻线,其热稳定性好,精度高。金属码盘上有通和不通的刻线,不易碎;但由于金属有一定的厚度,精度就有限制,其热稳定性就要比玻璃的差一个数量级。塑料码盘是经济型的,其成本低,但精度、热稳定性、寿命均要差一些。编码器每旋转 360° 提供多少通或暗的刻线称为分辨率,也称解析分度或直接称多少线,一般为每转分度为 5~10 000 线。

脉冲数、分辨率以及线数,这些概念其实都是同一个意思,只是叫法不同,意思是编码器旋转一圈所产生的脉冲个数。它指的是长线驱动(线性差动)输出,也就是输出 A、A−、B、B−、Z、Z− 六路 TTL 脉冲信号。其中 A、B 信号相差 90°,Z 信号为参考零位。通过比较 A、B 相波形的时间就可以判别方向。例如正向时,A 相比 B 相超前 90°;反向时,B 相比 A 相超前 90°。A− 是 A 信号的反相,B− 是 B 信号的反相,Z− 是 Z 信号的反相。

分辨率等于 $1/(n\times$线数$)$。n 是系统信号的细分数,是不小于 1 的整数。相比之下"线数"确实不是一个有严格定义的参数。有时,它是指编码器的刻线数,即一圈是多少刻线,或者每毫米多少刻线;有时,它就是在指分辨率。对于增量式编码器而言,一圈刻 1 000 条线,转一圈至少是输出 1 000 个脉冲。而采用不同的计数方式,可以每圈计 1 000、2 000 或 4 000 个数,这时,刻线数就不等于分辨率。另外,对于分辨率极高的编码器(光电式的一般称为光栅、圆光栅或直线光栅)在传感器内部或外部,对每一个刻线的信号进行"细分"处理,常见的有 10 细分、25 细分、50 细分乃至 250 细分。这时,分辨率比实际刻线数就高得多了。

编码器市场份额较高的企业包括 Heidenhain、Tamagawa、Nemicon、Yuheng、Baumer、Rep、P+F、Danaher、Koyo、Omron 等。

4.4.2 蓝宙编码器模块

编码器的输出端总共有 5 根线:褐色线、黑色线、白色线、黄色线和蓝色线。其中,白色和黄色线不用,褐色、黑色和蓝色 3 根线与 MK60 底板连接。这 3 根线通过线束直接连接到 MK60 底板的接插件上,该接插件在 MK60 底板上的标示为"转速 1"和"转速 2",选择其中一种接插件即可,另外一个用做备份。编码器总共有三相,这里只需要一相输出即可,因此,实际只用了 3 根线:褐色线(电源 VCC)、黑色线(A 相)和蓝色线(GND)。

编码器的接线图及与 MK60 之间的接口电路分别如图 4-24 和图 4-25 所示。

颜 色	端子点
褐色	电源VCC
黑色	A相
白色	B相
黄色	Z相
蓝色	GND

图 4-24 编码器接线图

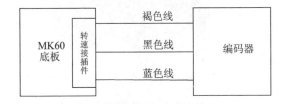

图 4-25 编码器与 MK60 底板之间的接线图

4.5 加速度及陀螺仪模块

这个模块是将陀螺仪功能与加速度计功能集成到一块电路板上,电路板共有 2 路陀螺仪传感电路,备份了 1 路。加速度计电路根据传感芯片 MMA7361 设计,该芯片共有 3 路加速度值输出,所以蓝宙公司设计的陀螺仪——加速度计模块共有 2 路陀螺仪(另外还备份了 1 路)、3 路加速度值输出。

4.5.1 加速度传感器

加速度传感器是一种能够测量加速力的电子设备。加速力就是物体在加速过程中作用在物体上的力,就好比地球引力,也就是重力。加速力可以是常量,比如 g;也可以是变量。加速度计有两种:一种是角加速度计,是由陀螺仪(角速度传感器)改进的;另一种是线加速度计。

1. 加速度计原理

下面主要是通过几张图及相应的说明来帮助大家理解加速度计的传感测量原理,进而掌握它的使用及设计。

首先请看图 4-26。图中把一个圆球放到一个方盒子里面,假定这个盒子不在重力场中或者其他任何会影响球位置的场中,球处于盒子的正中央。可以想象盒子在外太空中,远离任何天体;如果很难想象,那就当做盒子在航天飞机中,一切都处于无重力状态。在图 4-27 中,可以看到我们给每个轴分配了一对墙(我们移除了 $Y+$,以此来观察里面的情况)。设想每面墙都能感测压力。如果突然把盒子向左移动(加速度为 $1\ g = 9.8\ m/s^2$),那么球会撞上 $X-$ 墙,如图 4-27 所示。然后我们检测球撞击墙面产生的压力,X 轴输出值为 $-1\ g$。

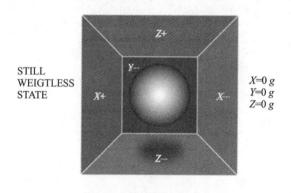

图 4-26 球在中央

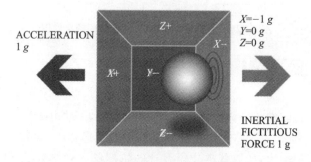

图 4-27 球撞上 $X-$ 墙

请注意加速度计检测到的力的方向与它本身加速度的方向是相反的。这种力通常被称为惯性力或假想力。在这个模型中,应该学到加速度计是通过间接测量力对一个墙面的作用来测量加速度的,在实际应用中,可能通过弹簧等装置来测量力。这个力可以是加速度引起的,但在下面的例子中,我们会发现它不一定是加速度引起的。如果把模型球放在地上,球会落在 $Z-$ 墙面上并对其施加一个 $1\ g$ 的力,如图 4-28 所示。

在这种情况下盒子没有移动,但仍然可读取到 Z 轴有 $-1\ g$ 的值。球在墙壁上

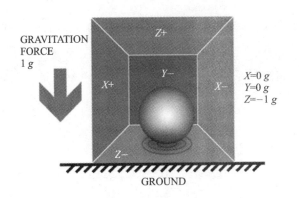

图 4-28 球在地上

施加的压力是由引力造成的。在理论上,它可以是不同类型的力。例如,可以想象球是铁质的,将一个磁铁放在盒子旁边,那么球就会撞上另一面墙。引用这个例子只是为了说明加速度计的本质是检测力而非加速度。只是加速度所引起的惯性力正好能被加速度计的检测装置所捕获。虽然这个模型并非一个 MEMS 传感器的真实构造,但它用来解决与加速度计相关的问题相当有效。实际上有些类似的传感器中有金属小球,称做倾角开关,但是它们的功能更弱,只能检测设备是否在一定程度内倾斜,却不能得到倾斜的程度。

到目前为止,我们已经分析了单轴加速度计的输出,这是使用单轴加速度计所能得到的。三轴加速度计的真正价值在于它们能够检测全部三个轴的惯性力。让我们回到盒子模型,并将盒子向右旋转 45°。现在球会与两个面接触:$Z-$ 和 $X-$,如图 4-29 所示,重力 g 就会在 X 轴和 Y 轴两个轴上产生重力分量。

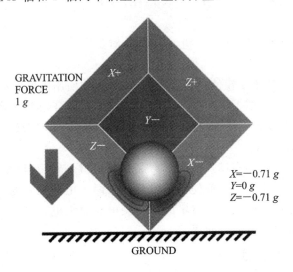

图 4-29 球与两个面接触

第4章 智能车硬件模块设计

这个值等于 $\sqrt{\frac{1}{2}}\,g$,约等于 $0.71\,g$,这就是二维加速度计。同样,当 g 在 X、Y 和 Z 三个轴上都产生分量时,就可以利用空间勾股定理来计算在三个轴上产生的分量,如图 4-30 所示。将坐标系换为加速度的三个轴并想象矢量力在周围旋转,这会更方便计算。

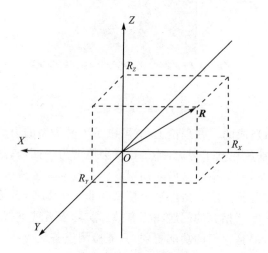

图 4-30 三维空间模型

想象新模型中每个轴都分别垂直于原模型中各自的墙面。矢量 R 是加速度计所检测的矢量(它可能是重力或上面例子中惯性力的合成)。R_X、R_Y、R_Z 是矢量 R 在 X、Y、Z 上的投影。请注意下列关系:

$$R^2 = R_X^2 + R_Y^2 + R_Z^2 \tag{4-1}$$

此公式等价于三维空间勾股定理。

以上是对加速度计模型的分析。下面针对加速度计芯片来阐述相关的电路设计。

竞赛规则规定,如果车模使用加速度传感器,必须使用飞思卡尔公司生产的加速度传感器。该系列的传感器采用了半导体表面微机械加工和集成电路技术,传感器体积小、质量轻。蓝宙公司所使用的加速度传感芯片为 MMA7260,它的基本物理模型如图 4-31 所示。

通过微机械加工技术在硅片上加工形成一个机械悬臂,它与相邻的电极形成了两个背靠背的电容。由于加速度使得机械悬臂与两个电极之间的距离发生了变化,从而改变了两个电容的参数。通过集成的开关电容放大电路量测电容参数的变化,形成了与加速度成正比的电压输出。

2. MMA7260 应用说明

通过设置,可以使得 MMA7260 各轴信号最大输出灵敏度为 $800\,\text{mV}/g$,输出信号为模拟信号,这个信号无需再进行放大,直接可以送到单片机进行 A/D 转换。

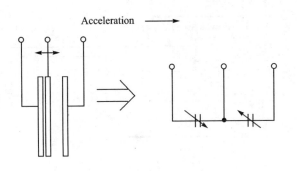

图 4-31 传感器基本物理模型

3. MMA7260 硬件设计

我们在安装加速度计模块时,要注意 X 轴和 Y 轴与重力方向保持垂直,这样就只需要测量 Z 轴方向上的加速度值,进而可计算出车模倾角。车模直立时,固定加速度计在 Z 轴水平方向,此时输出信号为零偏电压信号。当车模发生倾斜时,重力加速度 g 便会在 Z 轴方向形成加速度分量,从而引起该轴输出电压变化。变化的规律为

$$\Delta u = kg\sin\theta \approx kg\theta$$

式中,g 为重力加速度,θ 为车模倾角,k 为加速度传感器灵敏度系数。当倾角 θ 比较小时,输出电压的变化可以近似与倾角成正比。

加速度计 MMA7260 的应用电路及与单片机的连接分别如图 4-32 和图 4-33 所示,由这两个图可知加速度计的硬件设计还是比较简单的。

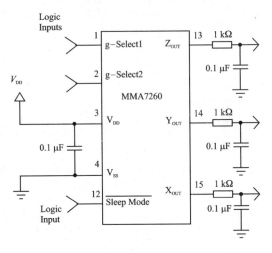

图 4-32 MMA7260 应用电路

4. MMA7260 引脚描述及量程选择

MMA7260 的引脚描述如表 4-4 所列,1、2 引脚为量程选择控制引脚,通过对这

第4章 智能车硬件模块设计

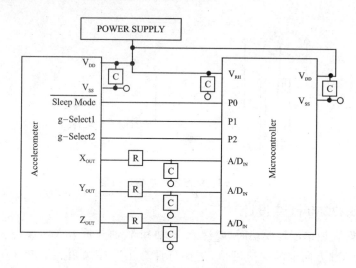

图 4-33 加速度计与单片机的连接

两个引脚的逻辑电平控制可以选择不同的量程,具体量程选择引脚说明如表 4-5 所列。3 脚 V_{DD} 和 4 脚 V_{SS} 分别为芯片的电源和地。引脚 8~11 以及引脚 16 为 N/C,表示 NO Connection(不需要连接)。12 脚 $\overline{\text{Sleep Mode}}$ 为逻辑输入,即该脚可以通过 MCU 来控制。当该脚为低电平时,进入禁止使能模式;当该引脚为高电平时,进入使能模式。所谓使能,就是使芯片正常工作。Z_{OUT}、Y_{OUT}、X_{OUT} 分别为 Z 轴、Y 轴和 X 轴三个方向的输出电压。

表 4-4 MMA7260 引脚描述

Pin No.	Pin Name	Description
1	g-Select1	Logic input pin to select g level
2	g-Select2	Logic input pin to select g level
3	V_{DD}	Power Supply Input
4	V_{SS}	Power Supply Ground
5~7	N/C	No internal connection. Leave unconnected
8~11	N/C	Unused for factory trim. Leave unconnected
12	$\overline{\text{Sleep Mode}}$	Logic input pin to enable product or Sleep Mode
13	Z_{OUT}	Z direction output voltage
14	Y_{OUT}	Y direction output voltage
15	X_{OUT}	X direction output voltage
16	N/C	No internal connection. Leave unconnected

第4章 智能车硬件模块设计

表4-5 量程选择引脚说明

g-Select1	g-Select2	G 的量程选择范围/g	G 的重量灵敏度/(mV·g^{-1})
0	0	0～1.5	800
0	1	0～2	600
1	0	0～4	300
1	1	0～6	200

注：0表示低电平，1表示高电平。

5. MMA7260 输出电压

MA7260 传感器 X、Y、Z 这三个轴所对应的方向关系如图 4-34 所示。

大多数的加速度计技术说明书都会指出对应于物理芯片或设备的 X、Y、Z 轴方向。

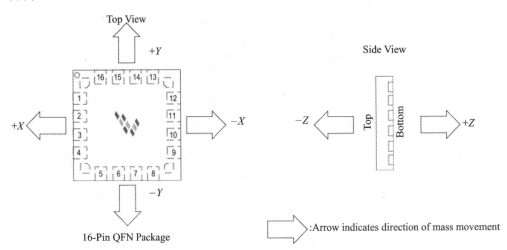

图 4-34 加速度计所对应的方向

选择好量程后，当 MMA7260 处于不同的状态下时，各轴输出的电压即随着加速度的变化而变化。静态时，各轴输出的电压主要来自重力加速度在各轴上的分量。以量程 1.5 g 为例，灵敏度为 800 mV/g。在不同状态下，MMA7260 三轴加速度传感器的输出电压如图 4-35 所示。

MMA7260 的基本状态共有 6 种（见图 4-36），这 6 种基本状态是指只在某一个轴上感应加速度的情况。这 6 种状态是指 MMA7260 与地面垂直放置，每次旋转 90°所对应的 4 种状态和 MMA7260 与地面平行正反面放置的 2 种状态，具体输出电压如图 4-35 所示。蓝宙公司根据 MMA7260 所设计的模块也遵循这一规则。

第 4 章 智能车硬件模块设计

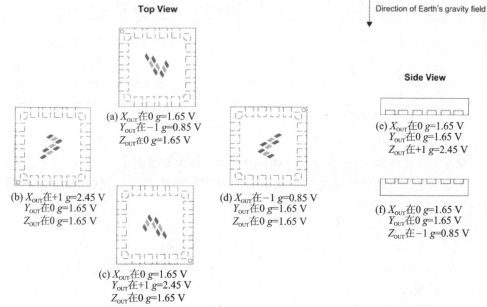

图 4-35　MMA7260 在不同状态下的输出电压

状态 1 是指图 4-35(a) 中的放置情况,这时三轴的输出电压分别为 $X_{out}=1.65$ V, $Y_{out}=0.85$ V, $Z_{out}=1.65$ V。

状态 2 是指图 4-35(b) 中的放置情况,这时三轴的输出电压分别为 $X_{out}=2.45$ V, $Y_{out}=1.65$ V, $Z_{out}=1.65$ V。

状态 3 是指图 4-35(c) 中的放置情况,这时三轴的输出电压分别为 $X_{out}=1.65$ V, $Y_{out}=2.45$ V, $Z_{out}=1.65$ V。

状态 4 是指图 4-35(d) 中的放置情况,这时三轴的输出电压分别为 $X_{out}=0.85$ V, $Y_{out}=1.65$ V, $Z_{out}=1.65$ V。

状态 5 是指图 4-35(e) 中的放置情况,这时三轴的输出电压分别为 $X_{out}=1.65$ V, $Y_{out}=1.65$ V, $Z_{out}=2.45$ V。

状态 6 是指图 4-35(f) 中的放置情况,这时三轴的输出电压分别为 $X_{out}=1.65$ V, $Y_{out}=1.65$ V, $Z_{out}=0.85$ V。

加速度传感器安装在车模上,距离车轴的高度为 h。车模转动具有角加速度 θ'、运动加速度 α。那么在加速度传感器 Z 轴上由车模运动引起的加速度为 $h\theta'+\alpha$,如图 4-37 所示。为了减少运动引起的干扰,加速度传感器安装的高度越低越好,但是无法彻底消除车模运动的影响。

第 4 章　智能车硬件模块设计

(a) 状态1

(b) 状态2

(c) 状态3

(d) 状态4

(e) 状态5

(f) 状态6

图 4-36　MMA7260 的基本状态

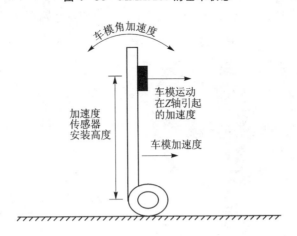

图 4-37　车模运动引起加速度 Z 轴信号变化

车模运动产生的加速度使得输出电压在实际倾角电压附近波动。这些波动噪声可以通过数据平滑滤波将其滤除。但是平滑滤波一方面会使得信号无法实时反映车模倾角的变化,从而减缓对于车模车轮的控制;另一方面也会将车模角速度变化信息滤掉。上述两方面的滤波效果使得车模无法保持平衡。因此,对于车模直立控制所需要的倾角信息则要通过另外一种器件获得,那就是角速度传感器——陀螺仪。

4.5.2 角速度传感器——陀螺仪

1. 陀螺仪简介

陀螺仪(gyroscope)是一种用来传感与维持方向的装置,是基于角动量的理论设计出来的,如图4-38所示。传统的陀螺仪主要由一个位于轴心且可旋转的轮子构成。陀螺仪一旦开始旋转,由于轮子的角动量,陀螺仪有抗拒方向改变的趋势。陀螺仪多用于导航、定位等系统。

在智能车的应用中,陀螺仪主要用于平衡车的姿态检测,也可以用于各组的弯道角速率的检测,也有的参赛队将其用于坡道检测。

压电陀螺仪作为一种新型传感器,与单片机配合可构成智能化稳定平衡控制系统。压电陀螺设计成一种适应于各种回转测量的传感器,用它来检测各种机械回转的运动,把测量信息传输到单片机,由单片机对测量信息进行处理,用户可以按需要通过事先给定的指令系统控制测量过程,提取测量数据。

在一定的初始条件和外加力矩作用下,陀螺会在不停自转的同时,还绕着另一个固定的转轴不停地旋转,这就是陀螺的旋进(precession),又称为回转效应(gyroscopic effect)。陀螺旋进是日常生活中常见的现象,许多人小时候都玩过的陀螺就是一例。这里的自转是指转子(rotor)。图4-39中的黄色圆盘飞速地旋转,绕着另

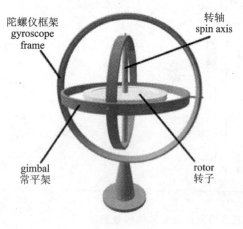

图4-38 陀螺仪

图4-39 三轴陀螺仪

一个固定的转轴不停地旋转是指黄色圆盘自转的同时还绕着转轴(spin axis)转动。具体可以参看维基百科中对陀螺仪的说明,或者在网上搜索相应的视频以加深对陀螺仪的理解。

陀螺仪的种类很多,按用途来分,可以分为传感陀螺仪和指示陀螺仪。传感陀螺仪用于飞行体运动的自动控制系统中,作为水平、垂直、俯仰、航向和角速度传感器。指示陀螺仪主要用于飞行状态的指示,作为驾驶和领航仪表使用。

现在的陀螺仪分为压电陀螺仪、微机械陀螺仪、光纤陀螺仪、激光陀螺仪,都是电子式的,可以和加速度计、磁阻芯片、GPS做成惯性导航控制系统。

2. 陀螺仪的应用

陀螺仪可以用来测量物体的旋转角速度。竞赛允许选用村田公司出品的ENC-03系列加速度传感器。它利用了旋转坐标系中的物体会受到科里奥利力的原理,在器件中利用压电陶瓷做成振动单元。当旋转器件时会改变振动频率从而反映出物体旋转的角速度。ENC-03角速度传感器以及相关参考放大电路如图4-40所示。

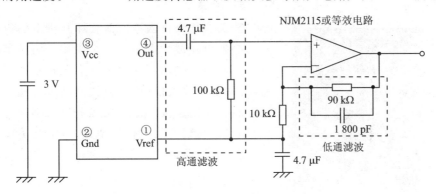

图4-40 角速度传感器及参考放大电路

ENC-03的静态输出电压为1.35 V,角速度变化为1(°)/s,输出电压变化为0.67 mV。一般陀螺仪动态性能好,而静态性能较差,所以要求对其输出电压进行高通滤波,而且0.67 mV的电压变化值太小,难以通过A/D转换检测,所以要对其进行放大。

图4-41中,将陀螺仪的输出信号放大了5.1倍左右,并将零点偏置电压调整到工作电源的一半(1.65 V)左右。根据选取的传感器输出灵敏度,放大倍数可以选择为5~10。

由ENC-03 Data Sheet中的角速度传感器及参考放大电路可知,输出信号是进入到运放的正相输入端,这种情况称为正反馈;而蓝宙公司所设计的放大电路输出信号则是进入到运放的反相输入端,这种情况称为负反馈。如果反馈信号削弱了输入信号,即在输入信号不变时输出信号比没有反馈时小,导致放大倍数减小,则称为负反馈;反之,称为正反馈。正反馈虽然使放大倍数增大,但却使电路的工作稳定性变

第 4 章　智能车硬件模块设计

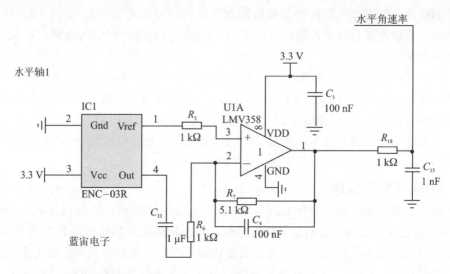

图 4-41　陀螺仪电路

图 4-42　加速度计与陀螺仪实物图

差，甚至产生自激振荡而破坏其正常的放大作用，所以在放大电路中很少采用。而振荡器却是利用正反馈的作用来产生信号的。负反馈虽然降低了放大倍数，却使放大电路的性能得到改善，应用极为广泛，因此常把负反馈简称为反馈。正反馈使放大倍数增大，但电路工作不稳定。负反馈使放大倍数减小，但改善放大电路的性能。

将上述电路单独制作成小的电路板，可以比较方便地放置在车模最稳定的位置上。需要注意的是，蓝宙公司所设计的加速度计和陀螺仪模块是集成在一个电路板上的，如图 4-42 所示。

以上电路只是将传感器的信号进行了放大处理，角度和角加速度的计算都依靠单片机的软件来完成。

4.5.3　加速度计和陀螺仪的数据融合

如果只使用加速度计传感器（也可以称为重力传感器，因为是受到重力影响），在实际车模运行的过程中，由于车模本身的摆动所产生的加速度会产生很大的干扰信号，它叠加在上述测量信号上，使得输出信号不能准确地反映车模的倾角。

而如果只使用陀螺仪，也会造成角度测量的不准。由于陀螺仪获取角速度的角度信息，故需要积分运算。如果角度信号存在微小的偏差和漂移，经过积分运算之后，则将变化形成积累误差。这个误差随时间延长逐步增大，最终导致积分饱和，无法形成正确的角度信号,使用加速度计来矫正陀螺仪的积分漂移只是其中一种方法。

因此必须将重力传感器和陀螺仪进行融合,就是将重力传感器和陀螺仪所采集的信息进行处理、优化和重组,从而形成一种为控制系统提供更准确反映系统状态的数据。

三轴陀螺仪和三轴加速度传感器均属 MEMS 微机械技术传感器。陀螺仪一般用来测角速度,通俗地讲就是传感器三个轴向的转速。

综合考虑,加速度计是极易受外部干扰的传感器,但是测量值随时间的变化相对较小。陀螺仪可以积分得到角度关系,动态性能好,受外部干扰小,但测量值随时间变化比较大。可以看出,它的优缺点互补,结合起来才能有好的效果。

无论工作多久,加速度传感器如果没受到外部干扰,则测得的数据就一定是准的。陀螺仪虽可不受外部干扰,可是时间长了,由于积分误差累积,它的值就全错了。所以两个数据融合的方法就是要设计算法,在短时间尺度内增加陀螺仪的权值,在更长时间尺度内增加加速度权值,这样系统输出角度就更真实。再通俗点说,就是隔一段时间就用加速度传感器的值修正一下陀螺仪的积分误差,然后在间隔的这段时间内用陀螺仪本身的角度积分。

4.6 线性 CCD 传感器

TSL1401CL 线性传感器阵列由一个 128×1 的光电二极管阵列、相关的电荷放大器电路和一个内部的像素数据保持功能电路组成,它提供了同时集成起始和停止时间的所有像素。该阵列有 128 个像素,每一个具有光敏面积 3 524.3 μm^2。像素之间的间隔是 8 μm。操作简化,具有内部控制逻辑,只需要一个串行输入端(SI)的信号和时钟 CLK。

TSL1401CL 功能框图如图 4-43 所示,引脚功能如表 4-6 所列。

表 4-6 引脚功能

名 称	序 号	描 述
AO	3	模拟输出
CLK	2	时钟。时钟控制的电荷转移,像素输出和复位
GND	6、7	接地(基板)。所有电压都参考到基板上
NC	5、8	无内部连接
SI	1	串行输入。SI 定义数据输出序列的开始
V_{DD}	4	电源电压。模拟和数字电路的电源电压

该传感器是包含 128 个光电二极管的线性阵列。在光电二极管的光能量冲击下产生光电流,这是有源积分电路与该像素相关的集成。在积分周期期间,采样电容器

第 4 章 智能车硬件模块设计

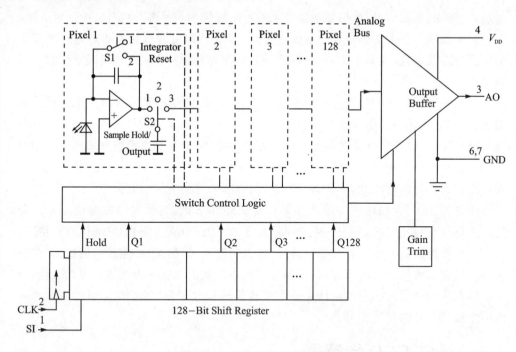

图 4-43 TSL1401CL 功能框图

连接到积分器的输出通过一个模式切换。在每个像素中积累的电荷量是与光强度和积分时间成正比的。

积分器的输出和复位控制由一个 1 228 位的移位寄存器和复位逻辑控制。输出周期是一个逻辑时钟 SI=1。对于正确操作的最小保持时间条件满足后，SI 在时钟的下一个上升沿之前必须变低。一个内部信号，称之为 Hold，是在像素电路中，产生于 SI 的上升沿，然后发送给模拟开关。这会导致所有 128 个采样电容被切断，并启动一个积分器复位周期。由于 SI 脉冲是主频并通过位移寄存器，存储在采样电容器中的电荷被顺序地连接到一个电荷耦合输出放大器上产生一个电压，即模拟量输出 AO。同时，在第一个 18 个时钟周期，所有的像素集成复位，下一个集成从第 19 个时钟周期开始。在第 129 个时钟上升沿，SI 脉冲同步输出的移位寄存器和模拟量输出 AO 假设高阻抗状态。请注意，要求这第 129 个时钟脉冲终止第 128 个采样的输出，以及返回的内在逻辑为一个一致的状态。如果需要一个最低的积分时间，那么下一个 SI 脉冲可以是在第 129 个时钟脉冲后的一个最小延迟时间的 T_{QT}（像素电荷转移时间）后出现。

AO 型运算放大器的输出，不需要一个外部下拉电阻。这种设计允许轨到轨输出电压摆幅。$V_{DD}=5\ V$，没有光输入时，输出是 $0\ V$。正常的白电平为 $2\ V$，$4.8\ V$ 为饱和电平。当设备未在输出信号的相位时，AO 是在一个高阻抗状态。

模拟量输出（AO）的电压由下式给出：

$$V_{out} = V_{drk} + R_e E_e T_{int}$$

式中　V_{out}——白色状态的模拟输出电压；

　　　V_{drk}——黑暗条件下的模拟输出电压；

　　　R_e——对于给定的 V 给出的光的波长（$\mu J/cm^2$ 设备响应）；

　　　E_e——在 $\mu W/cm^2$ 的事件辐照；

　　　T_{int}——集成在几秒钟的时间。

100 nF 旁路电容应连接 V_{cc} 和地，并尽可能接近设备。TSL1401CL 被用于各种应用中，包括：图像扫描、标记和代码阅读、光学字符识别（OCR）和接触成像、边缘检测和定位、光学线性和旋转编码。TSL1401CL 模块的原理图如图 4-44 所示。

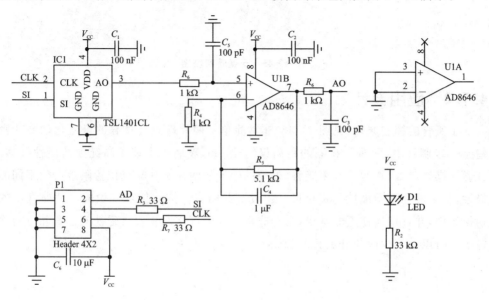

图 4-44　TSL1401CL 模块原理图

4.7　停车模块

4.7.1　概　述

停车模块是为智能车停止提供判断条件的。这里的停车模块其实就是一个干簧管（见图 4-45）。干簧管（reed switch）也称舌簧管或磁簧开关，是一种磁敏的特殊开关，所谓磁敏就是对磁场比较敏感。干簧管的两个触点由特殊材料制成，被封装在真空的玻璃管里。当磁铁接近它时，干簧管两个节点就会吸合在一起，使电路导通。当磁铁远离时，干簧管的两个节点分离，电路断开。

干簧管通常有用两个软磁性材料做成的、无磁时断开的金属簧片触点，有的还有第三个作为常闭触点的簧片。这些簧片触点被封装在充有惰性气体（如氮、氦等）或真空的玻璃管中,玻璃管内平行封装的簧片端部重叠,并留有一定间隙或相互接触以构成开关的常开或常闭触点。干簧管比一般机械开关结构简单,体积小,速度快,工作寿命长;而与电子开关相比,它又有抗负载冲击能力强等特点,工作可靠性很高。

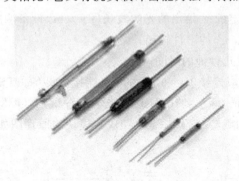

图 4-45　干簧管实物图

4.7.2　应用设计

干簧管的控制原理(见图 4-46)非常简单。两片端点处重叠的可磁化的簧片密封于一玻璃管中,两簧片相隔的距离仅约几 μm,玻璃管中装填高纯度的惰性气体。在尚未操作时,两片簧片并未接触,外加的磁场使两片簧片端点位置附近产生不同的极性,结果两片不同极性的簧片将互相吸引并闭合。依此技术可做成尺寸非常小的切换组件,并且切换速度非常快,具有非常优异的可靠性。永久磁铁的位置和方向确定了何时以及多少次使开关打开和关闭。

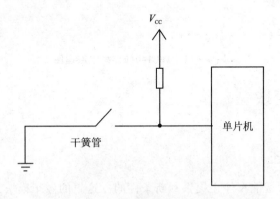

图 4-46　干簧管控制原理图

当永久磁铁靠近干簧管或绕在干簧管上的线圈通电形成的磁场使簧片磁化时,簧片的触点部分就会被磁力吸引。当吸引力大于簧片的弹力时,常开接点就会吸合;当磁力减小到一定程度时,接点被簧片的弹力打开。

4.8 电磁传感器模块

电磁导引线的磁场强度与检测线圈的距离和方向都有关系。当车模的方向偏差很大时,比如在车模前方出现急转弯时,检测线圈中轴线与电磁导引线不再垂直,出现一个很大的角度偏差。此时两个检测线圈的感应电动势都下降。图 4-47 说明了这种情况。

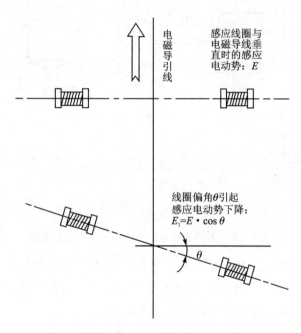

图 4-47 电感线圈的偏角影响感应电动势

为了能更准确地反映车模重心与电磁线缆的距离差别,避免角度的影响,在进行方向控制时,用左右两个线圈感应电动势之差除以左右两个线圈感应电动势之和,以该比值进行方向控制,可以消除检测线圈角度的影响。

4.8.1 分立元器件电磁放大检波电路

道路中心线的电磁线检测是为了保证车模能够运行在赛道上。由于电磁组在第五届智能车竞赛中已经设立,2010 年竞赛秘书处公布了电磁线检测的参考设计方案。

图 4-48 给出了其方案的电路图。该方案采用了单级三极管共射放大电路对检测的电磁信号进行放大,后级采用倍压整流电路进行检波,可以得到左右两个感应线圈所检测到的磁场的强度。为了提高电路的灵敏度,三极管应该采用截止频率大于 100 MHz、电流放大倍数大于 200 的三极管。倍压整流二极管采用正向导通电压比

较低的锗二极管或者肖特基二极管。

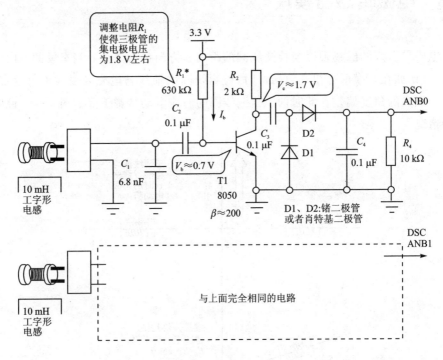

图 4-48 基于三极管的电磁信号放大检波电路

为了保证三极管放大电路的动态范围足够大,需要将三极管的集电极电压调整到电路工作电压的一半左右:$V_c \approx 3.3\text{ V}/2 = 1.65\text{ V}$。这需要通过调整三极管基极偏置电阻 R_1 来完成。R_1 取值可由公式计算而得

$$R_1 = \frac{V_{CC} - V_b}{I_b} = \frac{V_{CC} - V_b}{I_c/\beta}$$

式中,集电极电流 $I_c = \dfrac{V_{CC} - V_c}{R_2}$。将电路参数代入,可以计算得到 $R_1 = 630\text{ k}\Omega$。

4.8.2 集成运算放大器电磁放大检波电路

三极管电磁放大检波电路简单实用,已经在比赛中得到了广泛的使用。如果需要进一步提高检波的灵敏度,则可以再增加一级三极管放大电路。三极管组成的分立元件放大检波电路存在着一些缺点:

① 工作点电压调整比较复杂;

② 电路的放大倍数依赖于三极管的电流放大倍数和基极导通阻抗等,比较分散;

③ 由于检波二极管正向导通电压的存在,对于非常弱的电磁信号无法进行检

波。采用集成放大电路可以简化电路设计,提高电路的性能。

下面给出一种基于输出满电压量程(Rail-to-Rail,轨对轨)的运算放大器(简称运放)的电磁放大检波电路。

Rail-to-Rail 运放一般工作在单电源供电的状态下,输出电压范围基本接近于电源电压和地,输入的共模电压范围宽。常用到的 Rail-to-Rail 运放包括 LMV321、LMV358、LMV324、AX4451 等。请注意前面三种运放的名称都是 LMV,这些运放都有前缀 LM。LMV 运放与 LM 运放封装引脚相同,只是 LMV 为输出满电压量程。表 4-7 给出了 LMV358 的主要电气性能,它的共模输入电压范围可以低于 0 V。

表 4-7 LMV358 主要电气性能

参　数	测试条件	取值范围
V_{cc}:工作电压(单电源供电)		2.7～5.5 V
V_{icr}:共模电压输入范围	CMRR>50 DB	−0.2～1.9 V
输出电压范围	R_L=10 kΩ	60 mV～V_{CC}−10 mV
B_1:单位增益带宽	C_L=200 pF	1 MHz
V_{io}:输入偏置电压		1.7 mV

图 4-49 为基于 Rail-to-Rail 的电磁放大检波电路,图 4-50 为基于 LMV358 的电磁放大检波电路。

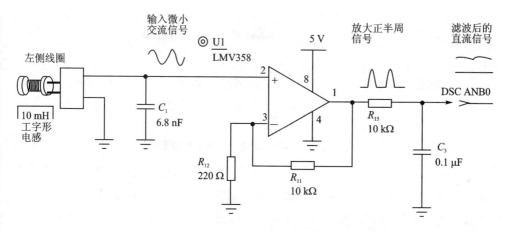

图 4-49 基于 Rail-to-Rail 的电磁放大检波电路

在该电路中有意将运放的中点设置在 0 V，即输入信号是与地比较的，因此运放只对输入信号的正半周进行放大，负半周的信号则无法放大。运放对信号进行放大的同时也完成了检波（半周检波）。检波后的信号经过 RC 滤波后得到信号的直流分量，送到单片机进行检测。图 4-51 为电路放大检波后的波形。

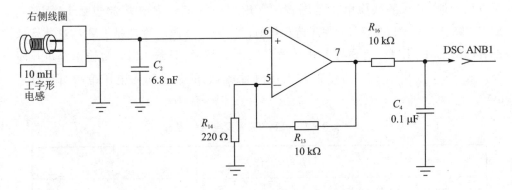

图 4-50　基于 LMV358 的电磁放大检波电路

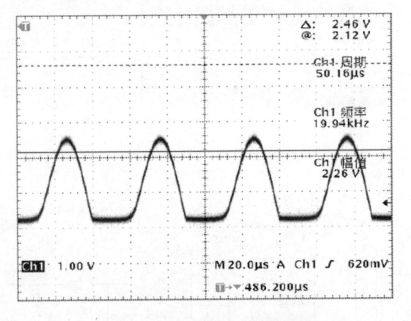

图 4-51　LMV358 放大检波输出波形

由于运放的共模输入电压范围可以小于 0 V，所以该电路对于弱小信号具有非常好的放大与检波性能。电路的放大倍数由反馈电阻网络决定，工作稳定。由于检测电磁场的电感谐振回路直接接入运放的正向输入端，输入阻抗很高，从而提高了谐振回路的品质因数（Q 值），使得输入频率选择能力大大增强。

由于输出信号是半波检波信号,所以输出信号的最大值不会超过运放电源的一半。为了提高电路放大信号的动态范围,选择运放的工作电压为 5 V。

由于信号的频率是 20 kHz,所以选择的 Rail‑to‑Rail 运放的单位增益带宽一定要足够大,这样才能保证对于 20 kHz 信号的放大能力。建议运放的单位增益带宽至少大于 1 MHz。

图 4‑52 为电磁传感器原理图。

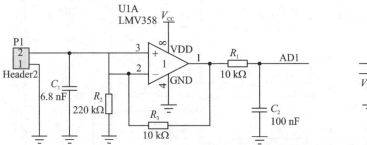
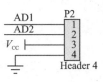

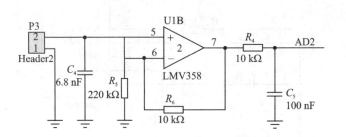
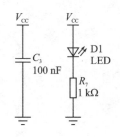

图 4‑52 电磁传感器原理图

4.9 OLED

OLED(Organic Light‑Emitting Diode)即有机发光二极管,又称为有机电激光显示(Organic Electroluminesence Display,OELD)。OLED 具有自发光的特性,采用非常薄的有机材料涂层和玻璃基板制成。当电流通过时,有机材料就会发光,而且 OLED 显示屏幕可视角度大,能够显著节省电能,因此 OLED 屏幕具备了许多 LCD 不可比拟的优势。OLED 模块原理图如图 4‑53 所示,采用 SPI 总线通信。

第4章 智能车硬件模块设计

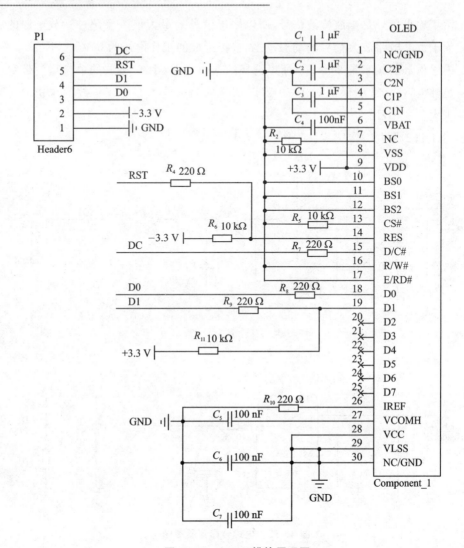

图 4-53 OLED 模块原理图

4.10 TF 卡

在介绍 TF 卡之前,先介绍 SD 存储卡(Secure Digital Memory Card),它是一种基于半导体快闪记忆器的新一代记忆设备。SD 卡由日本松下、东芝及美国 SanDisk 公司于 1999 年 8 月共同开发研制。大小犹如一张邮票的 SD 记忆卡,质量只有 2 g,但却拥有较高记忆容量、快速数据传输率、极大的移动灵活性以及很好的安全性。

TF 卡原名为 Trans-FLash Card,由摩托罗拉与 SANDISK 公司共同研发,在 2004 年推出,更名为 Micro SD Card。TF 卡是一种超小型卡(11 mm×15 mm× 1 mm),约为 SD 卡的 1/4,可以算目前最小的存储卡了。TF 卡经 SD 卡转换器后,可以当 SD 卡使用，利用适配器可以在使用 SD 作为存储介质的设备上使用。Trans-Flash 卡主要是为手机拍摄大幅图像以及能够下载较大的视频片段而开发研制的。TransFlash 卡可以用来存储个人数据，例如数字照片、MP3 文件、游戏及用于手机的应用和个人数据等，还内置版权保护管理系统，让下载的音乐、影像及游戏受保护；未来推出的新型 TransFlash 还备有加密功能，保护个人数据、财政记录及健康、医疗文件。体积小巧的 TransFlash 卡让制造商无须顾虑电话体积即可采用此设计；而另一项弹性运用是可以让供货商在交货前随时按客户的不同需求做替换，这个优点是嵌入式闪存所没有的。

TF 卡的电路设计原理图如图 4-54 所示。

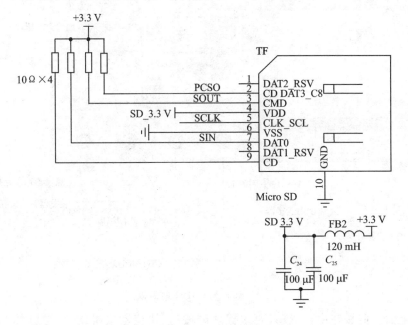

图 4-54 TF 卡接口设计原理图

设计采用 SPI 通信，与 OLED 共用一个 SPI 口，通过 PCS0 和 PCS1 功能复用、分时控制实现。

4.11 函数发生器与示波器的使用

4.11.1 函数发生器

函数发生器是一种可以产生多种波形的信号源。函数发生器可以产生正弦波、方波、三角波、锯齿波，甚至任意波形。有的函数发生器还具有调制的功能，可以进行调幅、调频、调相、脉宽调制和 VCO 控制。

下面以型号为 AFG3022B 的泰克函数发生器为例介绍函数发生器的简单使用。

第4章 智能车硬件模块设计

1. 前面板概述

前面板被分成几个易于操作的功能区。本部分简明扼要地介绍前面板控制部件和屏幕界面。图4-55表示双通道函数发生器的前面板。

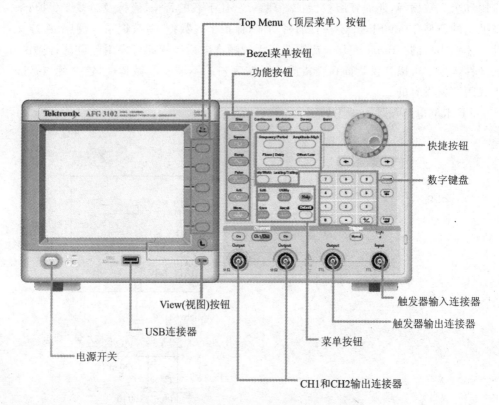

图4-55 AFG3102前面板

在上面这些按钮中,一般只要掌握功能按钮、快捷键按钮、数字键盘及Bezel菜单按钮即可。功能按钮是用于选择所要产生的波形的,该仪器可以提供12种标准波形(正弦波、方波、锯齿波、脉冲、$\sin(x)/x$、噪声、直流、高斯、洛伦兹、指数式增长、指数式衰减、半正矢)。仪器还可以提供用户定义的任意波形。可以创建、编辑、保存自定义波形,还可以使用Run Mode Modulation (运行模式调制)菜单创建调制波形。

表4-8说明了调制类型和输出波形形状的组合。

快捷键主要用于波形频率、波形幅值、相位及偏移等的设置,数字键盘就是用于给快捷键进行具体数值的输入。Bezel菜单按钮可根据屏幕上显示的实时信息进行不同的选择。

前面板及屏幕显示的图形如图4-56所示。

表 4-8 调制类型和输出波形形状的组合

类 别	正弦波、方波、锯齿波、任意波形、$\sin(x)/x$、高斯、洛伦兹、指数式衰减、半正矢	脉 冲
调幅	√	
调频	√	
调相	√	
频移键控	√	
脉宽调制		√
扫描	√	
脉冲	√	√

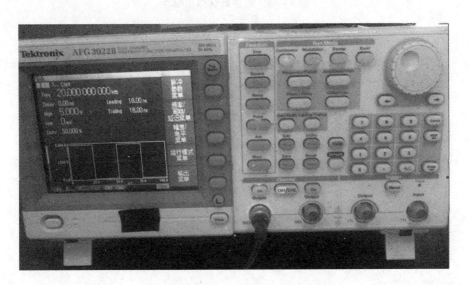

图 4-56 AFG3022 函数发生器实物图

函数发生器 AFG3102 与 AFG3022 的前面板完全一样。

2. 默认设置

如果希望将仪器设置恢复为默认值,请使用前面板 Default(默认)按钮,如图 4-57 所示。

图 4-57 前面板 Default 按钮

① 按下前面板 Default(默认)按钮。

② 屏幕上出现一个确认弹出消息,如图 4-58 所示。按下 OK(确认)按钮恢复默认设置。按下 Cancel(取消)放弃恢复。

③ 如果选择 OK(确定)按钮,仪器将显示频率为 1 MHz、幅度峰-峰值为 1 V 的正弦波形(见图 4-59),作为默认设置。

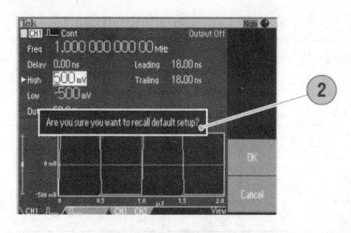

图 4-58　出现确认弹出信息

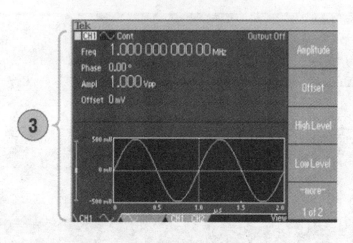

图 4-59　正弦波形

3. 波形产生

这里以产生脉冲波形为例,按照以下步骤选择输出波形:

① 按下前面板 Pulse(脉冲)按钮,显示 Pulse(脉冲)屏幕(见图 4-60)。

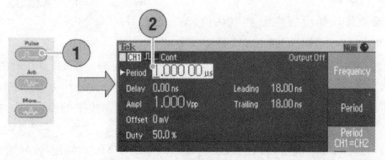

图 4-60　选择脉冲及频率

② 按下 Frequency/Period（频率/周期）快捷按钮，选择 Frequency（频率）或 Period（周期）（见图 4-60）。

③ 按下 Duty/Width（占空比/宽度）快捷按钮，在 Duty（占空比）和 Width（宽度）之间切换（见图 4-61）。

④ 按下 Leading/Trailing（上升/下降）快捷按钮，在 Leading Edge（上升沿）参数和 Trailing Edge（下降沿）参数之间切换（见图 4-61）。

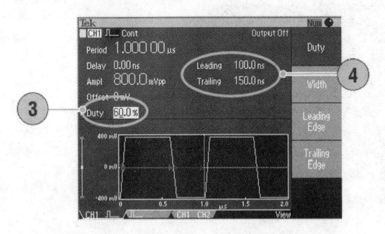

图 4-61　占空比/宽度、上升/下降切换

⑤ 这是一个在示波器屏幕上显示的脉冲波形的例子（见图 4-62）。

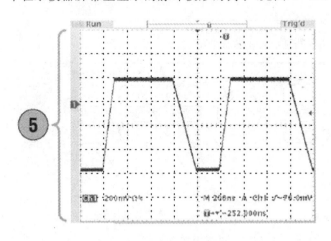

图 4-62　脉冲波形例子

更多细节可以参考 AFG3022 函数发生器的说明书。

4.11.2　示波器

下面以泰克示波器 TDS3000 系列为例讲解示波器的基本操作方法。

第4章 智能车硬件模块设计

TDS3014B 示波器实物图如图 4-63 所示。这里以 TDS3014B 为例,它与整个 TDS3000 系列示波器的面板基本一致。

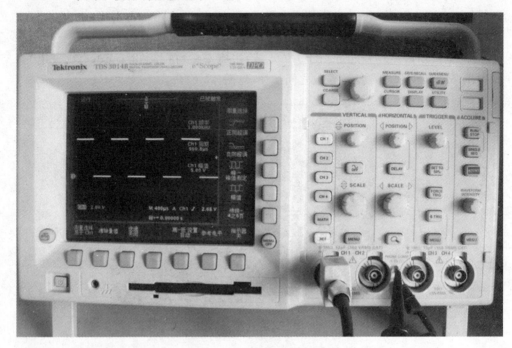

图 4-63 TDS3014B 实物图

1. 菜单按钮介绍

菜单按钮可用来执行示波器中的很多功能,如图 4-64、图 4-65 所示。

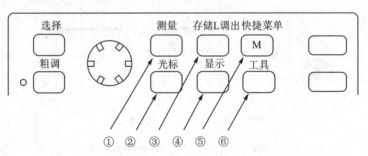

图 4-64 菜单按钮介绍一

① MEAS(测量)。执行自动波形测量。

② CURSOR(光标)。激活光标。

③ SAVE/RECALL(存储/调出)。将波形保存到内存或 USB 闪存驱动器或从中调出。

④ DISPLAY(显示)。更改波形和显示器屏幕的外观。

⑤ 快捷菜单。激活快捷菜单,如内置的"示波器快捷菜单"。

⑥ UTILITY(工具)。激活系统工具,例如选择语言。

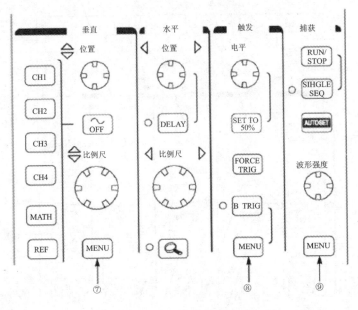

图 4-65 菜单按钮介绍二

⑦ "垂直"部分的 MENU(菜单)。调整波形的刻度、位置和偏置。设置输入参数。

⑧ "触发"部分的 MENU(菜单)。调整触发函数。

⑨ "捕获"部分的 MENU(菜单)。设置采集模式和水平分辨率,并可重置延迟时间。

更多按钮的介绍如图 4-66 所示。

① 粗调(COARSE)。可使通用旋钮和位置旋钮调节更快。

② 选择(SELECT)。在两个光标之间切换以选择活动光标。

③ 通用旋钮。移动光标。设置某些菜单项的数字参数值。按 COARSE(粗调)按钮做快速调节。

④ "垂直"部分的"位置"。调整所选波形的垂直位置。按 COARSE(粗调)按钮做快速调节。

⑤ "水平"部分的"位置"。调整触发点相对于采集波形的位置。按 COARSE(粗调)按钮做快速调节。

⑥ "触发"部分的"电平"。调整触发电平。

⑦ RUN/STOP(运行/停止)。停止和重启采集。

⑧ SINGLE SEQ(单次序列)。设置单次(单次序列)的采集、显示和触发参数。

⑨ SET TO 50%(设为 50 %)。将触发电平设为波形的中点。

⑩ AUTOSET(自动设置)。自动设置可用显示的垂直、水平和触发控制。

第4章 智能车硬件模块设计

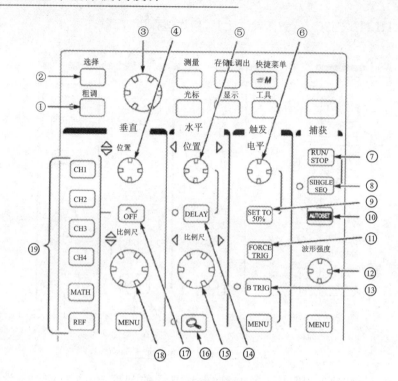

图 4-66 按钮介绍三

⑪ FORCE TRIG(强制触发)。强制一个立即触发事件。

⑫ 波形强度。控制波形强度。

⑬ B TRIG(B触发)。激活 B 触发。更改"触发"菜单以设置 B 触发参数。

⑭ DELAY(延迟)。启用相对于触发事件的延迟采集。使用"水平位置"设置延迟量。

⑮ "水平"部分的"比例尺"。调整水平刻度因子。

⑯ 水平缩放。分割屏幕并水平放大当前的采集。

⑰ 波形关闭。从显示器上删除所选的波形。

⑱ "垂直"部分的"比例尺"。调整所选波形的垂直刻度系数。

⑲ CH1、CH2、CH3、CH4、MATH(数学)。显示一个波形并选取所选的波形。REF(参考)显示参考波形菜单。

2. 识别显示器中的项

以下各项可能出现在显示中(见图 4-67),在任一给定时间并非全部项都能看见。菜单关闭时,某些读数会移出格线区域。

① 波形基线图标显示波形的零伏电平。图标颜色与波形颜色相对应。

② 采集读数显示采集运行、停止或预览生效的时间。

③ 触发位置图标在波形中显示触发位置。

第4章 智能车硬件模块设计

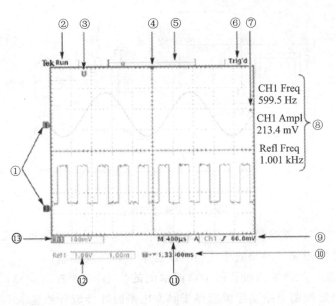

图 4-67 显示器中的项

④ 展开点图标显示一个点,水平刻度以该点为中心展开或收缩。

⑤ 波形记录图标显示相对于波形记录的触发位置。线的颜色与选定波形颜色相对应。

⑥ 触发状态读数显示触发状态。

⑦ 触发电平图标在波形上显示触发电平。图标颜色与触发源通道颜色相对应。

⑧ 光标和测量读数显示结果和消息。

⑨ 触发读数显示触发源、斜率、电平和位置。

⑩ 读数显示延迟设置或记录中的触发位置。

⑪ 水平读数显示主要或缩放的时间/格。

⑫ 辅助波形读数显示数学或参考波形的垂直和水平刻度因子。

⑬ 通道读数显示通道刻度因子、耦合、输入电阻、带宽限制和反相状态。

3. 应用示例

现在需要看到电路中的信号,但又不知道信号的幅度或频率。可以连接示波器(见图4-68),首先利用 AUTOSET 快速显示信号,然后测量其频率和峰-峰幅度。具体步骤如下。

(1) 使用自动设置 AUTOSET

要快速显示某个信号,请按照以下步骤操作:

① 将通道1的探头与信号连接。

② 按 AUTOSET(自动设置)按钮。

示波器自动设置垂直、水平和触发控制。如果需要优化波形的显示,则可以手动

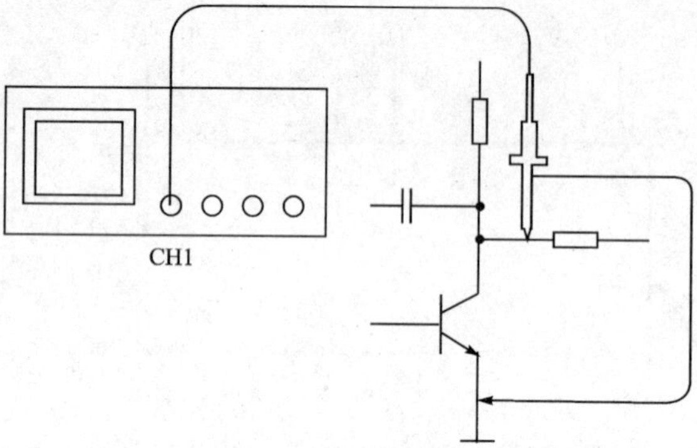

第4章 智能车硬件模块设计

图4-68 连接示波器

调整这些控制中的任意控制。在使用多个通道时,自动设置功能用来设置每个通道的垂直控制,并使用编号最小的活动通道设置水平和触发控制。

这里说的垂直控制是指设置每个格栅幅值的大小,水平控制是指设置每个栅格时间的大小,触发控制是指实际幅值高于触发电平时才能较好地显示出来,如果触发电平高于十几幅值,则有可能看不到波形。

(2) 选择自动测量

示波器可自动测量大多数的显示信号。要测量信号频率和峰-峰幅度,请按照以下步骤操作:

① 按 MEAS(测量)按钮查看"选择测量"菜单。
② 按通道1按钮,然后按"选择测量 CH1"屏幕按钮。
③ 选择"频率"测量。
④ 按"更多"屏幕按钮,选择"峰-峰"测量。
⑤ 按 MENU OFF(菜单关闭)按钮。

屏幕上显示出测量波形(见图4-69),并随着信号变化而更新。

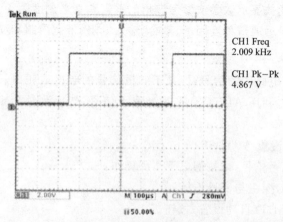

图4-69 显示测量波形

第 5 章

K60 单片机资源及相应操作

5.1 K60 系列微控制器的存储器映像与编程结构

5.1.1 K60 系列 MCU 性能概述与内部结构简图

K60 系列微控制器具有 IEEE 1588 以太网,可全速和高速 USB 2.0 On-The-Go 带设备充电探测,具有硬件加密和防篡改探测能力,以及丰富的模拟、通信、定时和控制外设,从 100 LQFP 封装 256 KB 闪存开始可扩展到 256 MAPBGA 1 MB 闪存。大闪存的 K60 系列微控制器还提供可选的单精度浮点单元、NAND 闪存控制器和 DRAM 控制器。

K60 系列的模块结构框图如图 5-1 所示。其存储器空间地址映像如表 5-1 所列。

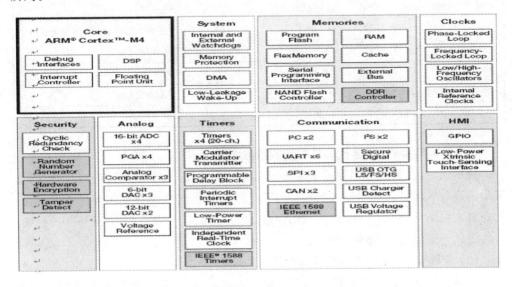

图 5-1 K60 系列的模块结构框图

表 5-1 K60 系列的存储器空间地址映像

地址范围	容量	实际的物理对象
0x0000_0000~0x0FFF_FFFF	56 MB	可编程 Flash 和只读数据（包括一开始 1 024 字节的异常中断向量）
0x1000_0000~0x13FF_FFFF	64 MB	对 MK60N256VLQ100 芯片：未使用 对 MK60X256VLQ100 芯片：FlexNVM 对 MK60N512VLQ100 芯片：未使用 对 MK60N256VMD100 芯片：未使用 对 MK60X256VLQ100 芯片：FlexNVM 对 MK60N512VMD100 芯片：未使用
0x1400_0000~0x17FF_FFFF	64 MB	对有 FlexNVM 的设备：FlexRAM 对只有可编程 Flash 的设备：可编程加速 RAM
0x1800_0000~0x1FFF_FFFF	128 MB	SRAM_L
0x2000_0000~0x200F_FFFF	1 MB	SRAM_U
0x2001_0000~0x21FF_FFFF	31 MB	未使用
0x2200_0000~0x23FF_FFFF	32 MB	SRAM_U 的混合位宽区
0x2400_0000~0x3FFF_FFFF	448 MB	未使用
0x4000_0000~0x4007_FFFF	512 KB	外设桥 0(AIPS-Lite0)
0x4008_0000~0x_EFFF	508 KB	外设桥 1(AIPS-Lite1)
0x_F000~0x_FFFF	4 KB	通用输入/输出
0x4010_0000~0x41FF_FFFF	25 MB	未使用
0x4200_0000~0x43FF_FFFF	32 MB	外设桥(AIPS-Lite)与通用输入/输出的混合位宽区
0x4400_0000~0x5FFF_FFFF	448 MB	未使用
0x6000_0000~0xDFFF_FFFF	2 GB	Flexbus
0xE000_0000~0xE_FFFF	1 MB	私有外设
0xE010_0000~0xFFFF_FFFF	511 MB	未使用

(1) 中断向量表、程序代码及常量的存放地址

中断向量表、程序代码及常量存放于 Flash 中。K60 的中断向量表、程序代码及常量的存放区域是：0x0000_0000~0x0FFF_FFFF。K60 的程序代码编译链接后，中断向量表将从 0x0000_0000 地址开始存放，程序代码从 0x0000_0410 地址开始存放。存放完代码空间后，常量随其后。

(2) 全局变量、局部变量的存放地址

全局变量及局部变量存放于 RAM 中。从表 5-1 中可以看出 K60 系列微控制器的 RAM 地址空间分为两个部分，第一部分被称为 SRAM_L,地址范围是：0x1800_0000~0x1FFF_FFFF,共 128 MB；第二部分被称为 SRAM_U,地址范围是：0x2000_

0000~0x200F_FFFF，共 1 MB。MK60N512VMD100 芯片的实际 RAM 存储器大小是 128 KB，其地址范围是 0x1FFF_0000~0x2000_FFFF。

5.1.2 K60 的引脚功能与硬件最小系统

1. K60 的引脚功能

(1) 硬件最小系统引脚

硬件最小系统引脚包括电源类引脚、复位引脚、晶振引脚等。

K60 芯片电源类引脚的数量，BGA 封装为 22 个，LQFP 封装为 27 个，其中 MAPBGA 封装的芯片有 5 个引脚未使用（A10、B10、C10、M5 和 L5）。芯片使用多组电源引脚，分别为内部电压调节器、I/O 引脚驱动、A/D 转换电路等电路供电；内部电压调节器为内核和振荡器等供电。为了提供稳定的电源，MCU 内部包含多组电源电路，同时给出多处电源引出脚，便于外接滤波电容。为了电源平衡，MCU 提供了内部相连的地的多处引出脚，供电路设计使用。

复位引脚是一个专用引脚，内部含有上拉电阻。空闲状态为高电平，低电平迫使芯片复位。在写入器电路中，该引脚被连接到标准的 10 芯 JTAG 接口，以便写入器可以使 MCU 复位。

K60 硬件最小系统引脚表如表 5-2 所列。

表 5-2 K60 硬件最小系统引脚表

分类	引脚名	引脚号		典型值/V	功能描述
		APBGA	QFP		
电源 电源输入	VDD	5、E6、E7、E8、F5、F8	5、16、43、56、70、94、108	3.3	电源
	VSS	6、F7、G7、G8、H3、H7、H8、M10	6、17、18、44、57、71、93、107、121、134	0	地
	VBAT	L6	42	3.3	RTC 模块的输入电源（可电池供电）
	VDDA、VSSA	H5、H6	31、34	3.3、0	A/D 模块的输入电源
	VREFH、VREFL	G5、G6	32、33	3.3、0	A/D 模块的参考电压
	VREGIN	G2	22	5	USB 模块的参考电压
电源输出	VREF_OUT	M3	37	1.2	ADC、CMP 和 DAC 的输出参考电压
	VOUT33	G1	21	3.3	USB 模块电源稳压器输出的电压

续表 5-2

分类	引脚名	引脚号		典型值/V	功能描述
		APBGA	QFP		
复位	—	L12	74		复位引脚(双向引脚)。作为输入引脚,拉低可使芯片复位。作为输出引脚,上电复位期间有低脉冲输出,表示芯片已经复位完成
晶振	EXTAL	M12	72		晶振或时钟输入引脚(PTA18)
RTC	EXTAL32、XTAL32	M6、M7	41、40		RTC 晶振或时钟输入、输出引脚
写入器	JTAG_TMS	K7	53		测试模式选择(有内部上拉)
	JTAG_TCLK	J5	50		JTAG 时钟
	JTAG_TDI、JTAG_TDO	J6、K6	51、52		JTAG 数据输入、输出
	EZP_CS_b	L7	54		EzPort 模式选择
引脚个数统计			MAPBGA 封装 31 个,LQFP 封装 36 个		

(2) I/O 端口资源类引脚

除去需要服务的引脚外,其他引脚可以为实际系统提供 I/O 服务。芯片提供服务的引脚也可称为 I/O 端口资源类引脚。K60(144 引脚 MAPBGA 和 LQFP 封装)具有多达 100 个 I/O 引脚。其中 A 口 26 个、B 口 20 个、C 口 20 个、D 口 16 个、E 口 18 个,每个引脚均具有多个功能,各口引脚数、引脚名及功能描述如表 5-3 所列。

这些引脚在复位后,立即被配置为高阻状态,且为通用输入引脚,没有内部上拉电阻。需要注意的是,为了避免来自浮空输入引脚额外的漏电流,应用程序中的复位初始化例程需尽快使能上拉或下拉,也可改变不常用引脚的方向为输出,以使该引脚不再浮空。

表 5-3 各口引脚数、引脚名及功能描述

口 名	引脚数	引脚名	功能描述
A	26	PTA[0~19] PTA[24~29]	JTAG/Enet/EXTAL/FTM/ADC/TSI/SPI/UART/I2S/CMP/GPIO
B	20	PTB[0~11] PTB[16~23]	ADC/CMP/TSI/Enet/FTM/UART/SPI/I2S/CAN/GPIO
C	20	PTC[0~19]	ADC/CMP/TSI/FTM/I^{2}S/UART/SPI/CAN/I/GPIO
D	16	PTD[0~15]	ADC/FTM/UART/SPI/I/SDHC/GPIO
E	18	PTE[0~12] PTE[24~28]	ADC/FTM/UART/SPI/I/I^{2}S/SDHC/GPIO
总数	100		

K60 I/O 端口资源类引脚功能描述如表 5-4 所列。

表 5-4 K60 I/O 端口资源类引脚功能描述

分 类	引脚号		引脚名	功能描述
	MAPBGA	LQFP		
ADC 差分输入	L2	28	ADC0_DM0	ADC0 差分输入第 0 组
	L1	27	ADC0_DP0	
	J2	24	ADC0_DM1	ADC0 差分输入第 1 组
	J1	23	ADC0_DP1	
	M2	30	ADC1_DM0	ADC1 差分输入第 0 组
	M1	29	ADC1_DP0	
	K2	26	ADC1_DM1	ADC1 差分输入第 1 组
	K1	25	ADC1_DP1	
ADC	J3	36	ADC0_SE16	ADC0 和 ADC1 的第 16 通道
	K3	35	ADC1_SE16	
DAC	L3	38	DAC0_OUT	DAC0 和 DAC1 的输出引脚
	L4	39	DAC1_OUT	
USB	H2	20	USB0_DM	USB 模块的 D− 和 D+ 信号线
	H1	19	USB0_DP	
总数	14			

5.2 K60 系列

5.2.1 概 述

K60 系列 MCU 具有 IEEE 1588 以太网、全速和高速 USB 2.0 OTG(具有设备电量检测能力、硬件解码能力和干预发现能力)。芯片从 56 KB Flash 的 100 引脚的 LQFP 封装扩展到 1 MB Flash 的 256 引脚的 MAPBGA 封装,具有丰富的电路、通信、定时器和控制外围电路。高容量的 K60 系列包括一个可选的单精度浮点处理单元、NAND 控制单元和 DRAM 控制器。

5.2.2 模块功能种类

模块功能分类及描述如表 5-5 所列。

第5章 K60 单片机资源及相应操作

表 5-5 模块功能分类及描述

模块分类	描 述
ARMCortex-M4 内核	● 基于 ARMv7 的体系结构、ARM Cortex-M4 内核的 32 位 MCU,带有 DSP 指令、1.25 DMIPS/MHz
系统	系统集成模块: ● 电源管理和模式控制; ● 多种可用的电源模式,包括运行、等待、停止和断电模式; ● 低功耗唤醒单元; ● 多种控制组件; ● 门开关; ● 存储保护单元; ● 外围桥; ● 多路复用 DMA 控制器,增加 DMA 请求; ● 外部看门狗监视器; ● 看门狗
存储	内部存储包括: ● 编程 Flash 存储单元; ● 带有 FlexMemory 的设备,FlexNVM,FlexRAM; ● 只用于程序运行的 RAM、编程加速 RAM; ● SRAM 扩展存储或外围总线接口 FlexBus; ● 串行编程接口 EzPort
时钟	内部和外部时钟可多种选择: ● MCU 时钟源是由系统振荡源产生的; ● RTC 时钟源是由 RTC 振荡源产生的
安全	● CRC 错误校验 ● 带有随机数生成器的硬件加密
模拟	● 高速可编程模/数转换; ● 比较器; ● 数/模转换; ● 内部参考电压
时钟	● 可编程延时模块; ● FlexTimers; ● 周期性中断定时器; ● 低功耗定时器; ● 载波调制定时器; ● 独立的 RTC 时钟
通信	● 支持 IEEE 1588 协议的以太网 MAC 层; ● 集成 FS/LS 收发器的 USB OTG 控制器; ● USB 从设备接口

续表 5-5

模块分类	描述
通信	● USB 电压调整器； ● CAN； ● 串行外设接口； ● I²C； ● UART； ● 数字保密主机控制器； ● I²S
人机交互接口(HMI)	● 通用输入/输出控制器； ● 硬件支持电容触屏触感输入接口

1. 时 钟

本芯片支持以下介绍的模块，如表 5-6 所列。

表 5-6 时钟分类及详细描述

模块分类	描述
多时钟发生器(MCG)	MCG 为 MCU 提供了如下的时钟源： ● 锁相环(PLL)——数控振荡器(DCO)； ● 锁频环(FLL)——电压控制振荡器(VCO)； ● 内部参考时钟，为片上外设提供参考时钟源
系统振荡器	● 外部晶振，为 MCU 提供参考时钟
实时时钟振荡器	● RTC 振荡器有一个独立的电源和参考的 32 kHz 晶振，提供 RTC 时钟。RTC 时钟可代替系统时钟作为主振荡源

2. 模拟信号

本芯片支持以下介绍的模块，如表 5-7 所列。

表 5-7 模拟信号分类及详细描述

模块分类	描述
16 位模/数转换(ADC)和可编程放大增益滤波器(PGA)	● 内部集成可编程放大增益滤波器(PGA)的 16 位高精度 ADC
输入比较	● 比较两个输入的模拟电压信号
6 位数/模转换(DAC)	● 用户可以把参考电压分为 64 份，根据给出的数值输出相应的电压，参考电压需外部提供
12 位数/模转换(DAC)	● 用户可以把参考电压分为 4 048 份，根据给出的数值输出相应的电压，参考电压需外部提供
参考电压(VREF)	● 提供电压的最小误差在 0.5 mV。给 ADC、DAC 和 CMP 等提供参考电压

3. 定时器模块

本芯片支持以下介绍的模块,如表 5-8 所列。

表 5-8　定时器模块分类及详细描述

模块分类	描　述
可编程延时模块（PDB）	● 16 位预定义解决； ● 计数器初设信号开始计数； ● 支持两路延时输出,每路有自己独立的延时控制器； ● 输出可以安排两次转换,并可以安排精确的边缘放置,此功能用于生成控制信号； ● 连续脉冲输出或信号模式支持,每个输出单独使能且带有 7 种可能的事件； ● 支持省略模式； ● 支持 DMA
FlexTimers 模块	● 可选择的 FTM 时钟源,可编程的分频器； ● 16 位的计数支持无负载、初始化和结束值,同时计数器可加可减； ● 输入捕捉、输出比较、沿跳变捕捉和 PWM； ● FTM 通道的操作当做双有比较的输出,或独立的通道输出； ● 对于每个补的死亡时间插入是可行的； ● 硬件产生； ● 软件控制 PWM 输出； ● 高达四个输入错误控制； ● 配置通道等级； ● 可编程中断,包括输入捕捉、输出比较定时器溢出和错误检测； ● 正交解码器输入滤波器,相对位置计数,中断的位置计数或者捕捉外部位置计数； ● FTM 事件的 DMA 支持
周期性中断定时器（PIT）	● 4 个通用中断定时器源； ● 为 ADC 转换提供中断时钟； ● 32 位计数器； ● 来源于系统时钟频率； ● DMA 支持
低功耗时钟（LPTimer）	● 可选 1 kHz（内部 LPO）、32.768 kHz（外部晶体）和内部参考时钟； ● 配置 15 位的滤波器或分频器； ● 16 位的脉冲比较寄存器； ● 定时比较中断； ● 定时比较产生硬件中断

续表 5-8

模块分类	描述
载波调制定时器(CMT)	● 操作的 4 种 CMT 模式； ● 时间模式,独立控制高电平和低电平时间； ● 基带； ● 频移键控(FSK)； ● 直接通过软件控制 IRO 引脚； ● 时间、基带和频移键控(FSK)模式的扩展空间操作； ● 可选择的输入时钟分频因子； ● 在循环结束时中断； ● 能够关闭 CMT_IRO 信号并用于定时器中断； ● DMA 支持
实时时钟(RTC)	● 独立的电源、POR 和 32 kHz 的晶振； ● 带有 32 位报警器的 32 位秒计数器； ● 16 位预分频器带补偿能够更正 0.12～3 906 ppm 之间的错误
IEEE 1588 定时器	● 10MB/s 或 100 MB/s 以太网模块使用

4. 通信接口

通信接口分类及详细描述如表 5-9 所列。

表 5-9 通信接口分类及详细描述

模块分类	描述
带有 IEEE 1588 协议的以太网 MAC 层(ENET)	● 硬件支持 IEEE 1588 的 10 MB/s 或 100 MB/s 以太网 MAC(MII 和 RMII)
USB OTG(低速和全速)	● 支持 USB 2.0 的主机、从机和 OTG 模式,包括片上全速和低速模式
USB 从设备充电检测(USBDCD)	● USB DCD 管理 USB 数据线同时发现支持 USB 电池管理协议 V1.1 版的智能充电设备。这个信息看出 MCU 可以更好地管理电池给 IC 供电
USB 稳压器	● 高达 5 V 稳压器输入,通常由 USB VBUS 电源提供 3.3 V 的稳压输出。相对于芯片的 USB 子系统,采用 120 mA 的外部电路板组件
CAN	● 支持所有的 CAN 2.0 总线协议
SPI	● 与外设通信的同步串行通信总线
I^2C	● 允许多种设备之间的通信。支持系统管理总线 2.0 版本
UART	● 支持 8 和 9 位数据通信的异步串行通信总线,支持 ISO 7816 智能卡接口
SDHC	● 支持与 SD、SDIO、MMC 和 CE-ATA 卡的通信
I^2S	● I^2S 是一个全双工、串行端口,使芯片与各种串口设备通信,比如标准编解码器、数字信号处理器(DSP)、微处理器、外设和音频编解码器 IC 音频总线(I^2S),以及 Intel® AC97 标准

5. 人机交互接口

人机交互接口及详细描述如表 5-10 所列。

表 5-10 人机交互接口及详细描述

模块分类	描 述
通用 I/O 口（GPIO）	● 许多 GPIO 都具有中断和 DMA 请求功能。所有的 GPIO 都能承受的最大电压为 5 V
触摸传感输入（TSI）	● 一共 16 个电容触屏输入通道。所有的通道都可以响应低功耗中断请求

5.3 时钟分配

5.3.1 概 述

MCG 模块主要用于控制产生系统时间的时钟源，时钟产生逻辑将选择好的时钟源分成各种时钟域，包括系统主机时钟、系统从机时钟以及 Flash 存储器时钟。另外，时钟产生逻辑可以为各个模块产生特定的时钟门，允许单独关闭各个模块。

系统主时钟由 MCGOUTCLK 时钟产生。时钟发生器电路提供多种分频因子，使设备的不同部分产生不同频率的时钟，以便做到兼顾功耗与性能。

各种模块（例如 USB OTG 控制器），都有其特定的模块时钟，这些时钟由 MCG-PLLCLK 或 MCGFLLCLK 时钟产生。除此之外，有些模块特定时钟的时钟源是可以更换的。SIM 模块的 SOPT 寄存器可以控制大多数模块的时钟。

5.3.2 编程模型

时钟源的选择和复用是通过 MCG 模块来编程控制，而系统的时钟分频因子和模块时钟门是通过 SIM 模块来编程设置的。详细信息参见具体的寄存器和位描述。

5.3.3 高级设备时钟框图

OSC 系统振荡器模块、MCG 模块和 SIM 模块的寄存器对信号混合，分频因子和时钟门的控制如表 5-11 所列。

表 5-11 OSC、MCG、SIM 模块控制

类 别	OSC	MCG	SIM
Muliplexers	MCG_Cx	MCG_Cx	SIM_SOPT1、SIM_SOPT2
Dividers	—	MCG_Cx	SIM_CLKDIVx
Clock gates	OSC_CR	MCG_C1	SIM_SCGCx

时钟框图如图 5-2 所列。

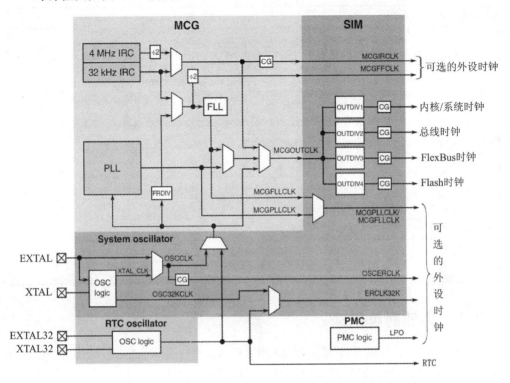

图 5-2 时钟框图

5.3.4 时钟定义

表 5-12 为时钟分类及说明。

表 5-12 时钟分类及说明

时钟名称	说　明
内核时钟	MCGOUTCLK 除以 OUTDIV1 为 ARM CortexM4 内核时钟
系统时钟	MCGOUTCLK 除以 OUTDIV1 为交叉通路开关和主设备总线时钟。主设备总线直接连接到交叉通路。另外，该时钟用于串口 UART0 和 UART1
总线时钟	MCGOUTCLK 除以 OUTDIV2 为从机总线和外围设备时钟(不含内存)
FlexBus 时钟	MCGOUTCLK 除以 OUTDIV3 为外部 FlexBus 接口时钟
Flash 时钟	MCGOUTCLK 除以 OUTDIV4 为 Flash 时钟
MCGIRCLK	MCG 输出慢或快内部参考时钟
MCGFFCLK	MCG 输出慢内部参考时钟或分频 MCG 外部参考时钟

续表 5-12

时钟名称	说　明
MCGOUTCLK	MCG 输出 IRC、MCGFLLCLK、MCGPLLCLK 或者外部参考时钟。外部参考时钟为内核、系统总线 FlexBus、Flash 时钟提供时钟源。它同时是调试追踪时钟
MCGFLLCLK	MCG 输出 FLL。MCGFLLCLK 或者 MCGPLLCLK 为某些模块产生时钟
MCGPLLCLK	MCG 输出 FLL。MCGFLLCLK 或者 MCGPLLCLK 为某些模块产生时钟
MCG 外部参考时钟	MCG 的输入时钟由系统振荡器和 RTC 振荡器决定
OSCCLK	系统振荡器输出内部频率，或者由 EXTAL 直接决定
OSCERCLK	系统振荡器输出源于 OSCCLK，OSCCLK 可以是某些芯片模块的时钟
OSC32KCLK	系统振荡器 32 kHz 输出
ERCLK32K	可以选择 OSC32KCLK 时钟或者 RTC 时钟的某些模块的时钟源
RTC clock	为 RTC 模块输出的 RTC 振荡输出
LPO	PMC 1 kHz 输出

5.3.5　内部时钟需求

时钟分频因子可以通过 SIM 模块的 CLKDIV 寄存器编程方式设置。分频因子可编程设置为 1~16。配置此设备的时钟必须满足下列要求：

① 内核和系统时钟频率必须在 100 MHz 以内。
② 总线时钟频率必须不大于 50 MHz，且是内核时钟的整数分频。
③ Flash 模块时钟频率必须不大于 25 MHz，且是总线时钟的整数分频。
④ FlexBus 时钟频率必须不大于总线时钟。

此设备的若干常用时钟配置如下：

选择 1：
时钟	频率
内核时钟	50 MHz
系统时钟	50 MHz
总线时钟	50 MHz
FlexBus 时钟	50 MHz
Flash 时钟	25 MHz

选择 2：
时钟	频率
内核时钟	100 MHz
系统时钟	100 MHz
总线时钟	50 MHz
FlexBus 时钟	25 MHz
Flash 时钟	25 MHz

5.3.6　时钟门

通过 SIM 模块的 SCGCx 寄存器可以对每个模块的时钟进行单独的开和关，且该寄存器会在复位时被清零，从而使得相应模块的时钟被禁止。另外需要注意，在初始化相应的模块之前，需要先开启模块的时钟；在关闭模块的时钟之前，需确保模块已经被关闭了；对任何一个没有开启时钟的外设模块进行访问都会产生错误。

5.4 多用途时钟信号生成器(MCG)

5.4.1 概述

多用途时钟信号生成器(MCG)模块为MCU提供多种时钟源选项。这个模块由一个频率环锁(FLL)和一个相位环锁(PLL)组成。FLL可由一个内部或外部参考时钟控制，而PLL可由一个外部参考时钟控制。这个模块要么在FLL或PLL输出时钟之间，要么在内部参考时钟或外部参考时钟之间选择一个时钟源以作为MCU系统时钟。MCG操作与晶体振荡器有关，其中晶体振荡器允许一个外部晶体、陶瓷共振器或外部时钟源产生外部参考时钟。

MCG模块的关键特性如下。

(1) 频率环锁(FLL)

- 数控石英晶振(DCO)。
- DCO可设置的时钟范围有4个。
- 低频外部参考时钟源的编程选项和最大DCO输出频率。
- 内外参考时钟可以作为FLL源。
- 可以作为其他片上外设的时钟源。

(2) 相位环锁(PLL)

- 电压控制振荡器(VCO)。
- 外部参考时钟作为PLL时钟源。
- VCO频分模块。
- 相位/频率检测器。
- 集成环过滤器。
- 可以作为其他片上外设的时钟源。

(3) 内部参考时钟生成器

- 9个微调位的精确慢时钟。
- 4个微调位的快时钟。
- 可以被用做FLL的时钟源。在FEI模式下，只有慢内部参考时钟(IRC)可以被用做FLL时钟源。
- 无论是快时钟还是慢时钟都不能用做MCU的时钟源。
- 可以作为其他片上外设的时钟源。

5.4.2 内存映射/寄存器定义

本小节包括内存映射和寄存器定义。

MCG 寄存器只有在管理员模式下才可以写,在用户模式下写操作会产生错误;两种模式下都可以进行读操作。MCG 寄存器地址映像如表 5-13 所列。

表 5-13 MCG 寄存器地址映像

绝对地址	寄存器名称	访问方式	复位值
0x4006_4000	MCG Control 1 Register (MCG_C1)	R/W	04h
0x4006_4001	MCG Control 2 Register (MCG_C2)	R/W	00h
0x4006_4002	MCG Control 3 Register (MCG_C3)	R/W	未定义
0x4006_4003	MCG Control 4 Register (MCG_C4)	R/W	未定义
0x4006_4004	MCG Control 5 Register (MCG_C5)	R/W	00h
0x4006_4005	MCG Control 6 Register (MCG_C6)	R/W	00h
0x4006_4006	MCG Status Register (MCG_S)	R	10h
0x4006_4008	MCG Auto Trim Control Register (MCG_ATC)	R/W	
0x4006_400A	MCG Auto Trim Compare Value High Register (MCG_ATCVH)	R/W	00h
0x4006_400B	MCG Auto Trim Compare Value Low Register (MCG_ATCVL)	R/W	00h

1. MCG 控制寄存器 1(MCG_C1)

地址:MCG_C1—4006_4000h base+oh offset=4006_4000h

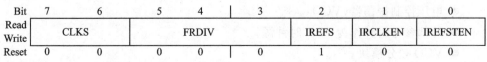

MCG_C1 位域描述如表 5-14 所列。

表 5-14 MCG_C1 位域描述

位 域	描 述
7~6: CLKS	时钟源选择: 为 MCGOUTCLK 选择时钟源。 00 编码 0——FLL 或者 PLL 的输出选择(依据 PLLS 控制位); 01 编码 1——内部参考时钟选择; 10 编码 2——外部参考时钟选择; 11 编码 3——预留,默认为 00
5~3: FRDIV	FLL 外部参考分频: 为 FLL 选择分频数,外部参考时钟。分频结果必须在 31.25~39.0625 kHz(当 FLL/DOC 是 MCGOUTCLK 的时钟源时是必需的。在 FBE 模式下,它不需要符合该范围,但是试图从 FBE 进入一个 FLL 模式,推荐使用)

续表 5-14

位域	描述
5~3:FRDIV	000 如果 RANGE=0,分频因子是 1;对于其他范围值,分频因子是 32; 001 如果 RANGE=0,分频因子是 2;对于其他范围值,分频因子是 64; 010 如果 RANGE=0,分频因子是 4;对于其他范围值,分频因子是 128; 011 如果 RANGE=0,分频因子是 8;对于其他范围值,分频因子是 256; 100 如果 RANGE=0,分频因子是 16;对于其他范围值,分频因子是 512; 101 如果 RANGE=0,分频因子是 32;对于其他范围值,分频因子是 1 024; 110 如果 RANGE=0,分频因子是 64;对于其他范围值,分频因子预留; 111 如果 RANGE=0,分频因子是 128;对于其他范围值,分频因子预留
2:IREFS	内部参考选择: 为 FLL 选择参考时钟频率。 0 外部时钟被选; 1 慢内部参考时钟被选
1:IRCLKEN	内部参考选择使能: 0 MCGIRCLK 不激活; 1 MCGIRCLK 激活
0:IREFSTEN	内部参考停止使能。 当 MCG 进入停止模式时,控制是否保留内部参考时钟: 0 在停止模式下内部参考时钟禁止; 1 进入停止模式前,如果 IRCLKEN 被设,则 MCG 在 FEI、FBI 或者 BLPI 模式下内部参考时钟使能。

2. MCG 控制寄存器 2(MCG_C2)

地址:MCG_C2 -4006_4000h base+1h offset=4006_4001h

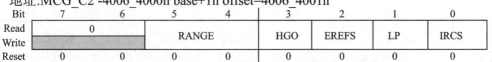

MCG_C2 位描域述如表 5-15 所列。

表 5-15 MCG_C2 位域描述

位域	描述
7~6:预留	只读,值恒为 0
5~4:RANGE	频率范围选择: 为晶振或者外部时钟源选择频率范围。详见振荡器章节。 00 编码 0——晶振选择 32～40 kHz 的低频率范围(复位默认); 01 编码 1——晶振选择 1～8 MHz 的高频率范围; 1X 编码 2——晶振选择 8～32 MHz 的非常高频率范围

续表 5-15

位 域	描 述
3：HGO	高增益振荡器选择： 控制晶振的操作模式。详见振荡器章节。 0 配置晶振为低电源操作； 1 配置晶振为高增益操作
2：EREFS	外部参考选择： 为外部参考时钟选择源。详见振荡器章节。 0 外部参考时钟选择； 1 振荡器请求
1：LP	低电源模式选择： 在 BLPI 和 BLPE 模式下控制 FLL(或者 PLL)是否禁止。在 FBE 或者 PBE 模式下，设置该位为 1 将是 MCG 到 BLPE 模式。如果是其他 MCG 模式，则 LP 没有作用
0：IRCS	内部参考时钟选择： 在快速或者慢内部参考时钟源间选择。 0 选择慢内部参考时钟 1 选择快内部参考时钟

3. MCG 控制寄存器 3(MCG_C3)

地址：MCG_C3-4006_4000h base+2h offset=4006_4002h

Bit	7	6	5	4	3	2	1	0
Read Write				SCTRIM				
Reset	X*	X*	X*	X*	X*	X*	X*	X*

MCG_C3 位域描述如表 5-16 所列。

表 5-16 MCG_C3 位域描述

位 域	描 述
7~0：SCTRIM	慢内部参考时钟微调设置： SCTRIM 通过控制慢内部参考时钟周期来控制慢内部参考时钟。SCTRIM 位是二进制加权的(也就是位 1 的调整是位 0 的 2 倍)。增加二进制值以增加周期，增加值减少周期。 复位此值是加载一个修正因子值。如果一个存储在非易失性内存的 SCTRIM 值被使用，则需要从非易失性内存中把此值复制到寄存器

4. MCG 控制寄存器 4(MCG_C4)

注意：DRST 和 DMX32 的重置值为 0。

地址：MCG_C4－4006_4000h base＋3h offset＝4006_4003h

Bit	7	6	5	4	3	2	1	0
Read Write	DMX32	DRST_DRS			FCTRIM			SCFTRIM
Reset	X*	X*	X*	X*	X*	X*	X*	X*

Notes:
- X=Undefined at reset.
- A value for SCFTRIM is loaded during reset from a factory programmed location. X= Undefined at reset.

MCG_C4 位域描述如表 5-17 所列。

表 5-17 MCG_C4 位域描述

位域	描述
7：DMX32	带有 32.768 kHz 参考的 DCO 最大频率。 DMX32 位控制是否让 DCO 通过一个 32.768 kHz 参考,让频率范围接近它的最大值。 DCO 频率设置范围如下： | DRST_DRS	DMX32	参考范围/kHz	FLL 因子	DCO 范围/MHz
---	---	---	---	---
00	0	31.25～39.062 5	640	20～25
	1	32.768	732	24
01	0	31.25～39.062 5	1 280	40～50
	1	32.768	1 464	48
10	0	31.25～39.062 5	1 920	60～75
	1	32.768	2 197	72
11	0	31.25～39.062 5	2 560	80～100
	1	32.768	2 929	96	 从该时钟源获得的系统时钟不能超过指定的最大值。 0　DCO 有默认值的 25 %； 1　DCO 通过 32.768 kHz 微调最大频率
6～5：DRST_DRS	DCO 范围选择： DRS 位为 FLL,DCOOUT 输出选择频率范围。当 LP 位被置 1 时,写 DRS 位被忽略。 DRST 读域指示 DCOOUT 现在的频率范围。DRST 域不会立即更新,在两个时钟范围之间由于内部同步的一个写 DRS 域之后。参考 DCO 频率范围表可查阅更多信息。 00　编码 0——低范围（复位默认）； 01　编码 1——中等范围； 10　编码 0——中高范围； 11　编码 0——高范围

续表 5-17

位域	描述
4~1：FCTRIM	快速内部参考时钟微调设置： FCTRCM 通过控制快速内部参考时钟周期，控制快速内部时钟频率。FCTRIM 位是加权二进制(也就是，位1的调整是位0的2倍)。增加二进制以增加周期，减小值则减小周期。如果一个存储在非易失内存的 FCTRIM[3:0] 值被使用，则用户需要将此值从非易失性存储器改到寄存器
0：SCFTRIM	慢内部参考时钟设置： CTRCM 通过控制慢速内部参考时钟周期，控制慢速内部时钟频率。如果一个存储在非易失内存的 FCTRIM[3:0] 值被使用，则用户需要将此值从非易失性存储器改到寄存器

5. MCG 控制 5 寄存器(MCG_C5)

地址：MCG_C5 -4006_4000h base+4h offset=4006_4004h

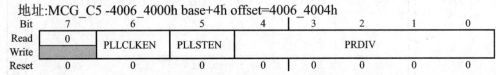

MCG_C5 位域描述如表 5-18 所列。

表 5-18 MCG_C5 位域描述

位域	描述
7：预留	预留。 只读位，值恒为 0
6：PLLCLKEN	PLL 时钟使能 使能独立于 PLLS 的 PLL，使能 PLL 时钟用做 MCGPLLCLK(在设置 PLLCLKEN 位之前，PRDIV 需要被编程去纠正分频产生一个 PLL 参考时钟，在 2~4 MHz 的范围之内)。如果没有使能，设置 PLLCLKEN 将使能外部振荡器。在被关闭之后，检查 OSCINT 位的置位将使能外部振荡器。 0 MCGPLLCLK 没有激活； 1 MCGPLLCLK 激活
5：PLLSTEN	PLL 停止使能。 在正常模式下使能 PLL 时钟(在低电源停止模式下，PLL 时钟禁止，即使是 PLLSTEN=1)。 0 在任何停止模式下，MCGPLLCLK 禁止； 1 如果系统在正常停止模式下，则 MCGPLLCLK 使能
4~0：PRDIV	PLL 外部参考分频。 选择数量为 PLL 分频，降低外部参考时钟，见下表

续表 5-18

位	描述							
4~0：PRDIV	PRDIV	分频因子	PRDIV	分频因子	PRDIV	分频因子	PRDIV	分频因子
	00000	1	01000	9	10000	17	11000	25
	00001	2	01001	10	10001	18	11001	预留
	00010	3	01010	11	10010	19	11010	预留
	00011	4	01011	12	10011	20	11011	预留
	00100	5	01100	13	10100	21	11100	预留
	00101	6	01101	14	10101	22	11101	预留
	00110	7	01110	15	10110	23	11110	预留
	00111	8	01111	16	10111	24	11111	预留

6. MCG 的控制寄存器 6(MCG_C6)

地址：MCG_C6 - 4006_4000h base + 5h offset = 4006_4005h

Bit	7	6	5	4	3	2	1	0
Read Write	LOLIE	PLLS	CME	VDIV			
Reset	0	0	0	0	0	0	0	0

MCG_C6 位域描述如表 5-19 所列。

表 5-19 MCG_C6 位域描述

位域	描述
7：LOLIE	失锁中断使能（位）。 当有锁亏迹象做出一个中断请求时确定，LOLIE 位只有在 LOLS 被设置时才有效。 0　锁亏时无中断请求产生； 1　锁亏时有中断请求产生
6：PLLS	PLL 选择。 当 CLKS[1:0]＝00 时,控制是否选择 PLL 或 FLL 的输出作为 MCG 场源。如果 PLLS 位清零，PLLCLKEN 没有设置，则 PLL 在所有模式下都被禁止。如果 PLLS 被设置了，则 FLL 在所有模式下都被禁止。 0　FLL 被选择； 1　PLL 被选择(PRDIV 需要进行编程,以产生一个范围的 PLL 参考时钟来进行 PLL 位设置)

位域	描述
5：CME	时钟监控使能。 确定外部时钟亏损是否产生复位，当 MCG 处于使用外部时钟的运转模式（FEE、FBE、PEE、PBE 或者 BLPE）或者外部参考打开时，CME 位应只被设为逻辑 1。每当 CME 设置为逻辑 1 时，在 C2 寄存器的 RANGE 位的值不应该改变。CME 位应在 MCG 进入停止模式之前设置为逻辑 0；否则，可能会在停止模式时出现一个复位请求。 0　外部时钟监控关闭； 1　外部时钟亏损产生复位请求
4~0：VDIV	VCO 分频器。 选择划分 PLL 的 VCO 输出的数量。VDIV 位决定了应用到参考时钟频率的分频因子。 | VDIV	乘积因子	VDIV	乘积因子	VDIV	乘积因子	VDIV	乘积因子
---	---	---	---	---	---	---	---
00000	24	01000	32	10000	40	11000	48
00001	25	01001	33	10001	41	11001	49
00010	26	01010	34	10010	42	11010	50
00011	27	01011	35	10011	43	11011	51
00100	28	01100	36	10100	44	11100	52
00101	29	01101	37	10101	45	11101	53
00110	30	01110	38	10110	46	11110	54
00111	31	01111	39	10111	47	11111	55	

7. MCG 状态寄存器（MCG_S）

地址：MCG_S - 4006_4000h base + 6h offset = 4006_4006h

Bit	7	6	5	4	3	2	1	0
Read	LOLS	LOCK	PLLST	IREFST	CLKST		OSCINIT	IRCST
Write								
Reset	0	0	0	1	0	0	0	0

MCG_S 位域描述如表 5 - 20 所列。

表 5 - 20 　 MCG_S 位域描述

位域	描述
7：LOLS	失锁状态。 这一位表示 PLL 的锁存状态，在锁存请求后 LOLS 被设置，PLL 输出频率下降到锁存退出频率 Dunl 之外。LOLIE 决定中断请求时是否作出 LOLS 设置。LOLS 被复位清除或向 LOLS 写入逻辑 1 时 LOLS 被设置。向 LOLS 写逻辑 0 没有任何效果

续表 5-20

位域	描述
6：LOCK	锁存状态。 这一位表明 PLL 是否锁存。除非 PLLCLKEN = 1，在 PBE 或 PEE 模式均不运作。MCG 在 BLPI 或 BLPE 模式下没有被配置时，锁定检测被禁用。当 PLL 时钟被锁存到所需频率时，MCG PLL 时钟(MCGPLLCLK)将被关闭，直到 LOCK 位被置位。如果锁存状态位被设置，则改变了在 C5 寄存器 PRDIV [4:0]位的值，或在 C6 寄存器的 VDIV [4:0]位中导致锁存状态位清理和保留清除，直到 PLL 已重新获得锁存。进入 LLS、VLPS 或 PLLSTEN = 0 定期停止，也使锁状态位清除，保持清除直到退出停止模式，PLL 重新获得锁存。任何 PLL 使能和 LOCK 位被清零，MCGPLLCLK 都将关闭，直到 LOCK 位再次被置位。 0　PLL 当前未锁存； 1　PLL 当前锁存
5：PLLST	PLL 选择状态。 该位表示 PLLS 选择时钟源。由于内部同步时钟域的范围所限，向 PLLS 写入后该 PLLST 位不立即更新。 0　PLLS 时钟源为 FLL 时钟； 1　PLLS 时钟源为 PLL 时钟
4：IREFST	内部参考状态。 该位表示 FLL 的当前参考时钟源，由于内部同步时钟域范围所限，向 IREFS 写入后，该 IREFST 位不立即更新。 0　FLL 的参考时钟源是外部参考时钟； 1　FLL 的参考时钟源是内部参考时钟
3~2：CLKST	时钟模式状态。 这些位表示当前时钟模式。由于内部同步时钟域范围所限，向 CLKS 写入后该 CLKST 位不立即更新。 00　编码 0——选择 FLL 输出（复位默认）； 01　编码 1——选择内部参考时钟； 10　编码 2——选择外部参考时钟； 11　编码 3——选择 PLL 输出
1：OSCINIT	OSC 初始化 此位被设置后，晶振的时钟周期完成初始化
0：IRCST	内部参考时钟状态。 该 IRCST 位表示为当前内部参考时钟选择的源(IRCSCLK)。由于内部同步时钟域范围所限，向 IRCS 写入后，IRCST 位不立即更新。无论是 MCG 使用 IRC 的模式或者设置的 C1 [IRCLKEN]位，只有内部参考时钟启用，该 IRCST 位才会更新。 0　内部参考时钟源是慢时钟(32 kHz IRC)； 1　内部参考时钟源是快时钟(2 MHz IRC)

5.4.3 功能描述

1. MCG 模式状态图

MCG 的 9 个状态如图 5-3 所示,并且在表 5-21 中进行描述。图中箭头表明允许的 MCG 模式转换。

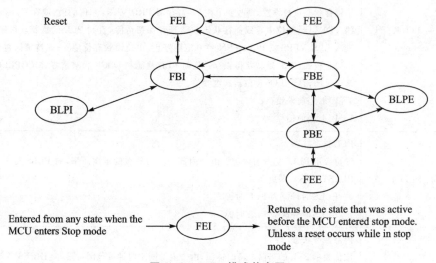

图 5-3 MCG 模式状态图

注意:

① 当 MCG 在 PEE 模式下,从 LLS 或者 VLPS 退出时,MCG 重启到 PBE 时钟模式,C1[CLKS]和 S[CLKS]将会自动设置为 $2'b10$;

② 当 MCG 在 PEE 模式且 C5[PLLSTEN]=0 时,如果进入正常停止模式,则 MCG 将会重启到 PBE 时钟模式,C1[CLKS]和 S[CLKS]将会自动设置为 $2'b10$。

2. MCG 操作模式

MCG 操作模式如表 5-21 所列。

表 5-21 MCG 操作模式

模式	描述
FLL 内部 忙碌(FEI)	FLL 内部忙碌是默认操作状态,当以下所有条件符合时进入: ● C1[CLKS]写入 00; ● C1[IREFS]写入 1; ● C6[PLLS]写入 0。 在 FLL 内部忙碌状态,MCGOUT 从 FLL 时钟(DCOCLK)获得,并且由 32 kHz 内部参考时钟(IRC)控制。FLL 循环将会根据由 C4[DRST_DRS]和 C4[DMX32]位选择的 DCO 频率锁存到 FLL 因子,并且将内部参考频率计数。更多细节参考 C4[DMX32]位描述。在 FEI 模式,PLL 在低功耗状态下被关闭,除非 C5[PLLCLKEN]被置位

续表 5-21

模式	描述
FLL 外部 忙碌(FEE)	当以下所有条件符合时,进入 FLL 外部忙碌模式: ● C1[CLKS]写入 00; ● C1[IREFS]写入 0; ● C1[FRDIV]必须被写入在 31.25～39.062 5 kHz 范围内的独立外部参考时钟; ● C6[PLLS]写入 0。 在 FEE 状态,MCGOUT 从 FLL 时钟(DCOCLK)获得,并且由外部参考时钟控制。FLL 循环将会根据由 C4[DRST_DRS]和 C4[DMX32]位选择的 DCO 频率锁到 FLL 因子,并且将外部参考频率计数,具体由 C1[FRDIV]和 C2[RANGE]指明。更多细节参考 C4[DMX32]位描述。在 PEE 模式,PLL 在低功耗状态下被关闭,除非 C5[PLLCLKEN]被置位
FLL 内部 旁路(FBI)	当以下所有条件符合时进入 FLL 内部旁路(FBI)模式: ● C1[CLKS]写入 01; ● C1[IREFS]写入 1; ● C6[PLLS]写入 0; ● C2[LP]写入 0。 在 FBI 状态,MCGOUT 从低速(32 kHz IRC)或者高速(2 MHz)内部参考时钟获得,并且由 C2[IRCS]位控制。FLL 是可操作的,但是它的结果不被使用。这种模式允许在 MCGOUT 时钟受 C2[IRCS]选择的内部参考时钟驱动时,FLL 获得它的目标频率。FLL 时钟(DCOCLK)受慢速内部参考时钟控制,DCO 时钟频率锁存为由 C4[DRST_DRS]和 C4[DMX32]位选择的乘积因子,并且将内部参考频率计数,具体由 C1[FRDIV]和 C2[RANGE]指明。更多细节参考 C4[DMX32]位描述。在 PBI 模式,PLL 在低功耗状态下被关闭,除非 C5[PLLCLKEN]被置位
FLL 外部 旁路(FBE)	当以下所有条件符合时进入 FLL 外部旁路(FBE)模式: ● C1[CLKS]写入 10; ● C1[IREFS]写入 0; ● C1[FRDIV]必须被写入在 31.25～39.062 5 kHz 范围内的独立外部参考时钟; ● C6[PLLS]写入 0; ● C2[LP]写入 0。 在 FBE 状态,MCGOUT 从外部参考时钟获得。FLL 是可操作的,但是它的结果不被使用。这种模式允许在 MCGOUT 时钟受 C2[IRCS]选择的内部参考时钟驱动时,FLL 获得它的目标频率。FLL 时钟(DCOCLK)受慢速内部参考时钟控制,DCO 时钟频率锁存为由 C4[DRST_DRS]和 C4[DMX32]位选择的乘积因子,并且将外部参考频率计数,具体由 C1[FRDIV]和 C2[RANGE]指明。更多细节参考 C4[DMX32]位描述。在 PBI 模式,PLL 在低功耗状态下被关闭,除非 PLLCLKEN 被置位
PLL 外部 忙碌(PEE)	当以下所有条件符合时进入 PLL 外部忙碌模式: ● C1[CLKS]写入 00; ● C1[IREFS]写入 0; ● C5[PRDIV]必须被写入在 2～4 MHz 范围内的独立外部参考时钟; ● C6[PLLS]写入 0

续表 5-21

模式	描述
PLL 外部忙碌(PEE)	在 PEE 状态,MCGOUT 从 PLL 时钟(DCOCLK)获得,并且由外部参考时钟控制。PLL 时钟频率锁存到由 C6[VDIV]指定的乘积因子,并且将外部参考频率计数,具体由 C5[PRDIV]指明。FLL 在低功耗状态下被关闭
PLL 外部旁路(PBE)	当以下所有条件符合时进入 PLL 外部旁路(PBE)模式: ● C1[CLKS]写入 10; ● C1[IREFS]写入 0; ● C6[PLLS]写入 0; ● C2[LP]写入 0。 在 PBE 状态,MCGOUT 从外部参考时钟获得。PLL 是可操作的,但是它的结果不被使用。这种模式允许在 MCGOUT 时钟受 C2[IRCS]选择的内部参考时钟驱动时,PLL 获得它的目标频率。PLL 时钟频率锁存为由 C4[DRST_DRS]和 C4[DMX32]位选择的乘积因子,并且将外部参考频率计数,具体由 C5[PRDIV]指明。FLL 在低功耗状态下被关闭
内部旁路低功耗(BLPI)	当以下所有条件符合时进入内部旁路低功耗(BLPI)模式: ● C1[CLKS]写入 01; ● C1[IREFS]写入 1; ● C6[PLLS]写入 0; ● C2[LP]写入 1。 在 BLPI 模式,MCGOUT 由内部参考时钟获得。FLL 关闭,当 C5[PLLCLKEN]置为 1 时,PLL 始终关闭
外部旁路低功耗(BLPE)	当以下所有条件符合时进入内部旁路低功耗(BLPI)模式: ● C1[CLKS]写入 10; ● C2[LP]写入 1。 在 BLPE 模式,MCGOUT 由外部参考时钟获得。FLL 关闭,当 C5[PLLCLKEN]置为 1 时,PLL 始终关闭
停止	无论 MCU 进入哪一种停止模式,电源模式都随芯片而定。关于电源模式分配,可参考描述如何配置模块和在从停止中恢复时 MCG 的行为。在下面的情况进入停止模式,FLL 关闭,所有的 MCG 时钟信号都是静态的。 MCGPLLCLK 是动态的,在正常停止模式 PLLSTEN=1。 MCGIRCLK 是动态的,在停止模式当下列条件为真: ● C1[IRCLKEN]=1; ● C1[REFSTEN]=1。 注意: 当从 PEE 模式进入低功耗停止模式(LLS 或者 VLPS),退出时 MCG 时钟模式强制转换为 PBE 时钟模式,C1[CLKS]和 S[CLKST]被配置为 2′b10,S[LOCK]位被清零,不设置 S[LOLS]。 当从 PEE 模式进入正常停止模式时,如果 C5[PLLSTEN]=0,则退出。MCG 时钟模式被强制转换为 PBE 模式,C1[CLKS]和 S[CLKST]被配置为 2′b10,S[LOCK]位被清零,不设置 S[LOLS]。 如果 S[PLLSTEN]=1,则 S[LOCK]不被清空,而且在退出时,MCG 将会继续运行在 PEE 模式

如果进入 VLPR 模式,MCG 必须被配置,选择 4 MHz IRC 时钟时进入 BLPE 模式或者 BLPE 模式(C2[IRCS]=1)。一旦进入 VLPR 模式,必须避免向任何 MCG 控制寄存器的写入,因为这可能使 MCG 时钟模式转变为非低功耗时钟模式。

注意:芯片特性模式的操作,可参考 MCU 电源管理部分。

5.4.4 MCG 模式转换

【例1】 从 FEI 转换到 PEE 模式:外部晶振 = 4 MHz,MCGOUT 频率 = 48 MHz。

在这个例子中,MCG 将通过适当的操作由 FEI 转换到 PEE 模式,实现了由 4 MHz 的外部晶振得到 48 MHz MCGOUT 的频率。首先,进行代码顺序说明;然后,将介绍一个说明顺序的流程图。

① FEI 必须过渡到 FBE 模式:
  a. C2 = 0x1C(2'b00011100)。
- 因为 4 MHz 的频率属于高频率范围,故 C2[RANGE]设置为 2'b01。
- C2[HGO]设为 1,以配置晶振来进行高增益操作。
- 因为正在使用的晶振,C2[EREFS]设置为 1。

  b. C1 = 0x90(2'b10010000)。
- C1[CLKS]设置为 2'b10,以便选择作为系统时钟源的外部参考时钟。
- C1[FRDIV]设置为 2'b010,或 128 分频,因为 4 MHz/128=31.25 kHz 在由 FLL 要求的 31.25~39.062 5 kHz 频率范围内。
- C1[IREFS]清除为 0,选择外部参考时钟和外部晶振。

  c. 循环直到 S[OSCINIT]为 1,表明由 C2[EREFS]选择的晶振已经被初始化。
  d. 循环直到 S[IREFST]为 0,表明外部参考是当前参考时钟源。
  e. 循环直到 S[CLKST]为 2'b10,表明选择外部参考时钟提供给 MCG。

② 配置 C5[PRDIV],产生正确的 PLL 参考频率。
C5 = 0x01(2'b00000001)。
- [PRDIV]设置为 2'b001,或者 2 分频,导致 PLL 参考频率为 4 MHz/2 = 2 MHz。

③ FBE 必须直接转换为 PBE 模式,或者先经过 BLPE 模式再转换为 PBE 模式。
  a. BLPE:如果需要通过 BLPE 模式进行的转变,则首先设置 C2[LP]为 1。
  b. BLPE/PBE: C6 = 0x40(2'b01000000)。
- C6[PLLS]设置为 1,选择 PLL。这时 C1[PRDIV]的值为 2'b001,PLL 参考分频器为 2 分频(参考 PLL 外部参考分频因子表),导致参考频率为 4 MHz/2 = 2 MHz。在 BLPE 模式,为在 PBE 模式下准备 MCG 可改变 C6[PLLS]。
- C6[VDIV]设置为 2'b0000,或者乘以 24,因为 2 MHz×24 = 48 MHz。在

BLPE 模式,因为 PLL 被关闭,故 VDIV 位配置无关紧要。只有在 PBE 模式设置了 PLL 乘积因子的值才能改变它们。

c. BLPE:如果通过 BLPE 模式转换,则清空 C2[LP]为 0,切换到 PBE 模式。
d. PBE:循环直到 S[PLLST]被设置,表明 PLL 是当前 PLLS 时钟源。
e. PBE:循环直到 S[LOCK]被设置,表明 PLL 要求锁存。

④ PBE 模式转换成 PEE 模式。

a. C1 = 0x10(2'b00010000)。
- C1[CLKS]设置为 2'b00,以选择作为系统时钟源的 PLL 输出。

b. 循环直到 S[CLKST]设置为 2'b11,表明在当前时钟模式 PLL 输出被选择为提供 MCGOUT。

- 现在,PRDIV 2 分频,C6[VDIV]×24,MCGOUT = [(4 MHz/2)×24] = 48 MHz。

晶振为 4 MHz 时,从 FEI 到 PEE 转换的流程图如图 5-4 所示。

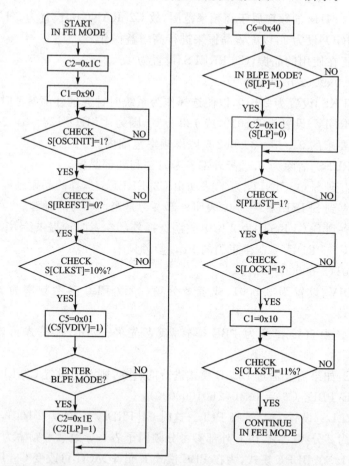

图 5-4 晶振 4 MHz 时从 FEI 到 PEE 转换的流程图

5.5 系统集成模块

5.5.1 SIM 引脚说明

SIM 引脚描述如表 5-22 所列。

表 5-22 SIM 引脚描述

信号	描述	输入/输出
EZP_CS	EzPort 模式选择	输入

引脚	输入/输出	说明	
EZP_CS	输入	EzPort 模式选择	
		状态意义	是——0 配置为 EzPORT 模式; 非——1 配置为正常 Flash 操作
		时间	作为一个模式选定时,虽然可以在任何时候声明其为 0 或 1,但这个信号只有在复位时被识别。 1 可以在任何时候发生,输入同步于总线时钟; 0 可以在任何时候发生,输入不同步于总线时钟

5.5.2 存储器映射及寄存器定义

SIM 模块包含很多位域,用于为不同模块时钟选择时钟源和分频。包括时钟框图和时钟定义的详细信息请参见时钟分配(Clock Distribution)部分。

注意:SIM_SOPT1 寄存器同其他 SIM 寄存器有不同的基址。

1. 系统选项寄存器 1(SIM_SOPT1)

从 POR 和 LVD 退出,SOPT1 寄存器的复位值如下:USBREGEN 置 1,USBSTBY 清零,OSC32KSEL 清零。

从 VLLS 或其他系统复位退出:USBREGEN、USBSTBY 和 OSC32KSEL 不受影响。

地址:SIM_SOPT1-4004_7000h 基址+0h 偏移量=4004_7000h

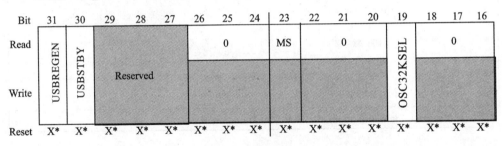

第 5 章　K60 单片机资源及相应操作

Bit	15	14	13	12	11	10	9	8	7	6	5	4	3	2	1	0
Read		RAMSIZE										0				
Write																
Reset	X*	X*	X*	X*	X*	X*	X*	X*	X*	X*	X*	X*	X*	X*	X*	X*

SIM_SOPT1 位域描述如表 5-23 所列。

表 5-23　SIM_SOPT1 位域描述

位　域	描　述
31：USBREGEN	USB 电压调整使能，控制电压调整是否使能。 0　USB 电压调整禁止； 1　USB 电压调整使能
30：USBSTBY	在待机模式下，USB 电压调整控制在该模式下的 USB 电压调整是否使能。 0　控制在待机模式下的 USB 电压调整禁止； 1　控制在待机模式下的 USB 电压调整使能
29～27：Reserved	保留位
26～24：Reserved	保留位，值为 0
23：MS	EzPort 片选引脚状态反映了在最近一次复位时 EzPort 片选引脚状态（/ EZP_CS），只读
22～20：Reserved	保留位，只读，值为 0
19：OSC32KSEL	32 kHz 振荡器时钟选择为 TSI 和 LPTMR。选择 32 kHz 振荡器时钟源（ERCLK32K）。此位只为 POR/LVD 复位。0 为系统振荡器（OSC32KCLK），1 为 RTC 振荡器
18～16：Reserved	保留位，只读，值为 0
15～12：RAMSIZE	RAM 大小。该字段可用定义设备申请的系统 RAM 空间。 0000 未定义； 0001 未定义； 0010 未定义； 0011 未定义； 0100 32 KB； 0110 未定义； 0111 64 KB； 1000 96 KB； 1001 128 KB； 1010 未定义； 1011 未定义； 1100 未定义； 1101 未定义； 1110 未定义； 1111 未定义
11～0：Reserved	保留位，只读，值为 0

2. 系统选项寄存器 2(SIM_SOPT2)

SOPT2 包含芯片上多个模块时钟源的选择控制位。框图及设备时钟定义的详细信息请参见"时钟分配"部分。

地址：SIM_SOPT2-4004_7000h 基址 + 1004h 偏移量 = 4004_8004h

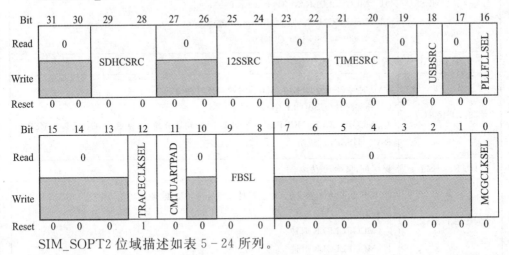

SIM_SOPT2 位域描述如表 5-24 所列。

表 5-24　SIM_SOPT2 位域描述

位　域	描　述
31～30：Reserved	保留位,只读,值为 0
29～28：SDHCSRC	SDHC 时钟源选择,为 SDHC 选择时钟源。 00　内核/系统时钟； 01　MCGPLLCLK/MCGFLLCLK 时钟； 10　OSCERCLK 时钟； 11　外部时钟(SDHC0_CLKIN)
27～26：Reserved	保留位,只读,值为 0
25～24：I2SSRC	I²S 主机时钟源选择。 为 I²S 主机时钟选择时钟源。 00　内核/系统时钟被 I²S 时钟分频器分频,参见 SIM_CLKDIV2[I2SFRAC, I2SDIV]说明； 01　MCGPLLCLK/MCGFLLCLK 时钟被 I²S 时钟分频器分频,参见 SIM_CLKDIV2[I2SFRAC, I2SDIV]说明； 10　OSCERCLK 时钟； 11　外部时钟(I2S0_CLKIN)
23～22：Reserved	保留位,只读,值为 0

续表 5-24

位 域	描 述
21~20：TIMESRC	IEEE 1588 时间戳时钟源选择，为 Ethernet 时间戳时钟选择时钟源。 00　内核/系统时钟； 01　MCGPLLCLK/MCGFLLCLK 时钟； 10　OSCERCLK 时钟； 11　外部时钟(SDHC0_CLKIN)
19：Reserved	保留位，只读，值为 0
18：USBSRC	USB 时钟选择为 USB48 MHz。时钟选择时钟源。 0　外部时钟(USB_CLKIN)； 1　MCGPLLCLK/MCGFLLCLK 被 USB 分频器分频，参见 SIM_CLKDIV2[USBF-RAC, USBDIV]说明
17：Reserved	保留位，只读，值为 0
16：PLLFLLSEL	PLL/FLL 时钟选择，为可变化的外围时钟选项提供 MCGPLLCLK 或 MCGFLLCLK 时钟源。 0　MCGFLLCLK 时钟； 1　MCGPLLCLK 时钟
15~13：Reserved	保留位，只读，值为 0
12：TRACECLKSEL	调试追踪时钟选择，选择内核/系统时钟或 MCG 输出时钟(MCGOUTCLK)作为追踪时钟源。 0　MCGOUTCLK； 1　内核/系统时钟
11：CMTUARTPAD	CMT/UART 驱动强度控制。PTD7 引脚上的 CMT IRO 信号或 UART0_TXD 信号的输出驱动强度，选择一个或两个引脚来驱动它。 0　CMT IRO 或 UART0_TXD 的单引脚驱动强度； 1　CMT IRO 或 UART0_TXD 的双引脚驱动强度
10：Reserved	保留位，只读，值为 0
9~8：FBSL	FlexBus 安全等级，若 Flash 安全性被使能，则这个段影响那些可以通过 FlexBus 接口脱机访问的 CPU 的操作。若 Flash 安全性被禁止，则此段无效。 00　所有通过 FlexBus 的脱机访问(指令和数据)被禁止； 01　所有通过 FlexBus 的脱机访问(指令和数据)都允许； 10　脱机访问指令被禁止，可以访问数据； 11　脱机访问指令和数据都允许
7~1：Reserved	保留位，只读，值为 0
0：MCGCLKSEL	MCG 时钟。选择选择 MCG 的外部参考时钟。 0　系统振荡器(OSCCLK)； 1　32 kHz 的 RTC 振荡器

3. 系统选项寄存器 4(SIM_SOPT4)

地址:SIM_SOPT4-4004_7000h 基址＋100Ch 偏移量＝4004_800Ch

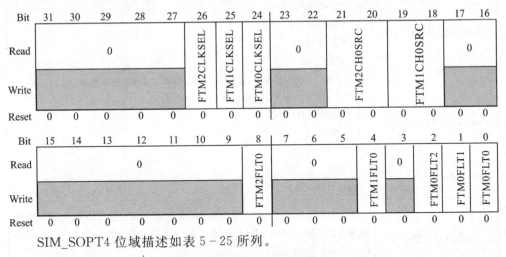

SIM_SOPT4 位域描述如表 5-25 所列。

表 5-25 SIM_SOPT4 位域描述

位 域	描 述
31～27:Reserved	保留位,只读,值为 0
26:FTM2CLKSEL	FlexTimer2 外部时钟引脚选择。 选择用于 FTM2 模块驱动时钟的外部引脚。说明:选中的引脚,通过端口控制模块中对应的引脚控制寄存器,为 FTM2 模块配置外部时钟功能。 0 FTM2 外部时钟由 FTM_CLK0 引脚驱动; 1 FTM2 外部时钟由 FTM_CLK1 引脚驱动
25:FTM1CLKSEL	FTM1 外部时钟引脚选择。 用于为 FTM1 模块驱动时钟的外部引脚。说明:选中的引脚,通过端口控制模块中对应的引脚控制寄存器,为 FTM 模块配置外部时钟功能。 0 FTM_CLK0 引脚; 1 FTM_CLK1 引脚
24:FTM0CLKSEL	FlexTimer0 外部时钟引脚选择。 选择用于为 FTM0 模块驱动时钟的外部引脚。说明:选中的引脚,通过端口控制模块中对应的引脚控制寄存器,为 FTM 模块配置外部时钟功能。 0 FTM_CLK0 引脚; 1 FTM_CLK1 引脚
23～22:Reserved	保留位,只读,值为 0
21～20:FTM2CH0SRC	FTM2 通道 0 输入捕捉源,选择为 FTM2 通道 0 输入捕捉选择源。 说明:FTM 不是输入捕获模式时,请清除此字段

续表 5-25

位域	描述
21~20：FTM2CH0SRC	00　FTM2_CH0 信号； 01　CMP0 输出； 10　CMP1 输出； 11　保留
19~18：FTM1CH0SRC	FTM1 通道 0 输入捕捉源，选择为 FTM1 通道 0 输入捕捉选择源。 说明：FTM 不是输入捕获模式时，请清除此字段。 00　FTM1_CH0 信号； 01　CMP0 输出； 10　CMP1 输出； 11　保留
17~9：Reserved	保留位，只读，值为 0
8：FTM2FLT0	FTM2 默认选择 0，选择 FTM2 故障 0 的源。说明：通过合适的 PORTx 引脚控制寄存器，引脚默认的 0 值应被配置为 FTM 模块默认功能。 0　FTM2_FLT0 引脚； 1　CMP0 输出
7~5：Reserved	保留位，只读，值为 0
4：FTM1FLT0	FTM1 默认选择 0，选择 FTM1 默认 0 的源。说明：通过合适的 PORTx 引脚控制寄存器，引脚默认的 0 值应被配置为 FTM 模块默认功能。 0　FTM1_FLT0 引脚； 1　CMP0 输出
3：Reserved	保留位，只读，值为 0
2：FTM0FLT2	FTM0 默认选择 2，选择 FTM0 默认 2 的源。说明：通过合适的 PORTx 引脚控制寄存器，引脚默认的 2 值应被配置为 FTM 模块默认功能。 0　FTM0_FLT2 引脚； 1　CMP2 输出
1：FTM0FLT1	FTM0 默认选择 1，选择 FTM0 默认 1 的源。说明：通过合适的 PORTx 引脚控制寄存器，引脚默认的 1 值应被配置为 FTM 模块默认功能。 0　FTM0_FLT1 引脚； 1　CMP0 输出
0：FTM0FLT0	FTM0 默认选择 0，选择 FTM1 故障 0 的源。说明：故障 0 的源引脚应通过对应的 PORTx 引脚控制寄存器被配置为 FTM 模块故障功能。 0　FTM0_FLT0 引脚； 1　CMP0 输出

4. 系统选项寄存器 5(SIM_SOPT5)

地址:SIM_SOPT5-4004_7000h 基址 + 1010h 偏移量 = 4004_8010h

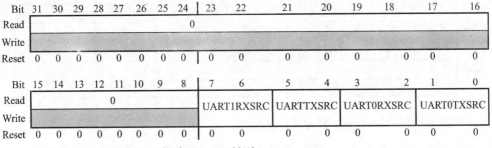

SIM_SOPT5 位域描述如表 5-26 所列。

表 5-26 SIM_SOPT5 位域描述

位 域	描 述
31~8: Reserved	保留位,只读,值为 0
7~6: UART1RXSRC	UART1 接收数据源选择,选择 UART1 的接收数据源。 00 UART_RX 引脚; 01 CMP0; 10 CMP1; 11 保留
5~4: UARTTXSRC	UART1 发送数据源选择,选择 UART1 的发送数据源。 00 ART1_TX 引脚; 01 使用 FTM1 通道 0 输出的 UART1_TX 引脚模块; 10 使用 FTM2 通道 0 输出的 UART1_TX 引脚模块; 11 保留
3~2: UART0RXSRC	UART0 接收数据源选择,选择 UART0 的接收数据源。 00 UART_RX 引脚; 01 CMP0; 10 CMP1; 11 保留
1~0: UART0TXSRC	UART0 发送数据源选择,选择 UART0 的发送数据源。 00 ART1_TX 引脚; 01 使用 FTM1 通道 0 输出的 UART1_TX 引脚模块; 10 使用 FTM2 通道 0 输出的 UART1_TX 引脚模块; 11 保留

5. 系统选项寄存器 6(SIM_SOPT6)

注意:RSTFLTEN 和 RSTFLTSEL 的复位只有在上电复位时有效,其他的复位对它们没有影响。

地址：SIM_SOPT6-4004_7000h 基址＋1014h 偏移量＝4004_8014h

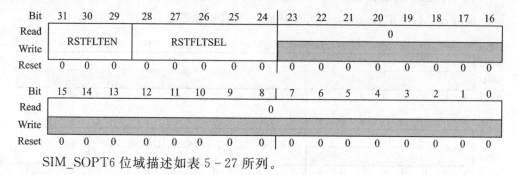

SIM_SOPT6 位域描述如表 5-27 所列。

表 5-27　SIM_SOPT6 位域描述

位　域	描　述
31~29：RSTFLTEN	复位引脚滤波使能选择如何使能复位引脚滤波。 000　禁止所有滤波； 001　总线时钟滤波使能在正常工作模式，LPO 时钟滤波使能在停止模式； 010　LPO 时钟滤波使能； 011　总线时钟滤波使能在正常工作模式，所有滤波禁止在停止模式； 100　LPO 时钟滤波使能在正常工作模式，所有滤波禁止在停止模式； 101　保留（所有滤波禁止）； 110　保留（所有滤波禁止）； 111　保留（所有滤波禁止）
28~24：RSTFLTSEL	复位引脚滤波选择，选择复位引脚总线滤波值，滤波计数值等于 RSTFL 的值加 1
23~0：Reserved	保留位，只读，值为 0

6. 系统选项寄存器 7(SIM_SOPT7)

地址：SIM_SOPT7-4004_7000h 基址＋1018h 偏移量＝4004_8018h

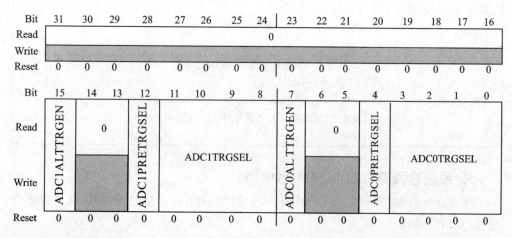

SIM_SOPT7 位域描述如表 5-28 所列。

表 5-28　SIM_SOPT7 位域描述

位　域	描　述
31~16：Reserved	保留位,只读,值为 0
15：ADC1ALTTRGEN	ADC1 选择触发使能位。 使能 ADC1 的,可选择转换触发。 0　PDB 触发被选定用于 ADC1； 1　ADC1 选择触发器由 ADC1TRGSEL 定义
14~13：Reserved	保留位,只读,值为 0
12：ADC1PRETRGSEL	ADC1 预触发选择位。 当选择触发器已被 ADC1ALTTRGEN 使能时,可以选择 ADC1 预触发源。 0　ADC1 选定预触发 A； 1　ADC1 选定预触发 B
11~8：ADC1TRGSEL	ADC1 触发选择。 当选择触发器已使用时,就选择 ADC1 触发源。 说明：不是所有的选择触发源在停止模式和 VLPS 模式下都可用。 0000　PDB 外部触发引脚输入(PDB0_EXTRG)； 0001　高速比较器 0 输出； 0010　高速比较器 1 输出； 0011　高速比较器 2 输出； 0100　PIT 触发器 0； 0101　PIT 触发器 1； 0110　PIT 触发器 2； 0111　PIT 触发器 3； 1000　FTM0 触发器； 1001　FTM1 触发器； 1010　FTM2 触发器； 1011　未使用； 1100　RTC 警告； 1101　RTC 计秒； 1110　低电压计时器触发； 1011　未使用
7：ADC0ALTTRGEN	ADC0 选择触发使能,使能 ADC0 的选择转换触发器。 0　ADC0 选定 PDB 触发； 1　ADC0 选定选择触发
6~5：Reserved	保留位,只读,值为 0

续表 5-28

位域	描述
4：ADC0PRETRGSEL	ADC0 预触发选择，当选择触发通过 ADC0ALTTRGEN 被使能时，可以选择 ADC0 预触发源。 0　预触发 A 被选定用于 ADC0； 1　预触发 B 被选定用于 ADC0
3~0：ADC0TRGSEL	ADC0 触发选择。 当选择触发器已使用时，就选择 ADC0 触发源。 说明：不是所有的选择触发源在停止模式和 VLPS 模式下都可用。 0000　PDB 外部触发引脚输入（PDB0_EXTRG）； 0001　高速比较器 0 输出； 0010　高速比较器 1 输出； 0011　高速比较器 2 输出； 0100　PIT 触发器 0； 0101　PIT 触发器 1； 0110　PIT 触发器 2； 0111　PIT 触发器 3； 1000　FTM0 触发器； 1001　FTM1 触发器； 1010　FTM2 触发器； 1011　未使用； 1100　RTC 警告； 1101　RTC 计秒； 1110　低电压计时器触发； 1011　未使用

7. 系统设备标识寄存器(SIM_SDID)

地址：SIM_SDID-4004_7000h 基址 + 1024h 偏移量 = 4004_8024h

Bit	31	30	29	28	27	26	25	24	23	22	21	20	19	18	17	16	15	14	13	12	11	10	9	8	7	6	5	4	3	2	1	0
Read	0																REVID				0	0	1	0	FAMID				PINID			
Write																																
Reset	X*	X*	X*	X*	X*	X*	X*	X*	X*	X*	X*	X*	X*	X*	X*	X*	X*	X*	X*	X*	X*	X*	X*	X*	X*	X*	X*	X*	X*	X*	X*	X*

Notes:
- X=Undefined at reset

SIM_SDID 位域描述如表 5-29 所列

表 5-29　SIM_SDID 位域描述

位域	描述
31~16：Reserved	保留位，只读，值为 0
15~12：REVID	设备版本号，标识设备的制造号码

续表 5-29

位 域	描 述
11~10：Reserved	保留位,只读,值为 0
9：Reserved	保留位,只读,值为 0
8：Reserved	保留位,只读,值为 1
7：Reserved	保留位,只读,值为 0
6~4：FAMID	Kinetis 系列标识,标识设备所属的 Kinetis 系列。 000　K10； 001　K20； 010　K30； 011　K40； 100　K60； 101　K70； 110　K50 and K52； 111　K51 and K53
3~0：PINID	引脚数量标识符。 0000　保留； 0001　保留； 0010　32-pin； 0011　保留； 0100　48-pin； 0101　64-pin； 0110　80-pin； 0111　81-pin； 1000　100-pin； 1001　104-pin； 1010　144-pin； 1011　保留； 1100　196-pin； 1101　保留； 1110　256-pin； 1111　保留

8. 系统时钟门控寄存器 1(SIM_SCGC1)

地址：SIM_SCGC1-4004_7000h 基址 + 1028h 偏移量 = 4004_8028h

Bit	31	30	29	28	27	26	25	24	23	22	21	20	19	18	17	16	15	14	13	12	11	10	9	8	7	6	5	4	3	2	1	0
Read	0						0	0	0				0								UART5	UART4			0							
Write																																
Reset	0	0	0	0	0	0	0	0	0	0	0	0	0	0	0	0	0	0	0	0	0	0	0	0	0	0	0	0	0	0	0	0

SIM_SCGC1 位域描述如表 5-30 所列。

表 5-30　SIM_SCGC1 位域描述

位　域	描　述
31~12：Reserved	保留位,只读,值为 0
11：UART5	UART5 时钟门控制,此位控制 UART5 的时钟门。 0　时钟禁止； 1　时钟使能
10：UART4	UART4 时钟门控制,此位控制 UART4 的时钟门。 0　时钟禁止； 1　时钟使能
9~0：Reserved	保留位,只读,值为 0

9. 系统时钟门控寄存器 2(SIM_SCGC2)

地址：SIM_SCGC2-4004_7000h 基址 + 102Ch 偏移量 = 4004_802Ch

Bit	31	30	29	28	27	26	25	24	23	22	21	20	19	18	17	16	15	14	13	12	11	10	9	8	7	6	5	4	3	2	1	0
Read	\multicolumn{16}{c}{0}			DAC1	DAC0	\multicolumn{11}{c}{0}												ENET
Write																																
Reset	0	0	0	0	0	0	0	0	0	0	0	0	0	0	0	0	0	0	0	0	0	0	0	0	0	0	0	0	0	0	0	0

SIM_SCGC2 位域描述如表 5-31 所列。

表 5-31　SIM_SCGC2 位域描述

位　域	描　述
31~14：Reserved	保留位,只读,值为 0
13：DAC1	DAC1 时钟门控制,此位控制 DAC1 模块的时钟门。 0　时钟禁止； 1　时钟使能
12：DAC0	DAC0 时钟门控制,此位控制 DAC0 模块的时钟门。 0　时钟禁止； 1　时钟使能
11~1：Reserved	保留位,只读,值为 0
0：ENET	ENET 时钟门控制,此位控制 ENET 模块的时钟门。 0　时钟禁止； 1　时钟使能

10. 系统时钟门控寄存器 3(SIM_SCGC3)

地址：SIM_SCGC3-4004_7000h 基址 + 1030h 偏移量 = 4004_8030h

第5章 K60单片机资源及相应操作

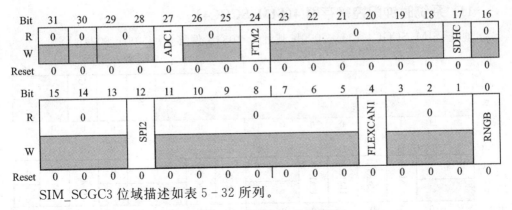

SIM_SCGC3 位域描述如表 5-32 所列。

表 5-32 SIM_SCGC3 位域描述

位 域	描 述
31~28：Reserved	保留位，只读，值为 0
27：ADC1	ADC1 时钟门控制,此位控制 ADC1 模块的时钟门。 0 时钟禁止； 1 时钟使能
26~25：Reserved	保留位，只读，值为 0
24：FTM2	FTM2 时钟门控制,此位控制 FTM2 模块的时钟门。 0 时钟禁止； 1 时钟使能
23~18：Reserved	保留位，只读，值为 0
17：SDHC	SDHC 时钟门控制,此位控制 SDHC 模块的时钟门。 0 时钟禁止； 1 时钟使能
16~13：Reserved	保留位，只读，值为 0
12：SPI2	SPI2 时钟门控制,此位控制 SPI2 模块的时钟门。 0 时钟禁止； 1 时钟使能
11~5：Reserved	保留位，只读，值为 0
4：FLEXCAN1	FLEXCAN1 时钟门控制,此位控制 FLEXCAN1 模块的时钟门。 0 时钟禁止； 1 时钟使能
3~1：Reserved	保留位，只读，值为 0
0：RNGB	RNGB 时钟门控制,此位控制 RNGB 模块的时钟门。 0 时钟禁止； 1 时钟使能

11. 系统时钟门控寄存器 4(SIM_SCGC4)

地址：SIM_SCGC4-4004_7000h 基址＋1034h 偏移量＝4004_8034h

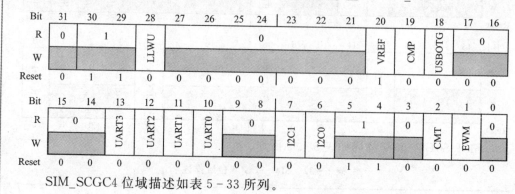

SIM_SCGC4 位域描述如表 5-33 所列。

表 5-33 SIM_SCGC4 位域描述

位 域	描 述
31：Reserved	保留位，只读，值为 0
30～29：Reserved	保留位，只读，值为 1
28：LLWU	LLWU 时钟门控制，此位控制 LLWU 模块的时钟门。 0 时钟禁止； 1 时钟使能
27～21：Reserved	保留位，只读，值为 0
20：VREF	VREF 时钟门控制，此位控制 VREF 模块的时钟门。 0 时钟禁止； 1 时钟使能
19：CMP	CMP 时钟门控制，此位控制 CMP 模块的时钟门。 0 时钟禁止； 1 时钟使能
18：USBOTG	USBOTG 时钟门控制，此位控制 USBOTG 模块的时钟门。 0 时钟禁止； 1 时钟使能
17～14：Reserved	保留位，只读，值为 0
13：UART3	UART3 时钟门控制，此位控制 UART3 模块的时钟门。 0 时钟禁止； 1 时钟使能
12：UART2	UART2 时钟门控制，此位控制 UART2 模块的时钟门。 0 时钟禁止； 1 时钟使能

续表 5-33

位域	描述
11：UART1	UART1 时钟门控制，此位控制 UART1 模块的时钟门。 0 时钟禁止； 1 时钟使能
10：UART0	UART0 时钟门控制，此位控制 UART0 模块的时钟门。 0 时钟禁止； 1 时钟使能
9～8：Reserved	保留位，只读，值为 0
7：I2C1	I2C1 时钟门控制，此位控制 I2C1 模块的时钟门。 0 时钟禁止； 1 时钟使能
6：I2C0	I2C0 时钟门控制，此位控制 I2C0 模块的时钟门。 0 时钟禁止； 1 时钟使能
5～4：Reserved	保留位，只读，值为 1
3：Reserved	保留位，只读，值为 0
2：CMT	CMT 时钟门控制，此位控制 CMT 模块的时钟门。 0 时钟禁止； 1 时钟使能
1：EWM	EWM 时钟门控制，此位控制 EWM 模块的时钟门。 0 时钟禁止； 1 时钟使能
0：Reserved	保留位，只读，值为 0

12. 系统时钟门控寄存器 5(SIM_SCGC5)

地址：SIM_SCGC5-4004_7000h 基址 + 1038h 偏移量 = 4004_8038h

Bit	31	30	29	28	27	26	25	24	23	22	21	20	19	18	17	16
R	0													1	0	
W																
Reset	0	0	0	0	0	0	0	0	0	0	0	0	0	1	0	0

Bit	15	14	13	12	11	10	9	8	7	6	5	4	3	2	1	0
R	0		PORTE	PORTD	PORTC	PORTB	PORTA	1		0	TSI		0		REGFILE	LPTMER
W																
Reset	0	0	0	0	0	0	0	0	1	1	0	0	0	0	0	0

第5章　K60单片机资源及相应操作

SIM_SCGC5 位域描述如表 5-34 所列。

表 5-34　SIM_SCGC5 位域描述

位　域	描　述
31～19：Reserved	保留位，只读，值为 0
18：Reserved	保留位，只读，值为 1
17～14：Reserved	保留位，只读，值为 0
13：PORTE	PORTE 时钟门控制，此位控制 PORTE 模块的时钟门。 0　时钟禁止； 1　时钟使能
12：PORTD	PORTD 时钟门控制，此位控制 PORTD 模块的时钟门。 0　时钟禁止； 1　时钟使能
11：PORTC	PORTC 时钟门控制，此位控制 PORTC 模块的时钟门。 0　时钟禁止； 1　时钟使能
10：PORTB	PORTB 时钟门控制，此位控制 PORTB 模块的时钟门。 0　时钟禁止； 1　时钟使能
9：PORTA	PORTA 时钟门控制，此位控制 PORTA 模块的时钟门。 0　时钟禁止； 1　时钟使能
8～7：Reserved	保留位，只读，值为 1
6：Reserved	保留位，只读，值为 0
5：TSI	TSI 时钟门控制，此位控制 TSI 模块的时钟门。 0　时钟禁止； 1　时钟使能
4～2：Reserved	保留位，只读，值为 0
1：REGFILE	REGFILE 时钟门控制，此位控制 REGFILE 模块的时钟门。 0　时钟禁止； 1　时钟使能
0：LPTIMER	LPTIMER 时钟门控制，此位控制 LPTIMER 模块的时钟门。 0　时钟禁止； 1　时钟使能

13. 系统时钟门控寄存器 6(SIM_SCGC6)

地址：SIM_SCGC6-4004_7000h 基址＋103Ch 偏移量＝4004_803Ch

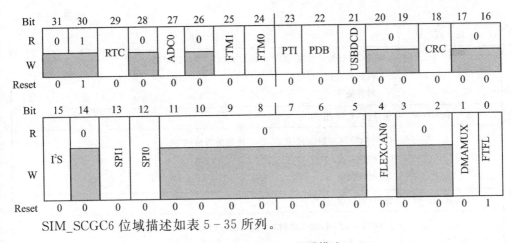

SIM_SCGC6 位域描述如表 5-35 所列。

表 5-35 SIM_SCGC6 位域描述

位 域	描 述
31：Reserved	保留位，只读，值为 0
30：Reserved	保留位，只读，值为 1
29：RTC	RTC 时钟门控制，此位控制 RTC 模块的时钟门。 0 时钟禁止； 1 时钟使能
28：Reserved	保留位，只读，值为 0
27：ADC0	ADC0 时钟门控制，此位控制 ADC0 模块的时钟门。 0 时钟禁止； 1 时钟使能
26：Reserved	保留位，只读，值为 0
25：FTM1	FTM1 时钟门控制，此位控制 FTM1 模块的时钟门。 0 时钟禁止； 1 时钟使能
24：FTM0	FTM0 时钟门控制，此位控制 FTM0 模块的时钟门。 0 时钟禁止； 1 时钟使能
23：PIT	PIT 时钟门控制，此位控制 PIT 模块的时钟门。 0 时钟禁止； 1 时钟使能
22：PDB	PDB 时钟门控制，此位控制 PDB 模块的时钟门。 0 时钟禁止； 1 时钟使能

续表 5-35

位域	描述
21：USBDCD	USBDCD 时钟门控制,此位控制 USBDCD 模块的时钟门。 0 时钟禁止； 1 时钟使能
20~19：Reserved	保留位,只读,值为 0
18：CRC	CRC 时钟门控制,此位控制 CRC 模块的时钟门。 0 时钟禁止； 1 时钟使能
17~16：Reserved	保留位,只读,值为 0
15：I²S	I²S 时钟门控制,此位控制 I²S 模块的时钟门。 0 时钟禁止； 1 时钟使能
14：Reserved	保留位,只读,值为 0
13：SPI1	SPI1 时钟门控制,此位控制 SPI1 模块的时钟门。 0 时钟禁止； 1 时钟使能
12：SPI0	SPI0 时钟门控制,此位控制 DSPI0 模块的时钟门。 0 时钟禁止； 1 时钟使能
11~5：Reserved	保留位,只读,值为 0
4：FLEXCAN0	FLEXCAN0 时钟门控制,此位控制 FLEXCAN0 模块的时钟门。 0 时钟禁止； 1 时钟使能
3~2：Reserved	保留位,只读,值为 0
1：DMAMUX	DMAMUX 时钟门控制,此位控制 DMAMUX 模块的时钟门。 0 时钟禁止； 1 时钟使能
0：FTFL	FTFL 时钟门控制,此位控制 FTFL 模块的时钟门。 0 时钟禁止； 1 时钟使能

14. 系统时钟门控寄存器 7(SIM_SCGC7)

地址：SIM_SCGC7-4004_7000h 基址 + 1040h 偏移量 = 4004_8040h

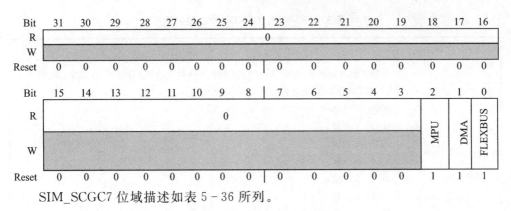

SIM_SCGC7 位域描述如表 5-36 所列。

表 5-36 SIM_SCGC7 位域描述

位 域	描 述
31~3：Reserved	保留位，只读，值为 0
2：MPU	MPU 时钟门控制，此位控制 MPU 模块的时钟门。 0 时钟禁止； 1 时钟使能
1：DMA	DMA 时钟门控制，此位控制 DMA 模块的时钟门。 0 时钟禁止； 1 时钟使能
0：FLEXBUS	FLEXBUS 时钟门控制，此位控制 FLEXBUS 模块的时钟门。 0 时钟禁止； 1 时钟使能

15. 系统时钟分频寄存器 1(SIM_CLKDIV1)

当设备在 VLPR 模式时，CLKDIV1 寄存器不可写。

地址：SIM_CLKDIV1-4004_7000h 基址＋1044h 偏移量＝4004_8044h

Bit	31 30 29 28	27 26 25 24	23 22 21 20	19 18 17 16	15 14 13 12 11 10 9 8 7 6 5 4 3 2 1 0
Read/Write	OUTDIV1	OUTDIV2	OUTDIV3	OUTDIV4	0
Reset	X*X*X*X*	X*X*X*X*	X*X*X*X*	X*X*X*X*	X*X*X*X*X*X*X*X*X*X*X*X*X*X*X*X*

Notes:
- X=Undefined at reset.

SIM_CLKDIV1 位域描述如表 5-37 所列。

表 5-37 SIM_CLKDIV1 位域描述

位域	描述
31~28：OUTDIV1	时钟1输出分频值，此段设置内核/系统时钟的分频值。在复位的结尾，由 FTFL_FOPT[LPBOOT]决定它的值为 0000 或 0111。 0000　1分频； 0001　2分频； 0010　3分频； 0011　4分频； 0100　5分频； 0101　6分频； 0110　7分频； 0111　8分频； 1000　9分频； 1001　10分频； 1010　11分频； 1011　12分频； 1100　13分频； 1101　14分频； 1110　15分频； 1111　16分频
27~24：OUTDIV2	时钟2输出分频值，此段设置内核/系统时钟的分频值。在复位的结尾，由 FTFL_FOPT[LPBOOT]决定它的值为 0000 或 0111。 0000　1分频； 0001　2分频； 0010　3分频； 0011　4分频； 0100　5分频； 0101　6分频； 0110　7分频； 0111　8分频； 1000　9分频； 1001　10分频； 1010　11分频； 1011　12分频； 1100　13分频； 1101　14分频； 1110　15分频； 1111　16分频

续表 5-37

位 域	描 述
23~20：OUTDIV3	时钟 3 输出分频值，此段设置内核/系统时钟的分频值。在复位的结尾，由 FTFL_FOPT[LPBOOT]决定它的值为 0000 或 0111。 0000　1 分频； 0001　2 分频； 0010　3 分频； 0011　4 分频； 0100　5 分频； 0101　6 分频； 0110　7 分频； 0111　8 分频； 1000　9 分频； 1001　10 分频； 1010　11 分频； 1011　12 分频； 1100　13 分频； 1101　14 分频； 1110　15 分频； 1111　16 分频
19~16：OUTDIV4	时钟 4 输出分频值，此段设置内核/系统时钟的分频值。在复位的结尾，由 FTFL_FOPT[LPBOOT]决定它的值为 0000 或 0111。 0000　1 分频； 0001　2 分频； 0010　3 分频； 0011　4 分频； 0100　5 分频； 0101　6 分频； 0110　7 分频； 0111　8 分频； 1000　9 分频； 1001　10 分频； 1010　11 分频； 1011　12 分频； 1100　13 分频； 1101　14 分频； 1110　15 分频； 1111　16 分频
15~0：Reserved	保留位，只读，值为 0

16. 系统时钟分频寄存器 2(SIM_CLKDIV2)

地址:SIM_CLKDIV2-4004_7000h 基址 + 1048h 偏移量 = 4004_8048h

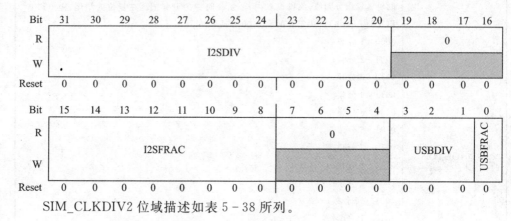

SIM_CLKDIV2 位域描述如表 5-38 所列。

表 5-38　SIM_CLKDIV2 位域描述

位　域	描　述
31~20: I2SDIV	I²S 时钟分频值。当时钟分频器用做 I²S 主时钟的源时,此段设定分频值。输入到分频器的时钟由 SOPT2[I2SSRC]设定。分频器输出时钟=输入时钟×[(I2SFRAC+1) / (I2SDIV+1)]
19~16: Reserved	保留位,只读,值为 0
15~8: I2SFRAC	I²S 时钟分频器片段。当时钟分频器用做 I²S 主时钟的源时,此段设定更多的分频值。输入到分频器的时钟由 SOPT2[I2SSRC]设定。分频器输出时钟=输入时钟×[(I2SFRAC+1) / (I2SDIV+1)]
7~4: Reserved	保留位,只读,值为 0
3~1: USBDIV	USB 时钟分频器因子。当 MCGFLLCLK/MCGPLLCLK 时钟源是 USB 时钟源(SOPT2[USBSRC] = 1)时,此段为时钟分频器设定分频值。分频器输出时钟=输入时钟×[(USBFRAC+1) / (USBDIV+1)]
0: USBFRAC	USB 时钟分频器片段。当 MCGFLLCLK/MCGPLLCLK 时钟源是 USB 时钟源(SOPT2[USBSRC] = 1)时,此段为时钟分频器设定分频值。分频器输出时钟=输入时钟×[(USBFRAC+1) / (USBDIV+1)]

17. Flash 配置寄存器 1(SIM_FCFG1)

设备的 FlexNVM:EESIZE 和 DEPART 的复位值依赖于用户在 IFR 编程设定。此种方式可以通过 PGMPART Flash 命令进行。

设备程序只写在 Flash:EESIZE 和 DEPART 段没有用。

地址:SIM_FCFG1-4004_7000h 基址 + 104Ch 偏移量 = 4004_804Ch

Bit	31 30 29 28	27 26 25 24	23 22 21 20	19 18 17 16	15 14 13 12	11 10 9 8	7 6 5 4 3 2 1 0
Read	NVMSIZE	PFSIZE	0	EESIZE	0	DEPART	0
Write							
Reset	X* X* X* X*	X* X* X* X*	X* X* X* X*	X* X* X* X*	X* X* X* X*	X* X* X* X*	X* X* X* X* X* X* X* X*

Notes:
- X=Undefined at reset.

SIM_FCFG1 位域描述如表 5-39 所列。

表 5-39 SIM_FCFG1 位域描述

位 域	描 述
27~24：PFSIZE	Flash 大小可指出设备上可用编程 Flash 存储器的大小。 00000000 保留； 00000001 保留； 00000010 32 KB 可编程 Flash,1 KB 保护区； 00000011 保留； 00000100 64 KB 可编程 Flash,2 KB 保护区； 00000101 保留； 00000110 保留； 00000111 128 KB 可编程 Flash,16 KB 保护区； 00001000 保留； 00001001 256 KB 可编程 Flash,32 KB 保护区； 00001010 保留； 00001011 保留； 00001100 512 KB 可编程 Flash,32 KB 保护区； 00001101~00001110 未定义； 11111111 保留
23~20：Reserved	保留位,只读,值为 0
19~16：EESIZE	EEPROM 大小即 EEPROM 数据大小。 0000 保留； 0001 保留； 0010 4 KB； 0011 2 KB； 0100 1 KB； 0101 512 Bytes； 0110 256 Bytes； 0111 128 Bytes； 1000 64 Bytes； 1001 32 Bytes； 1010~1110 保留； 1111 0 Bytes
15~12：Reserved	保留位,只读,值为 0

续表 5-39

位　域	描　述
11～8：DEPART	FlexNVM 分区对于有 FlexNVM 的设备：Flash/EEPROM 后备分区，参见 FTFL 中 DEPART 位的描述。对于没有 FlexNVM 的设备：保留
7～0：Reserved	保留位，只读，值为 0

18. Flash 配置寄存器 2(SIM_FCFG2)

地址：SIM_FCFG2-4004_7000h 基址＋1050h 偏移量＝4004_8050h

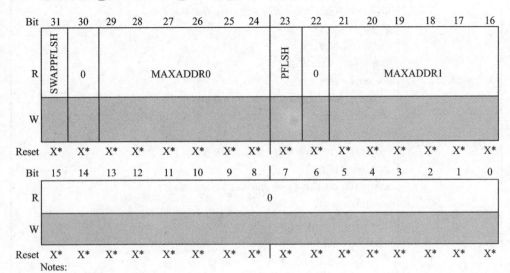

Notes:
- X=Undefined at reset.

表 5-40　SIM_FCFG2 位域描述

位　域	描　述
31：SWAPPFLSH	Swap 编程 Flash。对于没有 FlexNVM 的设备：只有 Swap 是激活的。 0　Swap 未激活； 1　Swap 激活
30：Reserved	保留位，只读，值为 0
29～24：MAXADDR0	最大地址块 0。此段指出第一个可用 Flash 地址块 0(编程 Flash 0)
23：PFLSH	编程 Flash 对于有 FlexNVM 的设备：指示块 1 是编程 Flash 或 FlexNVM。对于没有 FlexNVM 的设备，此位始终为 1。 0　对于有 FlexNVM 的设备：物理 Flash 块 1 被用于 FlexNVM；对于没有 FlexNVM 的设备：保留。 1　物理 Flash 块 1 被用于编程 Flash
22：Reserved	保留位，只读，值为 0

续表 5-40

位域	描述
21~16：MAXADDR1	最大地址块 1。此段指出第一个可用 Flash 地址块 1（编程 Flash 1 或 FlexNVM，由 PFLSH 指出）
15~0：Reserved	保留位，只读，值为 0

5.6 端口控制与中断(PORT)

端口控制与中断(PORT)模块支持外部中断、数字滤波和端口控制功能。对于 32 位端口的每个引脚都可以单独配置其功能，大多数功能都能直接影响端口，而无需考虑多路复用状态。

5.6.1 详细的引脚说明

详细的引脚说明如表 5-41 所列。

表 5-41 详细的引脚说明

引脚	输入/输出	描述	
PORTx[31:0]	输入/输出	外部中断	
		状态意义	引脚正为逻辑 1；引脚负为逻辑 0
		时间	在任何时刻都可以改变引脚状态，并且可以显示异步的系统时钟

5.6.2 寄存器映射与定义

1. 引脚控制寄存器 n(PORTx_PCRn)

对于 PORTA 的 PCR1~PCR5 寄存器的 0、1、6、8、9、10 位重置为 1；对于 PORTA_PCR0 寄存器的 0、1、6、8、9、10 位重置为 1；除 PCR1~PCR5 之外，其他寄存器的所有位都重置为 0。

地址:4004_9000h base+0h offset(4d x n),where n=0d~31d

Bit	31	30	29	28	27	26	25	24	23	22	21	20	19	18	17	16	15	14	13	12	11	10	9	8	7	6	5	4	3	2	1	0
Read	0							ISF	0								0				IRQC				LK	0			MUX				0	DSE	ODE	PFE	0	SRE	PE	PS
Write								w1c																								
Reset	0	0	0	0	0	0	0	0	0	0	0	0	0	0	0	0	0	0	0	0	0	0	0	0	0	0	0	0	0	0	0	0

PORTx_PCRn 位域描述如表 5-42 所列。

表 5－42　PORTx_PCRn 位域描述

位　域	描　述
31～25：Reserved	只读，值始终为 0
24：ISF	中断状态标志。 在所有的数字引脚复用模式，此引脚的中断配置有效。 0　配置中断未被检测到； 1　配置中断能被检测到。当该引脚配置为 DMA 请求方式，在完成 DMA 请求的传输后，将自动清除中断状态标志，直到向标志写逻辑 1，此标志才能设为 0。如果配置为低优先级中断，则保持中断值，然后此标志立即重置
23～20：Reserved	只读，值始终为 0
19～16：IRQC	中断配置。 在所有的数字引脚复用模式，此引脚的中断配置有效。相应的引脚配置与产生中断/DMA 请求情况如下： 0000　关闭中断/DMA 请求； 0001　上升沿触发 DMA 请求； 0010　下降沿触发 DMA 请求； 0011　上升或下降沿触发 DMA 请求； 0100　保留； 1000　逻辑零时触发中断； 1001　上升沿触发中断； 1010　下降沿触发中断； 1011　上升或下降沿触发中断； 1100　逻辑 1 时中断； 其他保留
15：LK	锁存寄存器。 0　引脚控制寄存器位[15:0]未锁定； 1　引脚控制寄存器位[15:0]被锁定，并且直到下一次系统重置才能更新
14～11：Reserved	只读，值始终为 0
10～8：MUX	引脚复用控制。 相应的引脚配置如下： 000　引脚禁用(模拟)； 001　选择 1 (GPIO)； 010　选择 2 (特定芯片)； 011　选择 3 (特定芯片)； 100　选择 4 (特定芯片)； 101　选择 5 (特定芯片)； 110　选择 6 (特定芯片)； 111　选择 7 (特定芯片/ JTAG / NMI)

续表 5-42

位域	描述
7：Reserved	只读，值始终为 0
6：DSE	驱动能力使能位。 在所有的数字引脚复用模式，此驱动能力有效。 0　如果引脚被配置为数字输出，相应的引脚配置成低驱动能力； 1　如果引脚被配置为数字输出，相应的引脚配置成高驱动能力
5：ODE	开漏使能位。 在所有的数字引脚复用模式，此开漏配置有效。 0　相应的引脚关闭开漏输出； 1　相应的引脚启用开漏输出，引脚被配置为数字输出
4：PFE	被动滤波器使能。 在所有的数字引脚复用模式，此被动滤波器配置有效。 0　相应的引脚关闭被动输入滤选器； 1　相应的引脚启用被动输入滤选器，引脚被配置为数字输入。在数字输入路径上启用低通滤波器(10～30 MHZ)。当引脚支持高速接口时(＞2 MHz)，关闭被动输入滤波器
3：Reserved	只读，值始终为 0
2：SRE	电压转换速率使能位。 在所有的数字引脚复用模式，此电压转换速率配置有效。 0　如果引脚被配置为数字输出，则相应的引脚配置快速电压转换速率； 1　如果引脚被配置为数字输出，则相应的引脚配置慢速电压转换速率
1：PE	上拉使能。 在所有的数字引脚复用模式，此上拉配置有效。 0　相应的引脚关闭内部上拉或下拉电阻； 1　相应的引脚启用内部上拉或下拉电阻，引脚作为数字输入
0：PS	上拉选择。 在所有的数字引脚复用模式，此上拉选择配置有效。 0　如果启用相应的端口上拉寄存器位被设置，则相应引脚使能内部下拉电阻。 1　如果启用相应的端口上拉寄存器位被设置，则相应引脚使能内部上拉电阻

2. 全局引脚控制低寄存器(PORTx_GPCLR)

地址：PORTA_GPCLR is 4004_9000h base＋80h offset＝4004_9080h
　　　PORTB_GPCLR is 4004_A000h base＋80h offset＝4004_A080h
　　　PORTC_GPCLR is 4004_B000h base＋80h offset＝4004_B080h
　　　PORTD_GPCLR is 4004_C000h base＋80h offset＝4004_C080h
　　　PORTE_GPCLR is 4004_D000h base＋80h offset＝4004_D080h

Bit	31 30 29 28 27 26 25 24 23 22 21 20 19 18 17 16	15 14 13 12 11 10 9 8 7 6 5 4 3 2 1 0
Read	0	0
Write	GPWE	GPWD
Reset	0 0 0 0 0 0 0 0 0 0 0 0 0 0 0 0	0 0 0 0 0 0 0 0 0 0 0 0 0 0 0 0

PORTx_GPCLR 位域描述如表 5-43 所列。

表 5-43 PORTx_GPCLR 位域描述

位 域	描 述
31~16:GPWE	全局引脚写使能。 当设置此位的值时,使相应引脚控制寄存器(0~15)的[0:15]位更新成全局引脚写数据域的值
15~0:GPWD	全局引脚写数据。 此位域的值都写到所有控制寄存器的[0:15]位。全局引脚写使能位域使能所有的控制寄存器,使相关的寄存器不被锁存

3. 中断状态标志寄存器(PORTx_ISFR)

在所有的数字引脚复用模式,此引脚中断配置有效。每个引脚的中断状态标志在相关引脚控制寄存器也是可见的。下列地址的每个标志都被清除。

地址：PORTA_ISFR is 4004_9000h base+A0h offset=4004_90A0h

PORTB_ISFR is 4004_A000h base+A0h offset=4004_A0A0h

PORTC_ISFR is 4004_B000h base+A0h offset=4004_B0A0h

PORTD_ISFR is 4004_C000h base+A0h offset=4004_C0A0h

PORTE_ISFR is 4004_D000h base+A0h offset=4004_D0A0h

Bit	31 30 29 28 27 26 25 24 23 22 21 20 19 18 17 16	15 14 13 12 11 10 9 8 7 6 5 4 3 2 1 0
Read	ISF	
Write	w1c	
Reset	0 0 0 0 0 0 0 0 0 0 0 0 0 0 0 0	0 0 0 0 0 0 0 0 0 0 0 0 0 0 0 0

PORTx_ISFR 位域描述如表 5-44 所列。

表 5-44 PORTx_ISFR 位域描述

位 域	描 述
31~0:ISF	中断状态标志。 在字段中的每一位指示作为相同数量的配置中断的检测。 0 配置中断未被检测到; 1 配置中断能被检测到。当该引脚配置为 DMA 请求方式,在完成 DMA 请求的传输时,将自动清除中断状态标志;直到向标志写逻辑 1,此标志才能设为 0。如果配置为低优先级中断,则保留中断,然后立即重置此标志位

4. 数字滤波使能寄存器(PORTx_DFER)

地址：PORTA_DFER is 4004_9000h base+C0h offset=4004_90C0h
   　　PORTB_DFER is 4004_A000h base+C0h offset=4004_A0C0h
   　　PORTC_DFER is 4004_B000h base+C0h offset=4004_B0C0h
   　　PORTD_DFER is 4004_C000h base+C0h offset=4004_C0C0h
   　　PORTE_DFER is 4004_D000h base+C0h offset=4004_D0C0h

Bit	31 30 29 28 27 26 25 24 23 22 21 20 19 18 17 16 15 14 13 12 11 10 9 8 7 6 5 4 3 2 1 0
Read / Write	DFE
Reset	0 0 0 0 0 0 0 0 0 0 0 0 0 0 0 0 0 0 0 0 0 0 0 0 0 0 0 0 0 0 0 0

PORTx_DFER 位域描述如表 5-45 所列。

表 5-45　PORTx_DFER 位域描述

位　域	描　述
31~0：DFE	数字滤波器使能。 在所有的数字引脚复用模式，数字滤波器配置有效。在系统重启时，每个数字滤波器的输出重置为零，并且数字滤波器处于禁用状态。 0　相应引脚的数字滤波器关闭，并且数字滤波器的输出重置为零。此字段中的每一位数字滤波器数量相同，且每位都能使能一个数字滤波器。 1　相应的引脚数字滤波器使能，引脚配置作为数字输入

5. 数字滤波时钟寄存器(PORTx_DFCR)

地址：PORTA_DFCR is 4004_9000h base+C4h offset=4004_90C4h
   　　PORTB_DFCR is 4004_A000h base+C4h offset=4004_A0C4h
   　　PORTC_DFCR is 4004_B000h base+C4h offset=4004_B0C4h
   　　PORTD_DFCR is 4004_C000h base+C4h offset=4004_C0C4h
   　　PORTE_DFCR is 4004_D000h base+C4h offset=4004_D0C4h

Bit	31 30 29 28 27 26 25 24 23 22 21 20 19 18 17 16 15 14 13 12 11 10 9 8 7 6 5 4 3 2 1 0
Read / Write	0 | CS
Reset	0 0 0 0 0 0 0 0 0 0 0 0 0 0 0 0 0 0 0 0 0 0 0 0 0 0 0 0 0 0 0 0

PORTx_DFCR 位域描述如表 5-46 所列。

表 5-46　PORTx_DFCR 位域描述

位　域	描　述
31~1：Reserved	只读，保留，且恒为 0
0：CS	时钟源。 在所有的数字引脚复用模式，数字滤波器配置有效。可为数字输入滤波器配置时钟源。只有禁用所有使能数字滤波器后，才能更改数字滤波器时钟源

6. 数字滤波器位宽寄存器(PORTx_DFWR)

在所有的数字引脚复用模式,数字滤波器配置有效。

地址：PORTA_DFWR is 4004_9000h base+C8h offset=4004_90C8h

　　　PORTB_DFWR is 4004_A000h base+C8h offset=4004_A0C8h

　　　PORTC_DFWR is 4004_B000h base+C8h offset=4004_B0C8h

　　　PORTD_DFWR is 4004_C000h base+C8h offset=4004_C0C8h

　　　PORTE_DFWR is 4004_D000h base+C8h offset=4004_D0C8h

Bit	31 30 29 28 27 26 25 24 23 22 21 20 19 18 17 16	15 14 13 12 11 10 9 8 7 6 5	4 3 2 1 0
Read	0		FILT
Write			
Reset	0 0 0 0 0 0 0 0 0 0 0 0 0 0 0 0	0 0 0 0 0 0 0 0 0 0 0	0 0 0 0 0

PORTx_DFWR 位域描述如表 5-47 所列。

表 5-47　PORTx_DFWR 位域描述

位　域	描　述
31～5：Reserved	只读,保留,且恒为 0
4～0：FILT	滤波器长度。 在所有的数字引脚复用模式,数字滤波器配置有效。配置的是使能的数字滤波器的毛刺(每个时钟周期)最大值。长于这个寄存器设置(每个时钟周期)的毛刺将通过数字滤波器,等于或小于这个寄存器设置(每个时钟周期)的毛刺将被过滤。只有在禁止所有的使能滤波器之后才能改变滤波器的长度

5.6.3　功能描述

1. 引脚控制

引脚控制寄存器的低位为每个引脚配置以下功能。这些功能适用于所有数字引脚复用模式,并且私有外设亦不重新配置在这个寄存器(例如,若引脚使能 I^2C 功能,那么此引脚的上拉或开环功能配置不会受影响)。

若引脚复用功能被配置为模拟量/禁止数字量,则该引脚的所有数字功能均被禁止。这些被禁止的功能包括：

① 上拉或下拉使能；

② 驱动强度和电压转换速率配置；

③ 开环使能；

④ 低通输入滤波器使能；

⑤ 引脚复用模式。

有一个锁定位可以使每个引脚的配置锁定直到系统复位。一旦被锁定,引脚控制寄存器的低位写入无效。若试图写一个被锁定的寄存器,则不会产生一个总线错误。

当PORT模块被禁止时,每个引脚控制寄存器的配置被保持。

2. 全局引脚控制

两个全局引脚控制任意一个寄存器的写操作,以更新引脚控制寄存器的低16位,而这两个引脚控制寄存器的值相同。被锁定的寄存器不能通过全局引脚控制寄存器写入。

全局引脚控制寄存器可以使程序快速配置一个端口的多个引脚,而这个端口具有相同的外设功能。

注意,中断相关的功能不可以通过全部引脚控制寄存器进行配置。

全部引脚控制寄存器只能写,读返回值始终为0。

3. 外部中断

PORT模块的外部中断功能在所有数字引脚复用模式下有效,并且此模式可以让PORT模块使能。每个引脚可以为下列外部中断模式进行单独的配置:

① 中断禁止(复位后默认);
② 高电平触发中断;
③ 低电平触发中断;
④ 上升沿触发中断;
⑤ 下降沿触发中断;
⑥ 边沿触发中断;
⑦ 上升沿触发DMA请求;
⑧ 下降沿触发DMA请求;
⑨ 边沿触发DMA请求。

当数字滤波器(若使能)或引脚(数字滤波器被禁止)的输出检测到配置好的沿跳变或电平时,中断状态标志将被置1。当不在停止模式时,输入首先要同步于总线时钟以检测配置的电平或边沿变化。

若中断状态标志位设置成可以使能端口的任何中断,那么PORT模块可以产生一个中断。当所有中断状态标志被清零时,则芯片不再接受中断。

若中断状态标志位设置成可以使能端口的任何DMA请求中断,则PORT模块可以产生一个DMA请求中断。当DMA传输完成后所有中断状态标志被清零时,不接受DMA请求。

在停止模式下,若检测到需要的电平或沿跳变,则任何使能所有中断(不是DMA请求)的中断状态标志将被异步设置,同时产生一个异步唤醒信号以退出低功耗模式。

4. 数字滤波器

若PORT模块使能,则PORT模块的数字滤波器功能在所有数字引脚复用功能有效。用于某个端口的数字滤波器的时钟可以被配置为小于总线时钟或1 kHz的

LPO 时钟。只有当某端口所有的数字滤波器功能被禁用时,这个选项才可以被更改。如果某端口的数字滤波器被配置为使用总线时钟,那么数字滤波器在停止模式下将被禁用(并且不更新)。

若某一端口的所有数字滤波器与以时钟为单位的滤波带宽相同,只有当这个端口的数字滤波器功能被禁用时,才能更改带宽值。

当系统复位数字滤波器功能被禁用时,每个数字滤波器的输出都是逻辑 0。一旦数字滤波器被使能,输入将与滤波时钟同步(总线时钟或 1 kHz 的 LPO 时钟)。如果数字滤波器的同步输入与输出保持不同的多个滤波器时钟周期,其中滤波器时钟周期等于滤波带宽,则数字滤波器的输出就等于同步滤波器的输入。

可以通过数字滤波器的最小频率等于两个或三个滤波器时钟周期加上滤波器带宽配置寄存器的值。

5.7 通用异步接收器/发送器(UART)

5.7.1 详细的信号说明

UART 的详细信号说明如表 5-48 所列。

表 5-48 UART 的详细信号说明

信号	I/O	说明	
CTS	I	清除发送。当流量控制启动时指示 UART 是否可以开始传输数据	
		状态含义	Asserted——数据传输可以开始。 Negated——数据传输不可以开始
		时间	Assertion——传输设备的 RTS 有效。 Negation——传输设备的 RTS 无效
RTS	O	请求发送。当接收器驱动时,指示 UART 是否准备接收数据。当发送器驱动时,在发送过程中可以启用外部收发器	
		状态含义	Asserted——当由接收器驱动时,准备好接收数据。当由发送器驱动时,可以启用外部发送器。 Negated——当由接收器驱动时,没有准备好接收数据。当由发送器驱动时,不可以启用外部发送器
		时间	Assertion——可能在任何时间出现;其他输入信号可能显示异步。 Negation——可能在任何时间出现;其他输入信号不可能显示异步
RXD	I	接收数据。串行数据输入到接收器	
		状态含义	RXD 被解释为 1 或 0 取决于随着其他配置设置的位编码方法
		时间	取样频率取决于模块时钟除以波特率

续表 5-48

信号	I/O	说明	
TXD	O	发送数据。从发送器输出串行数据	
		状态含义	TXD 被解释为 1 或 0 取决于随着其他配置设置的位编码方法
		时间	在开始或者一个位的时间内驱动取决于随着其他配置设置的位编码的方法。否则，传输的接收时间是独立的

5.7.2 存储模块映射

1. UART 波特率寄存器：低(UARTx_BDL)

该寄存器和 BDH 寄存器一起用于控制 UART 波特率发生器的预分频器。为了更新 13 位波特率设置(SBR[12:0])，首先写入 BDH 以缓存新值的高半位，然后写入 BDL。直到 BDL 被写入，BDH 中的工作值才会变化。

BDL 被复位为非零值，所以复位后波特率发生器保持禁用直到接收器或者发送器首次被启用(C2[RE]或 C2[TE]位被设置为 1)。

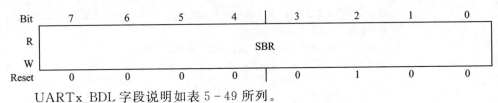

UARTx_BDL 字段说明如表 5-49 所列。

表 5-49 UARTx_BDL 字段说明

字段	说明
7~0：SBR	UART 波特率位。 UART 波特率由这 13 位确定。 注意：波特率发生器禁用直到 C2[TE]位或者 C2[RE]位在复位后首次被置位。当 SBR=0 时，波特率发生器禁用。 注意：因为写入 BDH 将数据放在一个临时位置，直到 BDL 被写入，所以之前如果没有写入 BDL，则对 BDH 写入没有影响。 注意：当 1/32 的窄脉冲宽度选择红外(IrDA)段时，波特率位必须是偶数，最重要的位是 0。请参阅 MODEM 的寄存器

2. UART 控制寄存器 1(UARTx_C1)

该读/写寄存器控制 UART 系统的各种可选功能。

UARTx_C1 位域描述如表 5-50 所列。

第 5 章 K60 单片机资源及相应操作

Bit	7	6	5	4	3	2	1	0
R W	LOOPS	UARTSWAI	RSRC	M	WAKE	ILT	PE	PT
Reset	0	0	0	0	0	0	0	0

表 5-50　UARTx_C1 位域描述

描　域	描　述
7：LOOPS	循环模式选择。 当 LOOPS 被设置时，RxD 引脚从 UART 断开，发送器输出内部连接到接收器输入。发送器和接收器必须能够使用循环功能。 正常操作。 循环模式。发送器输出内部连接到接收器输入的循环模式。接收器输入由 RSRC 位决定
6：UARTSWAI	UART 在等待模式停止。 在等待模式 UART 时钟继续运行。 当 CPU 在等待模式中时，UART 时钟冻结
5：RSRC	接收信号源选择。 这个位没有含义或影响，除非 LOOPS 位被设置。当 LOOPS 被设置时，RSRC 位决定接收器移位寄存器输入的信号源。 选择内部循环回转模式，接收器输入内部连接到发送器输出。 单线 UART 模式是接收器输入连接到发送器引脚输入信号
4：M	9 位或 8 位模式选择。 当 7816E 被设置或者启用时，这个位必须被设置。 正常——开始+8 位数据位(MSB/LSB 第一次作为由 MSBF 确定)+停止。 使用——开始+9 位数据位(MSB/LSB 第一次作为由 MSBF 确定)+停止
3：WAKE	接收器唤醒方法选择。 WAKE 决定哪个条件唤醒 UART：地址标记在接收数据字符或者接收引脚输入信号上的空闲条件的最高位位置。 0 空闲线唤醒； 1 地址标志唤醒
2：ILT	空闲线类型选择。 ILT 决定何时接收器开始计数，逻辑 1 当做空闲字符位。在一个有效的起始位或者停止位之后计数开始。如果起始位之后计数开始，那么停止位前的逻辑 1 的字符串可能导致空闲字符的错误识别。停止位后开始计数避免了错误的空闲字符识别，但是需要正确的同步传输。 注意：在 UART 用 ILT＝1 编程的情况下，接收停止位后逻辑 1′b0 自动移位，这样重置空闲计数

续表 5-50

位 域	描 述
2：ILT	注意：在 UART 为空闲线唤醒而编程的情况下（RWU=1 和 WAKE=0），当接收器开始计数且逻辑 1 作为空闲字符位时，ILT 没有影响。 0 空闲字符位计数在起始位后开始。 1 空闲字符位在停止位后开始
1：PE	奇偶校验位启用。 启用奇偶校验位功能。当校验位被启用时，校验位功能在停止位之前接添加位位置中一个奇偶校验位。当 7816E 被设置或启用时，这个位必须被设置
0：PT	校验位类型。 PT 决定了 UART 是否产生并检查奇校验位或者偶校验位。偶校验位中，1 的偶数个个数清除校验位，1 的奇数个个数设置校验位。奇校验位中，1 的奇数个个数清除校验位，1 的偶数个个数设置校验位。当 7816E 被设置或启用时，这个位必须清零。 0 偶校验 1 奇校验

3. UART 控制寄存器 2(UARTx_C2)

该寄存器可在任何时候被读或写。

Bit	7	6	5	4	3	2	1	0
R W	TIE	TCIE	RIE	ILIE	TE	RE	RWU	SBK
Reset	0	0	0	0	0	0	0	0

UARTx_C2 位域描述如表 5-51 所列。

表 5-51 UARTx_C2 位域描述

位 域	描 述
7：TIE	传送器中断或者 DMA 发送使能。 TIE 启动 S1[TDRE]标志位，根据 C5[TDMAS]的状态生成中断请求或者 DMA 传送请求。 注意：如果 C2[TE]和 C5[TDMAS]都被设置，那么 TCIE 必须被清零。在 DMA 请求服务外不能写 D[D]。 0 TDRE 中断和 DMA 发送请求禁用； 1 TDRE 中断或者 DMA 发送请求启动
6：TCIE	发送完成中断启动。 TCIE 启动发送完成标志，S1[TC]生成中断请求。 0 TC 中断请求禁用； 1 TC 中断请求启用

续表 5-51

位 域	描 述
5：RIE	接收器全部中断或 DMA 发送启动。 TIE 启动 S1[RDRF]标志位,根据 C5[RDMAS]的状态生成中断请求或者 DMA 传送请求。 0 RDRF 中断或 DMA 发送请求禁用； 1 RDRF 中断或 DMA 发送请求启动
4：ILIE	空闲线中断器启动。 ILIE 启动空闲线标志,S1[IDLE]根据 C5[ILDMAS]生成中断请求。 0 IDLE 中断请求禁用； 1 IDLE 中断请求启用
3：TE	传送启动。 TE 启动 UART 传送器。TE 位可以通过对 TE 位清零设置来排列空闲的序列。当 7816E 被设置或者启动时,C7816[TTYPE]=1,请求块被发送后这个位会自动清零。当 TL7816[TLEN]=0,另外 4 个字符被发送时,这个条件被检测。 0 传送物不工作； 1 传送物工作
2：RE	接收器启动。 RE 启动 UART 接收器。 0 接收器不工作； 1 接收器工作
1：RWU	接收器唤醒控制。 这个位可以被用来把 UART 接收器放在待机状态。当 RWU 事件发生时,RWU 自动清零。当 7816E 被设置时,这个位必须清零。 注意：如果通道当前非空闲状态,RWU 只能被设置为 1,并且 C1[WAKE]=0(闲置唤醒)。 这可以被 S2[RAF]标记检测。如果被设置为唤醒一个空闲事件并且通道一直是空闲的,则 UART 就有可能要丢弃数据。英文数据必须在空闲检测之后到被允许重新判断之前被收到(或者 LIN 间隔检测)。 正常操作。 RWU 启动唤醒功能并且抑制进一步的接收器中断请求,硬件通过自动对 RWU 清零唤醒接收器
0：SBK	发送间隔。 切换 SBK 发送一个间隔字符(如果 S2[BRK13]被清零,则有 10、11 或者 12 个逻辑 0 s;如果 S2[BRK13]被设置,则有 13 或 14 个逻辑 0 s)。切换意味着在间隔字符结束传送之前对 SBK 位清零。只要 SBK 被设置,传送器就继续发送完整的间隔字符(10、11 或者 12 位,或者 12 位、14 位)。当 7816E 被设置时,这个位必须被清零。 正常的传送操作。 排列间隔字符发送出去

4. UART 状态寄存器 1(UARTx_S1)

S1 寄存器为发生 UART 中断或者 DMA 请求提供输入到 MCU。该寄存器也可由 MCU 进行轮询来检测这些位的状态。为了清除一个标志,状态寄存器必须被读取,随后读或写入(根据中断标志类型)UART 数据寄存器。其他指令只要它不放弃对 I/O 的处理,可以在两个步骤之间执行,但是操作顺序对标志的清除是重要的。当一个标志被配置为触发 DMA 请求时,相关的 DMA 判断执行来自 DMA 控制器的信号,并清除标志。

注意:如果条件导致标志有效,那么中断或者 DMA 请求不会在清零标志前被解析,标志(和中断/DMA 请求)将会重新有效。例如,如果 DMA 或者中断服务程序未能写足够的数据到发送缓冲区并将其提高到水位标志之上,那么标志将会重启并且产生另外的中断或者 DMA 请求。

注意:读空数据寄存器来清除这些标志中的一个,会使 FIFO 指针避免失准。一个接受 FIFO 清除区会重新初始化指针。

Bit	7	6	5	4	3	2	1	0
R	TDRE	TC	RDRF	IDLE	OR	NF	FE	PF
W								
Reset	1	1	0	0	0	0	0	0

UARTx_S1 位域描述如表 5-52 所列。

表 5-52 UARTx_S1 位域描述

位 域	描 述
7:TDRE	发送数据寄存器空标志。 当发送缓冲区(D 和 C3[T8])中的数据字的数目等于或少于 TWFIFO[TXWATER]指示的数目时,TDRE 为 1。正在传输进程中的字符不包含在计数中。为了清除 TDRE,当 TDRE 为 1 时读 S1,然后写入 UART 数据寄存器(D)。为了使更有效的中断服务会被写入缓冲区,所有数据(除了最终值)应该写入 D/C3[T8]。然后 S1 可以在写最终数据结果前被读取,最终清除 TRDE 标志。这样更有效,因为 TDRE 将要重新判断直到水位标志超出。所以想要清除 TDRE,任何写入将会是无效的,直到有足够的数据被写入。 发送缓冲区中数据的数目比 TWFIFO[TXWATER]指示的数目多。 因为标志清零,故在某些点、某些时候发送缓冲区中数据字的数目等于或少于 TWFIFO[TX-WATER]指示的数目
6:TC	发送完成标志。 当有一个传输在进程中或者当有一个序列或间隔字符被加载时,TC 被清零。当传送缓冲区为空并且没有数据,序列或者间隔字符正在被传送时,TC 为 1。当 TC 为 1 时,传送数据输出信号变成空闲的(逻辑 1)。当 7816E 被设置或者启用时,这个位在任何一个 NACK 信号接收到之后且在任何一个防范时间期满之前设置。在 TC 为 1 时,读 S1 然后做下列事情之一,TC 会被清零: 写入 UART 数据寄存器(D)传送新数据; 通过清除然后设置 C2[TE]位排列序列; 通过写 1 到 C2 中的 SBK 排列间隔字符; 传送进行中(发送数据、序列或者间隔字符); 传送空闲中(传送进行完成)

续表 5-52

位 域	描 述
5：RDRF	接收数据寄存器满标志。 当接收缓冲区中数据字的数目等于或多于 TWFIFO[TXWATER]指示的数目时,RDRF 为 1。正在接收进程中的字符不包含在计数中。当 S2[LBKDE]设为 1 时,RDRF 只能为 0。另外,当 S2[LBKDE]为 1 时,接收的数据字会被存储在接收缓冲区中,但是会各自写入太多。为了清除 RDRF,RDRF 为 1 时读 S1,然后读 UART 数据寄存器(D)。为了进行更有效的中断和 DMA 操作,所有数据(除了最终值)通过 D/C3[T8]/ED 从缓冲区中读出。然后必须读 S1 并读最终数据结果,最终清除 RDRF 标志。即使 RDRF 标志为 1,数据也会继续被接收直到发生溢出。 接收缓冲区中数据字的数目少于 TWFIFO[TXWATER]指示的数目。 因为这个标志最终被清零,在某些点、某些时候接收缓冲区中数据字的数目等于或多于 TW-FIFO[TXWATER]指示的数目
4：IDLE	空闲线标志。 当 10 个连续的逻辑 1(如果 C1[M]=0)、11 个连续的逻辑 1(如果 C1[M]=1,C4[M10]=0),或者 12 个连续的逻辑 1(如果 C1[M]=1,C4[M10]=1,C1[PE]=1)出现在接收器输入中时,IDLE 为 1。IDLE 标志清零后,一个帧必须接收(虽然没有必要存储在数据缓冲中,例如如果 C2[RWU]为 1 时)或者一个 LIN 间隔字符必须在一个空闲状态可以设置 IDLE 标志之前,设置 S2[LBKDIF]标志。为了清除 IDLE,在 IDLE 为 1 时读 UART 状态 S1,然后读 D。当 7816E 设为 1 或者启用时,空闲检测不被支持,因此这个标志被忽略。 注意：当接收器唤醒位(RWU)被设为 1,并且 WAKE 被清零时,如果 RWUID 被设为 1,空闲线状态设置 IDLE 标志,否则 IDLE 标志不会标志 1。 接收器输入是进行的或者自从 IDLE 标志上一次清零后从来没进行。 接收器输入变成空闲的或者自从上一次判断后标志没被清零
3：OR	接收器溢出标志。 当软件没有成功防止接收数据寄存器数据溢出时,OR 为 1。因为缓冲区的数据溢出,而且所有其他的错误标志(FE、NF 和 PF)都被阻止设置,所以在停止位完成接收之后,OR 位直接设为 1。移位寄存器中的数据丢失,但是对总在 UART 数据寄存器中的数据没有影响。如果 OR 标志设为 1,即使有足够的空间存在,也没有数据会被存储在数据缓冲区中。另外,当 OR 标志设为 1 时,RDRF 标志、IDLE 标志将被判断为无效。为了让 OR 清零,当 OR 为 1 时,读 S1 然后读 UART 数据寄存器(D)。如果 LBKDE 使能并且检测到 LIN Break,S2[LBKDIF]标志在下一个数据字符被接收前没被清零,则 OR 位将会声明。在 7816 模式中,通过编程 C7816[ONACK]位有可能配置可以返回的 NACK 位。 自从上一次的标志未清除没有溢出发生。 溢出发生或者自从上一次溢出发生,溢出标志没被清除
2：NF	噪声标志。 当 UART 检测出噪声在接收器输入时,NF 为 1。在溢出或 LIN 间隔检测功能是否启用(S2[LBKDE]=1)的例子中,NF 位不为 1。当 NF 为 1 时,只表明自从上次它被清零后一个数据字已经带噪声被接收。为了 NF 清零,读 S1 然后读 UART 数据寄存器(D)。 自从上次这个标志清零后没有检测出噪声。如果接收缓冲区有深度大于 1,那么可能接收了带噪声的接收器缓冲区的数据。自从上次标志被清零后,最少一个数据字接收带检测的噪声

续表 5-52

位域	描述
1: FE	帧错误标志。 当逻辑 0 被接收当做停止位时, FE 设为 1。在溢出或 LIN 间隔检测功能是否启用(S2[LBK-DE]=1)的例子中, FE 不为 1。FE 禁止进一步的数据接收直到它被清零。为了 FE 清零, 在 FE 为 1 时, 读 S1, 然后读 UART 数据寄存器(D)。数据缓冲区中最后的数据代表了帧错误启用接收的数据。然而, 当 7816E 为 1 或者启用时帧错误不被支持。但是, 在 7816 模式中, 如果这个标志为 1, 则数据仍然将会不被接收。 没有检测到的帧错误。 帧错误
0: PF	奇偶校验错误标志。 当 PE 为 1, S2[LBKDE] 禁用, 并且接收数据的奇偶校验不符合它的奇偶校验位时, PF 为 1。在溢出的条件下, PF 不会设为 1。当 PF 位为 1 时, 仅仅表示自从上次它被清零后, 一个数据字带奇偶检验错误被接收。为了 PF 清零, 读 S1 然后读 UART 数据寄存器(D)。 自从上次这个标志清零后, 没有奇偶校验错误被检测出来。如果接收缓冲区有深度高于 1, 那么有可能数据在有奇偶校验错误的接收缓冲区中。 自从上次这个标志被清零后, 至少一个带有奇偶校验错误的数据字被接收

5. UART 状态寄存器 2(UARTx_S2)

S2 寄存器为生成 UART 中断或者 DMA 中断提供输入到 MCU。该寄存器也可由 MCU 进行轮询来检测这些位的状态。该寄存器可在任何时候被读或被写, 除 MSBF 和 RXINV 位外, 它们只能被传送和接收数据包的用户改变。

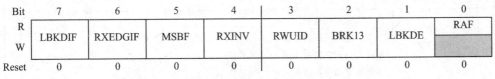

UARTx_S2 位域描述如表 5-53 所列

表 5-53 UARTx_S2 位域描述

位域	描述
7: LBKDIF	LIN 间隔检测中断标志。 当 LBKDE 被置位并且 LIN 间隔字符被检测到时, LBKDIF 被置位。当在接收数据中有 11 个连续的逻辑 0(如果 C1[M]=0)或者连续 12 个逻辑 0(如果 C1[M]=1)出现, 在接收到最后 LIN 间隔字符位时, LBKDIF 被置位。LBKDIF 通过写 1 来清零。 没有 LIN 间隔字符被检测。 LIN 间隔字符被检测

续表 5-53

位 域	描 述
6：RXEDGIF	RxD 引脚活动沿中断标志。 当发生一个活动的边沿（如果 RXINV＝0 为下降沿，RXINV＝0 为上升沿）时，RXEDGIF 被置位。 RXEDGIF 通过写 1 被清零，详见 RXEDGIF 部分。 接收引脚上没有活动沿发生。 接收引脚上有活动沿发生
5：MSBF	最高有效位优先。 设置该位，逆序了在线上传送和接收的顺序。该位不影响极性位、校验位、开始位或者停止位的位置。当 C7816[INT] 和 C7816[ISO7816E] 使能并且检测到初始字符时，该位自动置位或者清零。 LSB(位 0)是紧跟起始位传送的第一位。此外，起始位之后接收到的第一位被视为位 0。 MSB(位 8、位 7 或者 6)是紧跟起始位传送的第一位(C1[M]＝1,C1[PE]＝1)。此外，起始位之后的第一位被视为位 8、位 7 或者位 6(取决于 C1[M]＝1,C1[PE]＝1)的设置
4：RXINV	接收数据翻转。 设置该位，翻转了接收的输入数据的极性。在 NRZ 模式下，1 代表一个标志，0 代表一个正常的极性空间，极性相反。当 C7816[INT] 和 C7816[ISO7816E] 使能并且检测到初始字符时，该位自动置位或者清零。 接收数据没有翻转。 接收数据翻转了
3：RWUID	接收唤醒空闲检测。 该位使能超运行的错误标志(S1[OR])来产生中断请求。 紧接着空闲字符检测的 S1[IDLE]位未设为 1。 紧接着空闲字符检测的 S1[IDLE]位设为 1
2：BRK13	间隔传送字符长度。 该位使能干扰标志位(S1[NF])C 产生中断请求。 间隔字符是 10、11 或者 12 位长。 间隔字符是 13 或者 14 位长
1：LBKDE	LIN 间隔检测启动。 间隔字符在 10 位时间长度检测(C1[M]＝0)，11(C1[M]＝1,C4[M10]＝0)或者 12 位时间长度检测(C1[M]＝1,C4[M10]＝1,S1[PE]＝1)。 间隔字符在 11 位时间长度检测(C1[M]＝0)或者 12 位时间长度检测(C1[M]＝1)
0：RAF	接收器进行标志。 UART 接收器空闲/非进行时等待起始位

6. UART 控制寄存器 3(UARTx_C3)

写入 R8 位没有任何的影响。TXDIR 和 TXINV 位只能在发送和接收数据包之间被更改。

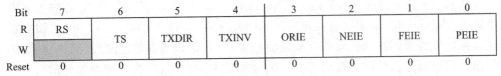

UARTx_C3 位域描述如表 5-54 所列。

表 5-54 UARTx_C3 位域描述

位域	描述
7：RS	接收位 8。 当 UART 为 9 位数据格式配置时(C1[M]=1 或者 C4[M10]=1),RS 接收的是第 9 位数据位
6：TS	传送位 8。 当 UART 为 9 位数据格式配置时(C1[M]=1 或者 C4[M10]=1),TS 发送的是第 9 位数据位
5：TXDIR	单线模式中传送器引脚数据方向。 0 在单线模式中 TXD 引脚是一个输入； 1 在单线模式中 TXD 引脚是一个输出
4：TXINV	发送数据倒置。 0 发送数据未被倒置； 1 发送数据被倒置
3：ORIE	溢出错误中断启动。 这个位启动溢出错误标志(S1[OR])生成中断请求。 0 OR 中断未启动； 1 OR 中断请求有效
2：NEIE	噪声误差中断启动。 这个位启动噪声标志(S1[NF])生成中断请求。 0 NF 中断请求无效； 1 NF 中断请求有效
1：FEIE	帧错误中断启动。 这个位启动帧错误标志(S1[FE])生成中断请求。 0 FE 中断请求无效； 1 FE 中断请求有效
0：PEIE	奇偶校验位错误中断启动。 这个位启动奇偶校验标志(S1[PF])生成中断请求。 0 PF 中断请求无效； 1 PF 中断请求有效

7. UART 数据寄存器(UARTx_D)

该寄存器其实是两个单独的寄存器。读操作返回只读接收数据寄存器中的内容,写操作只可写传送数据寄存器。

注意:① 在 8 位或 9 位数据格式中,只有 UART 数据寄存器(D)需要被访问来清除 S1[RDRF] 位(假设接收器缓冲区水平比 RWFIFO[RXWATER]低)。如果数据的第 9 位需要捕捉,则 C3 寄存器的值需要可读(在 D 寄存器之前)。同样地,如果数据字的附加标志位需要被记忆,则 ED 寄存器只需要可读(在 D 寄存器之前)。

② 在正常的 8 位模式中(M 位清零),如果奇偶校验位启用,那么会得到 7 个数据位和 1 个奇偶校验位。奇偶校验位将会被加载到 D 寄存器中。所以如果只关注数据位,则必须从该寄存器值中屏蔽奇偶校验位。

③ 当在 9 位数据格式中发送并使用 8 位写指令时,首先写来自发送 UART 控制寄存器 3(C3[T8])中的位 8,然后写 D。写入 C3[T8]存储了临时寄存器中的数据。如果 D 寄存器先被写,然后数据总线上的新数据存储在 D 寄存器中,而临时值(由上次写入 C3[T8])被存储在 C3[T8]寄存器中。

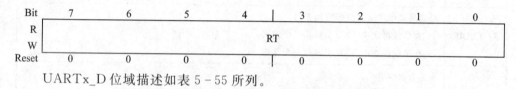

UARTx_D 位域描述如表 5-55 所列。

表 5-55 UARTx_D 位域描述

位域	描述
7~0: RT	读返回只读接收数据寄存器中的内容,写入只可写传送数据寄存器

8. UART 匹配地址寄存器 1(UARTx_MA1)

当最高有效位为 1 并且关联的 C4[MAEN]位为 1 时,MA1 和 MA2 寄存器比较输入数据地址。如果发生匹配,则随后的数据被传送到数据寄存器;如果匹配失败,则随后的数据将被丢弃。这些寄存器可以在任何时候被读/写。

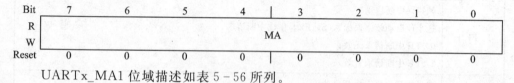

UARTx_MA1 位域描述如表 5-56 所列。

表 5-56 UARTx_MA1 位域描述

位域	描述
7~0: MA	地址匹配

9. UART 匹配地址寄存器 2(UARTx_MA2)

这些寄存器可以在任何时候被读/写。当最高有效位为 1 并且关联的 C4[MAEN]位为 1 时,MA1 和 MA2 寄存器比较输入数据的地址。如果发生匹配,则随后的数据被传送到数据寄存器;如果匹配失败,则随后的数据将被丢弃。

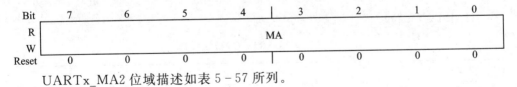

UARTx_MA2 位域描述如表 5-57 所列。

表 5-57　UARTx_MA2 位域描述

位　域	描　述
7~0：MA	地址匹配

10. UART 控制寄存器 4(UARTx_C4)

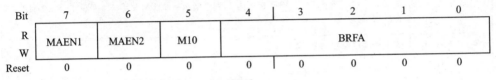

UARTx_C4 位域描述如表 5-58 所列。

表 5-58　UARTx_C4 位域描述

位　域	描　述
7：MAEN1	匹配地址模式启动 1。 更多信息请参见"匹配地址操作"中的内容。 如果 MAEN2 清零,那么所有接收的数据被传送到数据缓冲区。 最高有效位清零,所有接收的数据被丢弃。最高有效位为 1,所有接收的数据与 MA1 寄存器中的内容比较,如果没有匹配成功,那么数据被丢弃;如果匹配发生,那么数据传送到数据缓冲区。当 C7816[ISO7816E]设为 1 或者启动时,这个位必须清零
6：MAEN2	地址匹配模式启动 2。 如果 MAEN1 清零,那么所有接收的数据被传送到缓冲区。 最高有效位清零,所有接收的数据被丢弃。最高有效位为 1,所有接收的数据与 MA2 寄存器中的内容比较,如果没有匹配成功,那么数据被丢弃;如果匹配发生,那么数据传送到数据缓冲区。当 C7816[ISO7816E]设为 1 或者启动时,这个位必须清零
5：M10	10 位模式选择。 M10 位使得第十位成为串行传输的一部分。 奇偶校验位是串行传输中的第 9 位。 奇偶校验位是串行传输中的第 10 位
4~0：BRFA	波特率微调 这个位字段用来对一般的波特频率以 1/32 的增量来增加更多的时间分辨率

11. UART 控制寄存器 5(UARTx_C5)

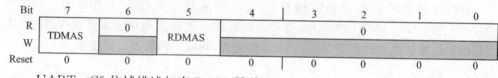

UARTx_C5 位域描述如表 5-59 所列。

表 5-59　UARTx_C5 位域描述

位　域	描　述
7：TDMAS	传送 DMA 选择。 如果 C2[TIE]为 1,则 TDMAS 配置发送数据寄存器空的标志 S1[TDRE]来生成中断或者 DMA 请求。 注意:如果 C2[TIE]被清零,则当 TDRE 标志被置位时,不管 TDMAS 的状态如何,TDRE DMA 和 TDRE 中断请求标志均无效。 如果 C2[TIE]为 1,S1[TDRE]标志为 1,那么请求中断服务判断 TDRE 中断请求信号。 如果 C2[TIE]为 1,S1[TDRE]标志为 1,那么请求一个 DMA 发送器判断 TDRE DMA 请求信号
6：Reserved	这个只读位保留,并且总是零值
5：RDMAS	接收器全部 DMA 选择。 如果 C2[RIE]为 1,则 RDMAS 配置接收器数据寄存器全部的标志 S1[RDRF]来生成中断或者 DMA 请求。 如果 C2[RIE]为 1,S1[RDRF]标志为 1,那么请求中断服务判断 RDRF 中断请求信号。 如果 C2[RIE]为 1,S1[RDRF]标志为 1,那么请求 DMA 传送判断 RDRF DMA 请求信号
4～0：Reserved	这个只读位保留,并且总是零值

12. UART 扩展数据寄存器(UARTx_ED)

该寄存器包括与一个已接收数据字一起存储的额外的信息标志。这个寄存器在任何时候可以被读,但是如果有数据字在接收 FIFO 中,则它只包含有效数据。

注意:① 包含在该寄存器中的数据表示附加的信息,该信息把条件看做数据字被接收。这个数据的重要性随应用程序而变化,在一些情况中可能完全可选择。无论何时 D 被读,这些字段都自动更新以反映下一个直接的情况。

② 如果 S1[NF]和 S1[PF]标志自从上一次接收缓冲区空时没有置位,则噪声和奇偶校验位将会变 0 值。

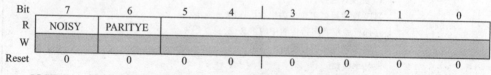

UARTx_ED 位域描述如表 5-60 所列。

表 5-60 UARTx_ED 位域描述

位域	描述
7：NOISY	包含在 D 和 C3[R8]中的当前接收的数据字带噪声被接收。 数据字接收没有噪声。 数据字接收有噪声
6：PARITYE	包含在 D 和 C3[R8]中的当前接收的数据字带奇偶校验错误被接收。 数据字接收没有奇偶校验错误。 数据字接收有奇偶校验错误
5～0：Reserved	只读位字段保留并且一直是零值

13. UART 调制解调器寄存器(UARTx_MODEM)

MODEM 寄存器控制设置调制解调器配置的选项。

注意：当 C7816[ISO7816EN]启用时，RXRTSE、TXRTSPOL、TXRTSE 和 TXCTSE 必须都被清零。这将会导致 RTS 在 ISO_7816 等待时间期间无效。ISO_7816 协议不会使用 RTS 和 CTS 信号。

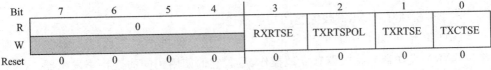

UARTx_MODEM 位域描述如表 5-61 所列。

表 5-61 UARTx_MODEM 位域描述

位域	描述
7～4：Reserved	这个只读位字段是保留的，并且一直是零值
3：RXRTSE	接收器请求发送启动。 允许 RTS 输出控制传送设备的 CTS 输入，来防止接收器溢出。 注意：不要同时设置 RXRTSE 和 TXRTSE。 接收器对 RTS 没有影响。 如果接收器数据寄存器(FIFO)中的字符数目等于或大于 RWFIFO[RXWATER]，那么 RTS 无效。当接收器数据寄存器(FIFO)中的字符数目少于 RWFIFO[RXWATER]时，RTS 无效
2：TXRTSPOL	发送器请求发送极性。 控制发送器 RTS 的极性。TXRTSPOL 不影响接收器 RTS 的极性。RTS 在低电平状态下会保持反状态，除非 TXRTSE 设为 1。 传送 RTS 低电平； 传送 TRS 高电平

续表 5-61

位域	描述
1：TXRTSE	发送器请求发送启动。 在一个传送的前后控制 RTS。 发送器不影响 RTS。 当一个字符放进一个空的发送器数据缓冲区(FIFO)时,起始位传送之前 RTS 判断一个位的时间
0：TXCTSE	发送器明确发送启动。 TXCTSE 控制发送器的操作。在 TXRTSE 和 RXRTSE 状态下,TXCTSE 可以独立设置。 CTS 对发送器没有影响。 启动明确发送操作。发送器检查 CTS 每次准备好发送字符的状态。如果 CTS 被判断,则字符发送了。如果 CTS 不明确,那么信号 TXD 保持在标号状态,并且传送延迟直到 CTS 被判断。CTS 中的作为一个字符正在被发送的改变不会影响到它的传送

5.7.3 功能描述

本小节提供了 UART 块完整的功能描述。

UART 允许 CPU 和远程设备包括其他 CPU 之间的全双工、异步、NRZ 串行通信。UART 发送器和接收器独立地操作,尽管它们使用相同的波特率发生器。CPU 监控 UART 的状态,写将被传送的数据,处理收到的数据。

1. 发送器

UART 发送器框图如图 5-5 所示。

(1) 发送器字符长度

UART 发送器可以容纳 8、9 或 10 位数据字符。C1[M] 和 C1[PE] 位和 C4[M10] 的状态决定数据字符的长度。当发送 9 位数据时,位 C3[T8] 是第 9 位(位 8)。

(2) 发送位的顺序

当 S2[MSBF] 位设为 1 时,UART 自动地发送数据字的最高有效位,并当做第一位紧跟在起始位之后。同样地,数据字的最低有效位也直接在奇偶校验位之前传送。所有必要的位顺序由模块自动处理,因此写入 D 寄存器传送数据的格式完全独立于 S2[MSBF] 设置。

(3) 字符发送

为了发送数据,MCU 使用 UART 数据寄存器(C3[T8]/D)写数据位到 UART 发送缓冲区中。发送缓冲区中的数据根据需要依次发送到发送移位寄存器中。发送移位寄存器通过发送数据输出信号移一个帧出来,这在它用任何需要的开始和停止位为自己作序之后发生。UART 数据寄存器(C3[T8]和 D)提供访问到发送缓冲区

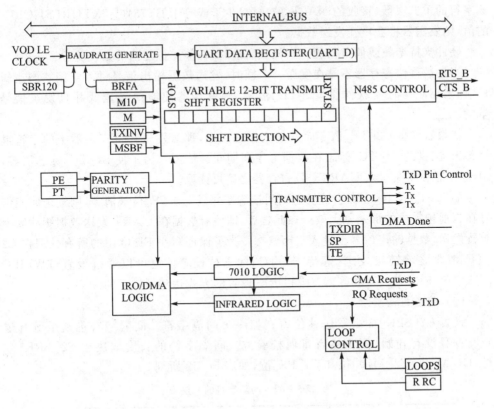

图 5-5 UART 发送器框图

结构中。

UART 也设置一个标志,即发送数据寄存器空标志(S1[TDRE])和发生中断或 DMA 请求(C5[TDMAS]),无论何时发送,缓冲区中数据字的数目都等于或小于 TWFIFO[TXWATER]指定的值。发送驱动程序可能通过使用(C3[T8]/D)作为空间允许写额外的数据字到发送缓冲区中来响应这个标志。

设置 C2[TE]位自动地加载了带有 10 个逻辑 1(如果 C1[M]=0)、11 个逻辑 1(如果 C1[M]=1 并且 C4[M10]=0),或者 12 个逻辑 1(如果 C1[M]=1 并且 C4[M10]=1、C1[PE]=1)的序言的发送移位寄存器。序言移出后,控制逻辑发送从 UART 数据寄存器的数据进入发送移位寄存器。发送器自动地发送在数据字之前和之后的正确的起始位和停止位。

当 C7816[ISO_7816E]=1 时,设置 C2[TE]位不会导致正在发生的序言。一旦响应的保护时间到期,发送器即开始发送。当 C7816[TTYPE]=0 时,GT 中的值被使用;当 C7816[TTYPE]=1 时,BGT 中的值被使用,因为假设 C2[TE]将保持有效直到块发送的终点。当在 C7816[TTYPE]=1 并且正在发送的块已经完成时,C2[TE]位自动地清零。当 C7816[TTYPE]=0 时,发送器侦听 NACK 指示。如果没有 NACK 被接收,则可以推测字符正确地被接收了。如果 NACK 被接收了,假设该字符的重试次数(接收的 NACK 的次数)少于或等于 ET7816[TXTHRESHOLD] 的值,则发送器将会重新发送数据。

硬件支持奇数或偶数校验。当校验启动时,在停止位之前的是校验位。

当发送移位寄存器不是在发送一个帧时,发送数据输出信号进入空闲状态逻辑 1。如果在任何时候软件将 C2[TE]清零,则发送器使能信号走低并且发送信号空闲。

如果软件将 C2[TE]清零而发送正在进程中,那么发送移位寄存器中的字符继续移出,提供的 S1[TC]标志在数据写序列期间被清零。为了使 S1[TC]标志清零,S1 寄存器必须在写入 UARTx_D 寄存器之后再读取。

如果 S1[TC]标志在字符发送期间被清零并且 C2[TE]位被清零,则发送使能信号在当前帧完成的那一刻无效。在此之后,即使有数据在 UART 发送数据缓冲区中等待发送,数据输出信号也进入空闲状态。为了保证写在 FIFO 中的所有数据在 C2[TE]清零之前链接发送,等待 S1[TC]标志被设置。也可以通过设置 TWFIFO[TXWATER]位 0X0 和等待 S1[TDRE]设置的方式达到同样目的。

(4) 发送间隔字符

设置 C2[SBK]加载发送移位寄存器一个间隔字符。间隔字符包括了所有逻辑 0 并且没有开始、停止或者奇偶校验位。间隔字符的长度取决于 S2[BRK13]位、C1[M]位、C2[M10]位和 C1[PE]位,如表 5-62 所列。

表 5-62 间隔字符的长度

BRK13	M	M10	PE	发送位
0	0	—	—	10
0	1	0	—	11
0	1	1	0	11
0	1	1	1	12
1	0	—	—	13
1	1	—	—	14

只要 C2[SBK]被设置,发送器逻辑就连续不断地加载间隔字符到发送移位寄存器中。软件对 C2[SBK]清零后,移位寄存器完成发送最后间隔字符,然后发送至少一个逻辑 1。间隔字符末尾的自动逻辑 1 保证了下一个字符的起始位的识别。间隔位在 C7816[ISO_7816E]为 1 或者启用时不被支持。

注意:当排列间隔字符时,当前正从移位寄存器中移出的数据值完成后,间隔字符将会被发送。这意味着数据在将被发送的数据缓冲区中排列,间隔字符将会先占排列的数据。排列的数据在间隔字符完成后将被发送。

(5) 空闲字符

空闲字符包括了所有的逻辑 1,并且没有起始位、停止位和奇偶校验位。空闲字符长度取决于 C1[M]和 C1[PE]位和 C4[M10]位。序言是设置 C2[TE]位之后开始第一次发送启动的同步空闲字符。当 C7816[ISO_7816E]设为 1 或者启动时,空闲字符不被发送或者检测。当数据不被发送时,数据 I/O 线处于非活动状态。

如果 C2[TE]位在发送中被清零,则发送数据输出信号在进程中的发送完成之后变为空闲。清零,然后在发送中设置 C2[TE]位,在传输中列出要在当前传输数据字之后发送的空闲字符。

注意:当排列空闲字符时,当前正从移位寄存器中移出的数据值完成后,空闲字符将会被发送。这意味着数据在将被发送的数据缓冲区中排列,空闲字符将会先占排列的数据。排列的数据在空闲字符完成后将被发送。如果 C2[TE]位被清零并且发送完成,那么 UART 不是 TXD 主引脚。

2. 接收器

(1) 接收器字符长度

UART 接收器可以容纳 8、9 或 10 位数据字符。C1[M]位、C1[PE]位和 C4[M10]位的状态决定数据字符的长度。当接收 9 或 10 位数据时,C3[R8]位是第 9 位(位 8)。

(2) 接收器位顺序

当 S2[MSBF]位设为 1 时,接收器操作使得在起始位后面接收的第一位是数据字的最高有效位。同样地,直接在奇偶校验位之前接收到的位(或者是奇偶检验禁用情况下的停止位)被当做数据字的最低有效位。所有必要的位顺序是由模块自动处理的,因此从接收器数据缓冲区读取的数据的格式完全地独立于 S2[MSBF]设置。

(3) 字符接收

在 UART 接收期间,接收移位寄存器从非同步接收器输入信号移进一个帧。一个完整的帧移进接收移位寄存器后,帧的数据部分发送到 UART 接收缓冲区中。另外,接收进程期间可能的噪声和奇偶校验错误标志也被复制到了 UART 接收缓冲区中。接收数据缓冲区通过 D 和 C3[T8]寄存器访问,认为是接收数据字的额外的接收信息标志可以在 ED 寄存器中被读。如果接收缓冲区中的结果是数据字数目等于或多于 RWFIFO[RXWATER]指定的数目,则 S1[RDRF]标志设为 1。如果 C2[RIE]也设为 1,则 RDRF 标志生成 RDRF 中断请求。另外,通过正确地编 C5[RD-MAS]位,DMA 请求可以被生成。

当 7816E 设为 1 或者启用并且 C7816[TTYPE]=0 时,字符接收操作略有不同。校验位接收后,校验位的有效性被检查。如果 C7816[ANACK]设为 1 并且奇偶校验检查失败,或者如果 INT 和接收字符不是有效的初始字符,那么 NACK 被接收器发送。如果连续接收错误的次数超过 ET7816[RXTHRESHOLD]设置的阈值,那么 IS7816[RXT]标志设为 1,并且如果 IE7816[RXTE]为 1,则中断产生。如果一个错误被检测(校验或无效初始字符),那么数据就不是从接收移位寄存器发送到接收缓冲区中的;相反,数据被下一个输入数据覆盖。

当 C7816[ISO_7816E]设为 1 或者启用,并且 C7816[ONACK]设为 1 或者启用时,接收的字符会导致溢出,NACK 的接收缓冲区由接收器发出。另外,S1[OR]标志设为 1,中断在合适的时候发出,移位寄存器中的数据被丢弃。

3. 波特率产生

波特率发生器中的 13 位模/数计数器和 5 位分数微调计数器为接收器和发送器派生了波特率。从 1~8 191 写入 SBR[SBR]位的值决定了模块时钟除数。SBR[SBR]位在 UART 波特率寄存器(BDH 和 BDL)中。波特率时钟与模块时钟同步并驱动接收器。分数微调计数器增加分数延迟到波特率时钟,来允许波特率精修以匹配系统波特率。被 16 除的波特率时钟驱动发送器。接收器每个位时间有 16 个样本的采样率。

波特率产生误差有两个来源:
- 模块时钟的整数除法可能不能给出精确的目标频率。这个错误可以用微调计数器的方法减缓。
- 与模块时钟同步可能导致相位移位。

$$UART 波特率 = UART 模块时钟/[16×(SBR[SBR]+BRFD)]$$

5.8 模拟到数字转换(ADC)

5.8.1 寄存器定义

1. ADC 状态控制寄存器 1(ADCx_SC1n)

SC1A 寄存器有软件和硬件触发两种操作模式。

为了使由外设激发的 ADC 转换有序进行,ADC 包含了不止一个状态和控制寄存器,每一个转换只能使用其中一个。SC1B-SC1n 显示了只在触发硬件操作模式下使用的多个 SC1 寄存器,可查阅设备 SC1 寄存器数量的相关配置信息。SC1n 寄存器有相同的位,用"ping-pong"方法控制 ADC 操作。

在任一时刻,只有一个 SC1n 寄存器能有效控制 ADC 转换。当 SC1n 有效控制 ADC 转换时,可以更新 SC1A(对于芯片的任何 SC1n 寄存器也同样如此)。

当 SC1A 有效控制一个转换并且取消当前转换时,可以对 SC1A 进行写操作。在软件触发模式下(ADTRG=0),对寄存器 SC1A 进行写操作的时候会开始一个新的转换。

同时,当 SC1n 寄存器有效控制一个转换并且取消当前状态时,可以对任何一个 SC1n 寄存器进行写操作。在软件触发操作模式下不能用 SC1B-SC1n 寄存器,因此对 SC1B-SC1n 进行写操作不会引起一个新的转换。

ADCx_SC1n 位域描述如表 5-63 所列。

Bit	31	30	29	28	27	26	25	24	23	22	21	20	19	18	17	16
Read									0							
Write																
Reset	0	0	0	0	0	0	0	0	0	0	0	0	0	0	0	0

Bit	15	14	13	12	11	10	9	8	7	6	5	4	3	2	1	0
Read				0					COCO	AIEN	DIFF			ADCH		
Write																
Reset	0	0	0	0	0	0	0	0	0	0	0	1	1	1	1	1

表 5-63 ADCx_SC1n 位域描述

位 域	描 述
31~8：Reserved	这些位为只读保留位，各位值为 0
7：COCO	转化完成标志。 COCO 标志位是只读的，当比较功能取消（ACFE=0），硬件均值功能也取消（AVGE=0）时，每当转换完成之后就会置位该位。当允许比较功能（ACFE=1）时，只有当比较结果是正确的且转换完成时才会置位 COCO 标记位。当硬件均值有效（AVGE=1）时，只有转换完成才会置位 COCO 标记位。当校准次序完成的时候，也会置位寄存器 SC1A 中的标记位 COCO。当对寄存器 SC1A 进行写操作或者对寄存器 Rn 进行读操作时，都会清除标记位 COCO。 0 转换没有完成； 1 转换完成
6：AIEN	中断使能。 AIEN 使能转换完成中断。当 AIEN 位为 1 时，置位 COCO 就会引发一个中断。 0 转换完成中断禁止； 1 转换完成时中断使能
5：DIFF	差分模式使能。 DIFF 配置 ADC 在差分模式下进行操作。当配置有效时，该模式会自动选择。一个差分通道，改变转换算法和周期号来完成转换。 0 选择单端转换和输入通道； 1 选择差分转换和输入通道
4~0：ADCH	输入通道选择。 ADCH 由 5 位组成，可以用于选择输入通道。输入通道解码依赖于 DIFF 位的值。DAD0~DAD3 与输入引脚对 DADPX 和 DADMX 有关。 当选择位全部设置为 1111 时，连续近似值转换器子系统会关闭。该特征可以明确地结束 ADC，同时可以将输入通道与所有其他的资源隔离开来

续表 5-63

位 域	描 述
4~0：ADCH	结束正在执行的转换可以防止新的转换发生。当正在执行的转换无效时,没有必要将通道选择位全部设置为1来将ADC置于低功耗状态,因为转换完成之后模块会自动进入低功耗状态。 00000　DIFF＝0,DADP0 选择为输入;DIFF＝1,DAD0 选择为输入。 00001　DIFF＝0,DADP1 选择为输入;DIFF＝1,DAD1 选择为输入。 00010　DIFF＝0,DADP2 选择为输入;DIFF＝1,DAD2 选择为输入。 00011　DIFF＝0,DADP3 选择为输入;DIFF＝1,DAD3 选择为输入。 00100　DIFF＝0,AD4 选择为输入;DIFF＝1,该位保留。 00101　DIFF＝0,AD5 选择为输入;DIFF＝1,该位保留。 00110　DIFF＝0,AD6 选择为输入;DIFF＝1,该位保留。 00111　DIFF＝0,AD7 选择为输入;DIFF＝1,该位保留。 01000　DIFF＝0,AD8 选择为输入;DIFF＝1,该位保留。 01001　DIFF＝0,AD9 选择为输入;DIFF＝1,该位保留。 01010　DIFF＝0,AD10 选择为输入;DIFF＝1,该位保留。 01011　DIFF＝0,AD11 选择为输入;DIFF＝1,该位保留。 01100　DIFF＝0,AD12 选择为输入;DIFF＝1,该位保留。 01101　DIFF＝0,AD13 选择为输入;DIFF＝1,该位保留。 01110　DIFF＝0,AD14 选择为输入;DIFF＝1,该位保留。 01111　DIFF＝0,AD15 选择为输入;DIFF＝1,该位保留。 10000　DIFF＝0,AD16 选择为输入;DIFF＝1,该位保留。 10001　DIFF＝0,AD17 选择为输入;DIFF＝1,该位保留。 10010　DIFF＝0,AD18 选择为输入;DIFF＝1,该位保留。 10011　DIFF＝0,AD19 选择为输入;DIFF＝1,该位保留。 10100　DIFF＝0,AD20 选择为输入;DIFF＝1,该位保留。 10101　DIFF＝0,AD21 选择为输入;DIFF＝1,该位保留。 10110　DIFF＝0,AD22 选择为输入;DIFF＝1,该位保留。 10111　DIFF＝0,AD23 选择为输入;DIFF＝1,该位保留。 11000　保留。 11001　保留。 11010　DIFF＝0,温度传感器选择为输入;DIFF＝1,温度传感器选择为输出。 11011　DIFF＝0,单通道选择为输入;DIFF＝1,双通道选择为输入。 11100　保留。 11101　DIFF＝0,VEREFSH 选择为输入;DIFF＝1,－VEREFSH 选择为输入。在 SC2 寄存器中参考电压由 REFSEL 位决定。 11110　DIFF＝0,VREFSL 选择作为输入;DIFF＝1,该位保留。在寄存器 SC2 中参考电压选择由 REFSEL 决定。 11111　模块停止工作

2. ADC 配置寄存器 1(ADCx_CFG1)

CFG1 寄存器可以选择操作模式,设置时钟源、时钟分频,为低功耗或者长时间采样进行配置。

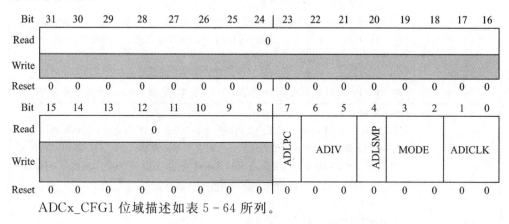

ADCx_CFG1 位域描述如表 5-64 所列。

表 5-64 ADCx_CFG1 位域描述

位 域	描 述
31~8：Reserved	这些位为只读保留位,各位值保持为 0
7：ADLPC	低功耗配置。 ADLPC 控制连续近似值转换器的电压配置。当不要求高采样率时,供电可以不充足。 0　正常供电配置； 1　低功耗配置。以最大时钟速率的代价降低功耗
6~5：ADIV	时钟分频选择。 ADIV 选择 ADC 使用的分频系数产生内部时钟 ADCK。 00　分频系数为 1,时钟频率为输入时钟； 01　分频系数为 2,时钟频率为输入时钟/2； 10　分频系数为 4,时钟频率为输入时钟/4； 11　分频系数为 8,时钟频率为输入时钟/8
4：ADLSMP	采样时间配置。 ADLSMP 会根据选择的转换模式选择不同的采样次数。该位能够根据采样周期进行调整,高阻抗输入以达到精确采样,或者低阻抗输入以达到最大转换速率。如果持续转换使能,同时不要求高转换率,则长时间采样也可以在更低的功耗状态下进行。当 ADLSMP=1,即长时间采样选择位置位时,可选择长时间采样的范围。 0　短时间采样； 1　长时间采样

续表 5-64

位 域	描 述
3～2：MODE	转换模式选择。 MODE 用做选择 ADC 需要的模式。 00　DIFF＝0，为单端 8 位转换；DIFF＝1，为带有二进制补码输出的 9 位差分转换。 01　DIFF＝0，为单端的 12 位转换；DIFF＝1，为带有二进制补码输出的 13 位差分转换。 10　DIFF＝0，为单端 12 位转换；DIFF＝1，为带有二进制补码输出的 13 位差分转换。 11　DIFF＝0，为 16 位的单端转换；DIFF＝1，为带有二进制补码输出的 16 位差分转换
1～0：ADICLK	输入时钟选择。 ADICLK 位选择输入时钟源来产生内部时钟 ADCK。注意，当选择 ADACK 为时钟源时，不要求提前开始转换。当选择该位同时又不需要提前开始转换（ADACKEN＝0）时，异步时钟在转换开始时有效，在转换结束时关闭。在这种情况下，每次时钟源再次有效时，都有一个相关的时钟开始时间延时。 00　总线时钟； 01　总线时钟/2； 10　交替时钟（ALTCLK）； 11　异步时钟（ADACK）

3. 配置寄存器 2(ADCx_CFG2)

CFG2 寄存器为高速转换选择特定的高速配置，在长采样模式下选择长时间持续采样。

Bit	31	30	29	28	27	26	25	24	23	22	21	20	19	18	17	16
Read	\multicolumn{16}{c}{0}
Write																
Reset	0	0	0	0	0	0	0	0	0	0	0	0	0	0	0	0

Bit	15	14	13	12	11	10	9	8	7	6	5	4	3	2	1	0
Read	0								0			MUXSEL	ADACKEN	ADHSC	ADLSTS	
Write																
Reset	0	0	0	0	0	0	0	0	0	0	0	0	0	0	0	0

ADCx_CFG2 位域描述如表 5-65 所列。

表 5-65　ADCx_CFG2 位域描述

位 域	描 述
31～8：Reserved	这些位为只读保留位，各位保持值为 0
7～5：Reserved	这些位为只读保留位，各位保持值为 0

续表 5-65

位域	描述
4：MUXSEL	ADC 复用选择。 ADC 复用选择位用于改变 ADC 复用设置，可以在可选的 ADC 通道之间进行选择。 0　选择 ADxxa 通道； 1　选择 ADxxb 通道
3：ADACKEN	异步时钟输出使能。 ADACKEN 可以使能异步时钟源，时钟源时钟输出与 ADC 转换和输入时钟选择的状态无关。根据 MCU 的配置，其他模块可以使用异步时钟。即使当 ADC 处于空闲或者来自不同时钟源的操作正在执行，也可设置该位允许时钟使能。同样，如果 ADACK 时钟已经在运行，则选择带有异步时钟的简单转换或者第一个连续转换操作的延时就会减少。 0　异步时钟输出禁止；只有 ADICLK 被选择同时转换也有效，异步时钟才能使能。 1　不管 ADC 的状态是什么，异步时钟和时钟输出都有效
2：ADHSC	高速配置。 ADHSC 配置 ADC 高速操作。通过改变转换时序来允许更高速率的转换时钟（两个 ADCK 被加进转换时间）。 0　选择正常转换时序； 1　选择高速转换时序
1~0：ADLSTS	选择长采样时间。 当选择了长采样时间（ADLSMP=1）时，ADLSTS 选择扩展采样时间中的一个。该特点允许高阻抗输入，可以达到精确采样或在低阻抗输入时，将转换速度最大化。如果不要求高转换率，当持续转换使能时，更长的采样时间可以降低功耗。 00　默认最长采样时间。（额外附加 0 个 ADCK 周期，总共 24 个 ADCK 周期） 01　额外附加 12 个 ADCK 周期；总共有 16 个 ADCK 周期的采样时间。 10　额外附加 6 个 ADCK 周期；总共有 10 个 ADCK 周期的采样时间。 11　额外附加 2 个 ADCK 周期；总共有 6 个 ADCK 周期的采样时间

4. ADC 数据结果寄存器(ADCx_Rn)

数据结果寄存器包含一个 ADC 转换结果，这个结果是通过通信状态和通道控制寄存器（SC1A：SC1n）选择产生的。对于每个状态和通道控制寄存器，都有一个相符合的数据结果寄存器。

在无符号右对齐模式下，寄存器 Rn 中没有使用的位会被清除，在有符号扩展的二进制补码模式下会携带符号位(MSB)。例如，当配置成 10 位的单端模式时，D[15:10]会被清除。当配置成 11 位的差分模式时，D[15:10]会携带符号位。

第 5 章　K60 单片机资源及相应操作

Bit	31	30	29	28	27	26	25	24	23	22	21	20	19	18	17	16	15	14	13	12	11	10	9	8	7	6	5	4	3	2	1	0
Read	0																D															
Write																																
Reset	0	0	0	0	0	0	0	0	0	0	0	0	0	0	0	0	0	0	0	0	0	0	0	0	0	0	0	0	0	0	0	0

ADCx_Rn 位域描述如表 5-66 所列。

表 5-66　ADCx_Rn 位域描述

位　域	描　述
31～16：Reserved	只读保留位，值保持为 0
15～0：D	数据结果

5. 比较值寄存器(ADCx_CVn)

比较值寄存器(CV1 和 CV2)包含一个比较值，当比较功能使能(ACFE=1)时，可以与转换结果的值做比较。在不同的操作模式下，该寄存器与数据结果寄存器一样由位的位置定义和值的格式组成(扩展的无符号或者有符号二进制补码)。因此比较功能只用 ADC 操作模式相关的比较值寄存器的位。比较值 2 寄存器(CV2)只有当比较区域功能使能时才用。

Bit	31	30	29	28	27	26	25	24	23	22	21	20	19	18	17	16	15	14	13	12	11	10	9	8	7	6	5	4	3	2	1	0
Read	0																CV															
Write																																
Reset	0	0	0	0	0	0	0	0	0	0	0	0	0	0	0	0	0	0	0	0	0	0	0	0	0	0	0	0	0	0	0	0

ADCx_CVn 位域描述如表 5-67 所列。

表 5-67　ADCx_CVn 位域描述

位　域	描　述
31～16：Reserved	这些位为只读保留位，各位值保持为 0
15～0：CV	比较值

6. 状态控制寄存器 2(ADCx_SC2)

SC2 寄存器有转换执行、硬件/软件触发选择、比较功能和 ADC 模块的参考电压选择等功能。

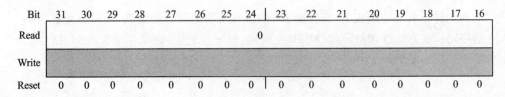

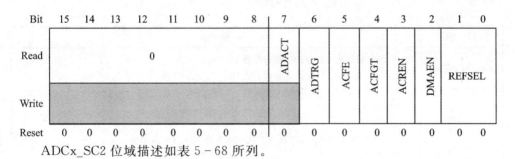

ADCx_SC2 位域描述如表 5-68 所列。

表 5-68 ADCx_SC2 位域描述

位 域	描 述
31~8: Reserved	这些位为只读保留位,保持值为 0
7: ADACT	转换执行。 ADACT 提示一个转换或者硬件计算均值命令是否正在执行。当转换开始时,ADACT 被置 1;当转换完成或者取消时,ADACT 就会被置 0。 0 转换未执行; 1 转换正在执行
6: ADTRG	转换触发选择。 ADTRG 选择触发类型用于开始一个转换操作。两个触发类型即软件触发和硬件触发都是可选择的。当选择软件触发时,转换就会根据对 SC1A 的写操作开始执行。当选择硬件触发时,在一个 ADHWTSn 输入脉冲结束之后,根据有效的 ADHWT 输入,转换就会开始执行。 0 选择软件触发; 1 选择硬件触发
5: ACFE	比较功能使能。 ACFE 使能比较功能。 0 比较功能禁止; 1 比较功能使能
4: ACFGT	比较功能比使能功能更多。 基于 ACREN 的值,ACFGT 配置比较功能来检查转换的结果及比较寄存器值之间的关系。为了使 ACFGT 使能,ACFE 位必须置位。 0 根据 CV1 和 CV2 寄存器中的值,配置检测到小于阈值,在范围之外不包含边界,在范围之内包含边界。 1 根据 CV1 和 CV2 寄存器中的值,配置检测到大于等于阈值,在范围之外包含边界,在范围之内不包含边界
3: ACREN	比较功能区域使能。 ACREN 配置比较功能,用于检查被监测的输入转换结果是在区域之间还是之外,这个区间是由 ACFGT 的值通过比较寄存器值 CV1 和 CV2 决定的。ACFE 位必须置位以保证 ACFGT 有效

第5章 K60 单片机资源及相应操作

续表 5-68

位 域	描 述
3: ACREN	0 区域功能禁止。只有比较值寄存器 CV1 做比较。 1 区域功能使能。比较值寄存器 CV1 与 CV2 都做比较
2: DMAEN	DMA 使能。 0 DMA 禁止； 1 DMA 使能,同时在 ADC 转换完成期间维持 ADC DMA 请求
1~0: REFSEL	参考电压选择。 REFSEL 位选择用于转换的参考电压源。 00 默认的电压引脚对(外部引脚 VREFH 和 VREFL)。 01 可选的参考电压对。这个电压对可能是附加的外部引脚或者是基于 MCU 配置的内部电压源。 10 保留。 11 保留。

7. 状态控制寄存器 3(ADCx_SC3)

SC3 寄存器控制 ADC 模块的校对、持续转换、硬件计算均值功能。

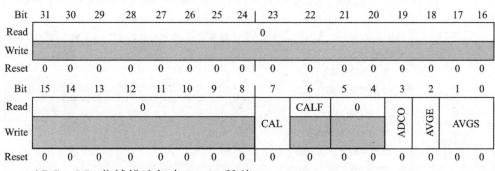

ADCx_SC3 位域描述如表 5-69 所列。

表 5-69 ADCx_SC3 位域描述

位 域	描 述
31~8: Reserved	这些位为只读保留位,值保持为 0
7: CAL	校对。 置位后 CAL 就开始校对过程。校对在进行时该位保持为 1,当校对持续完成之后该位清零。必须检查 CALF 位来确定校对过程的结果是否正确。一旦开始,校对的操作不能被写操作中断,结果必须有效并且 CALF 位置位。设置 CAL 位可以取消当前的任何转换

续表 5-69

位 域	描 述
6：CALF	校对失败标记。 CALF 会显示校对过程的结果。如果 ADTRG=1,则表示校对过程失败,说明有 ADC 寄存器在进行写操作,或者是在校对过程完成之前有停止模式进入。对该位写 1,可以清除该位 0　校对正常完成； 1　校对失败,不要求 ADC 的精确说明
5～4：Reserved	为只读保留位,各位保持值为 0
3：ADCO	持续转换使能。 ADCO 使能持续转换。 0　如果硬件计算均值使能,则在开始一个转换之后只有一个转换或者一组转换。 1　如果硬件计算均值使能,则在开始一个转换之后有持续的转换和多组转换
2：AVGE	硬件计算均值使能。 AVGE 使能 ADC 的硬件计算均值功能。 0　硬件计算均值功能禁止。 1　硬件计算均值功能禁止
1～0：AVGS	硬件计算均值选择。 AVGS 决定多少 ADC 转换的值求平均可得到 ADC 的均值。 00　4 个采样均值； 01　8 个采样均值； 10　16 个采样均值； 11　32 个采样均值

8. ADC PGA 寄存器(ADCx_PGA)

Bit	31	30	29	28	27	26	25	24	23	22	21	20	19	18	17	16
Read	\multicolumn{8}{c}{0}	PGAEN	0		PGALPB	\multicolumn{4}{c}{PGAG}
Write											0					
Reset	0	0	0	0	0	0	0	0	0	0	0	0	0	0	0	0

Bit	15	14	13	12	11	10	9	8	7	6	5	4	3	2	1	0
Read	\multicolumn{16}{c}{0}
Write																
Reset	0	0	0	0	0	0	0	0	0	0	0	0	0	0	0	0

ADCx_PGA 位域描述如表 5-70 所列。

表 5-70　ADCx_PGA 位域描述

位 域	描 述
31～24：Reserved	这些位为只读保留位,保持各位值为 0

续表 5-70

位 域	描 述
23：PGAEN	PGA 使能。 0　PGA 禁止； 1　PGA 使能
22：Reserved	该位为只读保留位，保持值为 0
21：Reserved	保留位
20：PGALPB	PGA 低功耗控制。 0　PGA 在低功耗下运行； 1　PGA 在正常模式下运行
19~16：PGAG	PGA 增益设置。 PGA 增益 = 2^(PGAG) 0000　1； 0001　2； 0010　4； 0011　8； 0100　16； 0101　32； 0110　64； 0111　之后的保留
15~0：Reserved	这些位为只读保留位，保持值为 0

5.8.2 功能描述

1. 时钟选择和分配控制

四个时钟源的任一个都可以作为 ADC 模块的时钟源。选择时钟源之后根据配置值产生转换器（ADCK）的输入时钟。通过 ADICLK 位可以选择以下时钟源。

总线时钟。这是默认选择。

总线时钟 2 分频。为了得到更高的总线时钟频率，通过设置 ADVI 位，最大可以使总线时钟 16 分频。

ALTCLK 是根据 MCU 定义的，涉及到芯片配置信息。

异步时钟（ADACK）。该时钟是产生于 ADC 模块中的一个时钟源。注意，当选择异步时钟源时，不要求时钟先于转换开始使能。当上述情况发生时（ADACKEN＝0），异步时钟在转换开始时使能，转换结束时关闭。在这种情况下，有一个相关的时钟会启动延迟，每个时钟源之后重新开始。

为了防止转换时间的差异性，ADACK 时钟启动延迟，可以设置 ADACKEN＝1。在使用 ADACK 时钟源进行初始化任何转换之前，最坏情况是等待 5 μs 启动时钟。当 MCU 在正常停止模式下，ADACK 作为输入时钟源时，转换也是可能的。

不管选择哪种时钟，时钟的频率必须下降到 ADCK 要求的频率区域内。如果有效时钟太慢，则 ADC 可能不按照规定的条件运行；如果有效时钟太快，则时钟必须分频到合适的频率。分频是由 ADIV 各位确定的，如 1 分频、2 分频、4 分频或 8 分频。

2. PGA 功能描述

可编程的增益放大器（PGA）用来放大有效范围，在低频信号到达 16 位的 SAR ADC 之前对其进行放大，可以实现该功能。放大器的增益区间在 1～64 之间（取值为 1、2、4、8、16、32、64）。该模块可用于差分输入，在电压值为 0～(1.2+0.01)V 时也可以用于输入信号的输出。PGA 输出的一般模式由 SARADC 的要求决定。

PGA 只有一个参考电压对。选择哪个电压对要根据选择的芯片和 MCU 的配置来定。参考地为 PGA 的模拟地。ADCPGA 寄存器允许控制 PGA 增益和操作模式。

3. 参考电压的选择

ADC 可以接受两个参考电压对中的一对作为参考电压进行转换操作。每对都带有一个有效的参考电压，它的值必须在最小参考高电压与 V_{DDA} 之间。同时参考地必须与 V_{SSA} 电压大小相同。这两对参考电压分别为外部参考电压（V_{REFH} 和 V_{REFL}）和可选参考电压（V_{ALTH} 和 V_{ALTL}）。这些参考电压是通过寄存器 SC2 中的 REFSL 位来选择的。可选参考电压对可能选择额外的外部引脚或内部资源，要根据 MCU 的配置来定。详见 MCU 关于参考电压芯片配置的信息。

4. 硬件触发和通道选择

ADC 模块有一个可选择的异步硬件转换触发器 ADHWT，当 ADTRG 置位以及硬件触发器选择的事件发生后，它就会被使能。该功能并不是在所有的 MCU 中都有效。关于 ADHW 的信息以及对 MCU ADHWTSn 配置细节，可以查阅芯片配置章节。

当一个 ADHWT 源有效，硬件触发器使能（ADTRG=1）时，在硬件触发器选择事件发生后，ADHWT 的上升沿转换就会开始。当一个转换操作正在执行时，在上升沿有一个触发操作，该上升沿被视为无效。在持续转换配置中，只有初始的上升沿持续转换操作才会被跟踪。在初始化该转换的同一个 ADC 状态控制寄存器下，ADC 会继续执行转换操作，直到转换完成后失效。硬件触发操作与任何转换模式和配置信息都是息息相关的。

在接收到 ADHWT 信号之前，硬件触发选择事件（ADHWTSn）必须被设置。如果不能达到该要求，转换器就会忽视触发操作并且可能使用错误的配置信息。如果在转换操作执行时硬件触发选择的事件得到维护，则它必须等待当前转换完成，直到接收到 ADHWT 信号才开始一个新的转换操作。转换的通道和状态位的选择要根据有效的触发选择信号（ADHWTSA active selects SC1A；ADHWTSn active selects SC1n）来定。

注意：

同时维护多于一个硬件触发选择信号会导致不可预知的结果。为了避免这种情况的发生，在下一个转换之前只选择一个硬件触发信号。

当转换完成之后，结果保存在数据寄存器中，它与 ADHWSn 接收位相关，转换完成标记位会置位；如果持续转换操作完成中断使能，则此时会产生一个中断。

5. 转换控制

可以按照 CFG1[MODE]描述的 CFG1[MODE]位和 SC1n[DIFF]位来执行转换操作。

转换可以由软件或者硬件方式触发。除此之外，ADC 模块可以配置成低功耗操作、长时间采样、持续转换，以及硬件均值和自动转换值比较。

6. 启动转换

在以下情况下转换可以开始：

如果选择了软件触发操作（ADTRG＝0），则此时对 SC1A 寄存器进行写操作（ADCH 各位不全为1）。

选择了硬件触发操作以及硬件触发事件已经发生之后，有一个硬件触发事件。通道和状态位的选择依赖于选择有效触发信号。

注意：

在转换完成之前，选择多于一个硬件触发信号会导致不可预知的结果。为了避免此种现象的发生，在转换完成之前只允许选择一个硬件触发信号。

当持续转换操作使能时（ADCO＝1），将结果传输到数据寄存器中。

如果持续转换使能，当前的转换完成之后，一个新的转换会自动执行。在软件触发操作模式下（ADTRG＝0），当对 SC1 寄存器写操作完成之后，持续转换就会执行直到无效。在硬件触发模式下（ADTRG＝1 同时有一个 ADHWTSn 事件发生），硬件触发事件发生之后，持续转换就会执行直到它无效。

当硬件计算均值功能使能时，转换完成之后就会自动开始一个新的转换直到正确的转换完成。在软件触发模式下，当对寄存器 SC1A 写操作完成之后转换就会开始。在硬件触发模式下，当一个硬件触发事件发生之后，转换就会开始。如果此时持续转换也有效，则当最后一个转换数完成之后就会对所有的转换数求均值。

7. 完成转换

当转换结果送到数据结果寄存器中时，转换就完成了。如果比较功能禁止，则可以通过设置 SC1n 寄存器中的 COCO 位来查看转换是否完成。硬件均值使能，只有当最后一个转换完成之后 COCO 才会置位。当比较功能禁止时，只有比较条件为真，COCO 位才会置位，同时转换结果会被传输。如果硬件计算均值和比较功能都使能，则只有当最后一个转换完成且比较条件是真时，COCO 位才会置位。当各自的 COCO 位置位且 AIEN 位保持为高时，产生一个中断。

8. 取消转换

以下情况都会取消转换操作：

当 SC1A 正在控制一个转换时,对它进行写操作,会取消当前转换。在软件触发模式下(ADTRG＝0),对 SC1A 寄存器进行写操作会引发一个新的转换(如果在 SC1A 中的 ADCH 位是等于一个不全为 1 的值)。当 SC1(B-n)寄存器正在控制相应的转换时,对其进行写操作就会取消当前转换操作。SC1(B-n)寄存器不能用在硬件触发操作模式下,因此对其进行写操作不会引发一个新的转换操作。

对除了 SC1A:SC1n 之外的所有 ADC 寄存器进行写操作,会取消当前转换。这说明操作模式已经发生了改变,因此改变当前操作就被视为无效了。

MCU 复位或者进入了低功耗停止模式。

MCU 进入了正常停止模式但 ADACK 没有使能。

当一个转换被取消时,数据寄存器中的内容不会改变。当最后一个转换操作成功完成之后,数据寄存器继续值的传输。如果转换复位或者低功耗停止模式取消,则 RA 和 Rn 就会回到它们复位时的状态。

5.8.3 初始化信息

本小节将详细阐述 ADC 模块的初始化过程。

1. 初始化顺序

在 ADC 用于转换完成之前,必须执行一个初始化步骤。典型的顺序如下：

① 校准 ADC 模块。

② 更新配置寄存器(CFG),选择输入时钟源和分频因子用于产生内部时钟 ADCK。这个寄存器也用来选择采样时间和低功耗配置。

③ 配置状态和控制寄存器 2(SC2),选择转换触发源(硬件或软件)和比较功能。

④ 配置状态和控制寄存器 3(SC3),选择连续转换模式或者单次转换模式,选择硬件平均功能。

⑤ 配置状态和控制寄存器(SC1:SC1n),选择转换是单端还是差分模式,使能或禁止转换完成中断,选择转换的输入通道。

⑥ 配置 PGA 寄存器,使能或禁止 PGA。这个寄存器也用来选择功耗模式以及模式是否为截波稳定的。

2. 伪代码示例

这个示例中,ADC 模块被配置成中断使能、单端 10 位转换的低功耗模式,采样时间为长采样时间,通道 1 输入,内部时钟源 ADCK 为总线时钟的 1 分频。流程图如图 5-6 所示。

CFG1 = 0x98 (％10011000)

Bit 7   ADLPC 1,低功耗模式。

Bit 6:5 ADIV 00，分频因子 1。
Bit 4 ADLSMP 1，长采样时间。
Bit 3:2 MODE 10，选择单值 10 位转换模式，差分 11 位转换模式。
Bit 1:0 ADICLK 00，选择总线时钟。
SC2 = 0x00（%00000000）
Bit 7 ADACT 0，转换过程中有标志指示。
Bit 6 ADTRG 0，软件触发。
Bit 5 ACFE 0，禁止比较功能。
Bit 4 ACFGT 0，此示例中无用。
Bit 3 ACREN 0，比较范围无效。
Bit 2 DMAEN 0，DMA 请求无效。
Bit 1:0 REFSEL 00，选择默认参考引脚对（外部引脚 VREFL 和 VREFL）。
SC1A = 0x41（%01000001）
Bit 7 COCO 0，转换完成后，表示只读。
Bit 6 AIEN 1，转换完成中断使能。
Bit 5 DIFF 0，单值转换模式。
Bit 4:0 ADCH 00001，输入通道 1 作为 ADC 输入通道。
RA = 0xxx
保存转换结果。
CV = 0xxx
当比较功能使能时，保存比较结果。

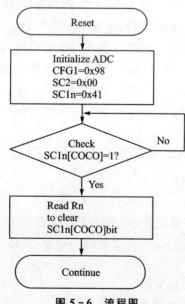

图 5-6 流程图

5.9 周期中断定时器

5.9.1 概述

周期中断定时器模块是一组可以用来产生中断和触发 DMA 通道的定时器。其框图如图 5-7 所示。

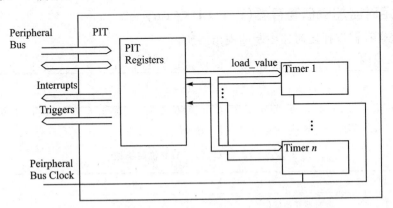

图 5-7 周期中断定时器框图

5.9.2 存储映像/寄存器描述

1. PIT 模块控制寄存器(PIT_MCR)

这个寄存器控制定时器时钟是否使能和定时器是否运行在调试模式。

Bit	31 30 29 28 27 26 25 24 23 22 21 20 19 18 17 16	15 14 13 12 11 10 9 8 7 6 5 4 3 2	1	0
Read	0	0	MDIS	FRZ
Write				
Reset	0 0 0 0 0 0 0 0 0 0 0 0 0 0 0 0	0 0 0 0 0 0 0 0 0 0 0 0 0 0	1	0

PIT_MCR 位域描述如表 5-71 所列。

表 5-71 PIT_MCR 位域描述

位 域	描 述
31~2：Reserved	这个只读位域是预留的，并且始终为 0
1：MDIS	模块禁止： 这是用来禁止模块时钟的。这个位必须在其他设置完成之前使能。 0 PIT 定时器时钟使能； 1 PIT 定时器时钟禁止

续表 5-71

位 域	描 述
0：FRZ	冻结 允许设备进入调试模式时,停止定时器。 0　在调试模式下定时器继续运行； 1　在调试模式下定时器停止

2. 定时器加载值寄存器(PIT_LDVALn)

这些寄存器选择定时器中断的溢出周期。

Bit	31 30 29 28 27 26 25 24 23 22 21 20 19 18 17 16	15 14 13 12 11 10 9 8 7 6 5 4 3 2 1 0
Read Write	TSV	
Reset	0 0 0 0 0 0 0 0 0 0 0 0 0 0 0 0	0 0 0 0 0 0 0 0 0 0 0 0 0 0 0 0

PIT_LDVALn 位域描述如表 5-72 所列。

表 5-72　PIT_LDVALn 位域描述

位 域	描 述
31~0：TSV	定时器开始值位。 这些位设置定时器开始值。定时器将会倒计数,直到为 0,产生一个中断后再加载这个寄存器的值。向这个寄存器写入新值不会重启定时器,相反在定时器到期后才会加载新值。为了取消当前周期,以新值开始一个定时器周期,则必须先禁止定时器再使能定时器

3. 当前定时器值寄存器(PIT_CVALn)

这些寄存器指示当前定时器的位置。

Bit	31 30 29 28 27 26 25 24 23 22 21 20 19 18 17 16	15 14 13 12 11 10 9 8 7 6 5 4 3 2 1 0
Read Write	TVL	
Reset	0 0 0 0 0 0 0 0 0 0 0 0 0 0 0 0	0 0 0 0 0 0 0 0 0 0 0 0 0 0 0 0

PIT_CVALn 位域描述如表 5-73 所列。

表 5-73　PIT_CVALn 位域描述

位 域	描 述
31~0：TVL	当前定时器值。 如果使能了定时器,则这些位就代表了当前定时器的值。如果定时器被禁止了,则不要使用这些位域的值,因为这些值是不可靠的。 注意:定时器使用一个递减计数器。如果 MCF[FRZ]位被设置了,那么定时器的值在调试模式时被冻结

4. 定时器控制寄存器(PIT_TCTRLn)

这些寄存器包括了每个定时器的控制位。

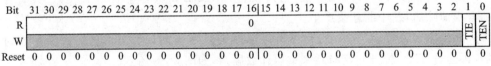

PIT_TCTRLn 位域描述如表 5-74 所列。

表 5-74 PIT_TCTRLn 位域描述

位 域	描 述
31～2: Reserved	这个只读位域是预留的,始终为 0
1: TIE	定时器中断使能位。 在一个中断未决定时(TIF 已设置),开启中断将会立即产生一个中断事件。为了避免这个事件发生,相关的 TIF 标志必须先清除。 0 来自定时器 n 的中断请求被禁止; 1 不论 TIF 是否被设置,中断都会被请求
0: TEN	定时器使能位。 这个位开启或禁止定时器。 0 定时器 n 禁止; 1 定时器 n 有效。

5. 定时器标志寄存器(PIT_TFLGn)

这些寄存器占有 PIT 中断标志。

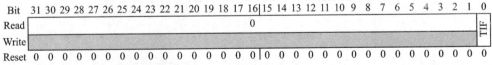

PIT_TFLGn 位域描述如表 5-75 所列。

表 5-75 PIT_TFLGn 位域描述

位 域	描 述
31～1: Reserved	这个只读位域是预留的,始终为 0
0: TIF	定时器中断标志。 TIF 在定时器周期结束时置 1。只有在写入 1 时该标志才被清除,写 0 无效。如果使能(TIE),则 TIF 产生一个中断请求。 0 超时也不发生; 1 超时发生

5.9.3 功能描述

1. 定时器

定时器在开启后周期性触发。定时器加载开始值,如同在 LDVAL 寄存器中描述的,递减计数直到为 0。然后再加载各自的开始值。每次定时器计数到 0 时,将产生一个触发脉冲,并且设置中断标志。

所有的中断可以开启或屏蔽(通过设置 TCTRL 寄存器中断 TIE 位)。只有在前者被清除后,新中断才会产生。

如果需要,通过 CVAL 寄存器可以读取定时器当前计数器的值。先关闭定时器,再通过 TEN 位开启定时器来重启计数周期,如图 5-8 所示。

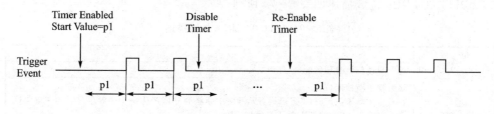

图 5-8 重启计数周期

一个正在运行的定时器的计数周期可以通过先关闭定时器,设置一个新的加载值,然后再开启定时器来修改,如图 5-9 所示。

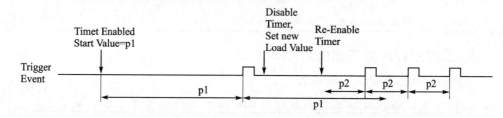

图 5-9 改变计数周期(1)

也可以通过向 LDVAL 寄存器写入新值而不用重启定时器来改变计数周期。这个值将会在下一次出发事件后被加载,如图 5-10 所示。

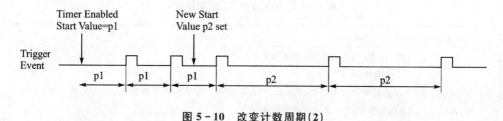

图 5-10 改变计数周期(2)

2. 中　断

所有定时器支持中断的产生,并根据 MCU 说明中断相关向量的地址和优先级。

定时器中断可以通过设置 TIE 位来使能。定时器中断标志(TIF)在相关的定时器溢出发生时被置 1,通过向 TIF 位写入 1 来清零。

配置示例:

PIT 时钟频率可达 50 MHz。

定时器 1 每隔 5.12 ms 产生一次中断。

定时器 3 每隔 30 ms 产生一次触发事件。

首先,必须向 MCR 寄存器中断 MDIS 位写 0 来激活 PIT 模块。50 MHz 的时钟频率相当于每个时钟周期为 20 ns。定时器 1 需要每隔 5.12 ms/20 ns＝256 000 个周期触发,定时器 3 需要 30 ms/20 ns＝1 500 000 个周期。LDVAL 寄存器的触发值计算如下：

$$\text{LDVAL 触发} = (\text{周期/时钟周期}) - 1$$

这就是说 LDVAL1 应当写入 0x0003E7FF,LDVAL3 应当写入 0x0016E35F。

通过设置 TCTRL1 寄存器中的 TIE 开启定时器 1 的中断。向 TCTRL1 寄存器的 TEN 位写 1 开启定时器。

定时器 3 仅用来触发。因此定时器 3 通过向 TCTRL3 寄存器的 TEN 位写 1,位 TIE 保持 0 来开启。

5.10 弹性定时器(FlexTimer,FTM)

1. 状态和控制寄存器(FTMx_SC)

SC 包含溢出状态标志和用来配置中断的使能位,还有时钟源和预分频因子的控制位。这些控制与这个模块的所有通道相关。

地址：FTM0_SC-4003_8000h base+oh offset＝4003_8000h

FTM1_SC-4003_9000h base+oh offset＝4003_9000h

FTM2_SC-400B_8000h base+oh offset＝400B_8000h

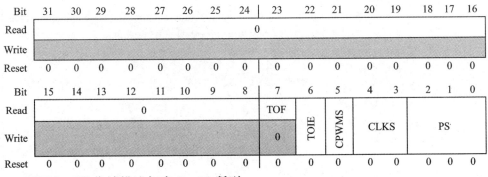

FTMx_SC 位域描述如表 5-76 所列。

表 5-76 FTMx_SC 位域描述

位 域	描 述
31～8：Reserved	这个只读位域被保留,值常为 0

续表 5-76

位 域	描 述
7：TOF	定时器溢出标志。 当 FTM 计数器超过 MOD 寄存器中的值时，被硬件置位。当 TOF 被置位时，读 SC 寄存器，将 TOF 位写 0 会清除 TOF，将 TOF 写 1 则没有影响。如果在读和写操作之间发生另一个 FTM 溢出事件，写操作将没有效果。因此，TOF 仍然是置位的，指明溢出产生。在这种情况下，因为先前的 TOF 清除序列而导致中断请求没有丢失
6：TOIE	定时器溢出中断使能。 使能 FTM 溢出中断。 0　禁止 TOF 中断，使用软件轮询； 1　使能 TOF 中断，当 TOF 等于 1 时产生中断
5：CPWMS	选择中间对齐 PWM。 选择 CPWM 模式。这个模式配置 FTM 操作在增加/减少计数模式。 这个域被写保护。只有当 MODE[WPDIS]=1 时，该位才能写。 0　FTM 计数器工作在增加计数模式； 1　FTM 计数器工作在增加/减少计数模式
4～3：CLKS	时钟源选择。 从三个 FTM 计数器时钟源中选择一个。 这个域是写保护的。当 MODE[WPDIS]=1 时，它才能被写。 00　没有选择任何时钟（实际上是禁止 FTM 计数器）； 01　系统时钟； 10　固定频率时钟； 11　外部时钟
2～0：PS	预分频因子选择 从 8 个分频因子当中为由 CLKS 选择的时钟源选择一个分频因子。这个预分频因子在新值更新到寄存器位后的下个系统时钟周期时对时钟源开始起作用。 这个域是写保护的。当 MODE[WPDIS]=1 时，它只能被写。 000　除以 1； 001　除以 2； 010　除以 4； 011　除以 8； 100　除以 16； 101　除以 32； 110　除以 64； 111　除以 128

2. 计数器寄存器(FTMx_CNT)

CNT 寄存器包含 FTM 计数器的值。

复位会清 CNT 寄存器。写任何值到 COUNT 中会将计数器更新为它的初始值

CNTIN)。

Bit	31 30 29 28 27 26 25 24 23 22 21 20 19 18 17 16	15 14 13 12 11 10 9 8 7 6 5 4 3 2 1 0
Read	0	COUNT
Write		
Reset	0 0 0 0 0 0 0 0 0 0 0 0 0 0 0 0	0 0 0 0 0 0 0 0 0 0 0 0 0 0 0 0

FTMx_CNT 位域描述如表 5-77 所列。

表 5-77　FTMx_CNT 位域描述

位　域	描　述
31～16:Reserved	只读位域被保留,总是为 0
15～0:COUNT	计数器值

3. 模/数寄存器(FTMx_MOD)

这个模/数寄存器包含 FTMFTM 计数器的模值。当 FTMFTM 计数器达到模寄存器的值时,下个时钟周期溢出标志(TOFTOF)被置位,FTMFTM 计数器的下一个值取决于所选的计数方式(器)。

写 MOD 寄存器会将值锁到缓冲区中。根据写来更新,MOD 寄存器会被写缓冲区中的值所更新。

如果 FTMEN=0FTMEN=0FTMEN=0FTMEN=0,则写一致机制可以通过 SC 寄存器(不论 BDMBDM 是否激活)而手动复位。

推荐在写 MOD 寄存器之前初始化 FTMFTM 计数器。

地址:FTM0_MOD-4003_8000h base+8h offset=4003_8008h
　　　FTM1_MOD-4003_9000h base+8h offset=4003_9008h
　　　FTM2_MOD-400B_8000h base+8h offset=400B_8008h

Bit	31 30 29 28 27 26 25 24 23 22 21 20 19 18 17 16	15 14 13 12 11 10 9 8 7 6 5 4 3 2 1 0
Read	Reserved	MOD
Write		
Reset	0 0 0 0 0 0 0 0 0 0 0 0 0 0 0 0	0 0 0 0 0 0 0 0 0 0 0 0 0 0 0 0

FTMx_MOD 位域描述如表 5-78 所列。

表 5-78　FTMx_MOD 位域描述

位　域	描　述
31～16:Reserved	预留,只读,值为 0
15～0:MOD	模值

4. 通道 n 状态和控制寄存器(FTMx_CnSC)

该寄存器包含了通道中断状态标志和用于配置中断使能、通道位置、引脚功能的控制位。

模式、边沿和级别选择模式如表 5-79 所列。

表 5-79　模式、边沿和级别选择模式

DECAPEN	COMBINE	CPWMS	MSnB:MSnA	ELSnB:ELSnA	模式	配置
X	X	X	XX	0	无	引脚不用于FTM
0	0	0	0	1	输入捕捉	上升沿
				10		下降沿
				11		沿跳变
			1	1	输出比较	电平翻转
				10		低
				11		高
			1X	10	边缘对齐PWM	正极性
				X1		负极性
		1	XX	10	中心对齐PWM	正极性
				X1		负极性
	1	0	XX	10	合并PWM	正极性
				X1		负极性
1	0	0	X0		边沿跳变捕捉	单次短捕捉模式
			X1			连续捕捉模式

双沿捕捉模式如表 5-80 所列。

表 5-80　双沿捕捉模式

ELSnB	ELSnA	通道使能	边沿检测
0	0	禁止	无
0	1	使能	上升沿
1	0	使能	下降沿
1	1	使能	沿跳变

Bit	31	30	29	28	27	26	25	24	23	22	21	20	19	18	17	16	15	14	13	12	11	10	9	8
Read Write											Reserved													
Reset	0	0	0	0	0	0	0	0	0	0	0	0	0	0	0	0	0	0	0	0	0	0	0	0

Bit	7	6	5	4	3	2	1	0
Read Write	CHF	CHIE	MSB	MSA	ELSB	ELSA	Reserved	DMA
Reset								

FTMx_CnSC 位域描述如表 5-81 所列。

表 5-81 FTMx_CnSC 位域描述

位域	描述
31~8:Reserved	预留,只读,值为 0
7:CHF	通道标志。 当通道有事件触发时,此位被硬件置位。当 CHnF 被置位时,读 CSC 寄存器可以清 CHF。 写 1 无效
7:CHF	如果在读/写操作时发生另一个事件,则写操作无效;因此当事件发生时,CHF 不会变。 0 无通道事件发生; 1 有通道事件发生
6:CHIE	通道中断使能位。 0 禁止; 1 使能
5:MSB	通道模式选择位。 在通道逻辑中,用于进一步的选择。它的功能取决于通道模式。 此位已被写保护。当 MODE[WPDIS] = 1 时才可写
4:MSA	通道模式选择位。 在通道逻辑中,用于进一步的选择。它的功能取决于通道模式。 此位已被写保护。当 MODE[WPDIS] = 1 时才可写
3:ELSB	边沿或级别选择位。 ELSB 和 ELSA 的功能取决于通道模式。 此位已被写保护。当 MODE[WPDIS] = 1 时才可写
2:ELSA	边沿或级别选择位。 ELSB 和 ELSA 的功能取决于通道模式。 此位已被写保护。当 MODE[WPDIS] = 1 时才可写
1:预留	预留,只读,值为 0
0:DMA	DMA 使能位。使能 DMA 传输。 0 禁止; 1 使能

5. 通道 n 值寄存器(FTMx_CnV)

这些寄存器包括了输入捕捉模式下捕捉的 FTM 计数器的值或者输出比较模式下的匹配值。在输入捕捉、捕捉测试和双边沿捕捉模式下,写 CnV 无效。

在输出比较模式下,写 CnV 寄存器将会把写入的值装载到缓冲中。一个 CNV 寄存器根据重写更新的寄存器缓冲区来更新其写入缓冲区的值。

如果 FTMEN=0,则写一致性机制可通过写入 CNSC 寄存器(不论 BDM 模式是否活跃)手动复位。

地址:FTM0_COV-4003_8000h base+10h offset=4003_80010h

FTMx_CnV 位域描述如表 5-82 所列。

Bit	31 30 29 28 27 26 25 24 23 22 21 20 19 18 17 16	15 14 13 12 11 10 9 8 7 6 5 4 3 2 1 0
Read	0	VAL
Write		
Reset	0 0 0 0 0 0 0 0 0 0 0 0 0 0 0 0	0 0 0 0 0 0 0 0 0 0 0 0 0 0 0 0

表 5-82 FTMx_CnV 位域描述

位域	描述
31～16:Reserved	预留,只读,值为 0
15～0:VAL	通道值。捕捉到的 FTM 计数器的值或输出比较输出匹配值

6. 计数器初始值寄存器(FTMx_CNTIN)

该寄存器包括 FTM 计数器的初始值。

写该寄存器会将值装载到缓冲区中。这个 CNTIN 寄存器根据重写更新的寄存器缓冲区来更新其写入缓冲区的值。

FTM 时钟选定的第一次(第一次写入更改 CLKS 位,非零值),以 0x0000 值开始 FTM 计数器。要避免此行为,选择 FTM 时钟首次写入之前,应将新的值写入 CNTIN 寄存器,然后初始化 FTM 计数器(写 CNT 注册记录册的任何值)。

Bit	31 30 29 28 27 26 25 24 23 22 21 20 19 18 17 16	15 14 13 12 11 10 9 8 7 6 5 4 3 2 1 0
Read	Reserved	INIT
Write		
Reset	0 0 0 0 0 0 0 0 0 0 0 0 0 0 0 0	0 0 0 0 0 0 0 0 0 0 0 0 0 0 0 0

FTMx_CNTIN 位域描述如表 5-83 所列。

表 5-83 FTMx_CNTIN 位域描述

位域	描述
31～16:Reserved	预留
15～0:INIT	FTM 计数器的初始值

7. 捕捉和比较状态寄存器(FTMx_STATUS)

该寄存器包括了每个 FTM 通道的状态标志 CHnF 位的副本。通过读该寄存器可以得到所有通道 CHnF 位的值。写 0x00 到该寄存器可以清掉所有 CHnF 位的值。

当通道上有事件发生时,硬件会使响应的通道标志置位。当 CHnF 被置位时,读该寄存器可以清 CHF。写 1 到 CHF 无效。

注意:该寄存器只能用在联合模式下。

FTMx_STATUS 位域描述如表 5-84 所列。

Bit	31	30	29	28	27	26	25	24	23	22	21	20	19	18	17	16
Read									0							
Write																
Reset	0	0	0	0	0	0	0	0	0	0	0	0	0	0	0	0

Bit	15	14	13	12	11	10	9	8	7	6	5	4	3	2	1	0
Read			0						CH7F	CH6F	CH5F	CH4F	CH3F	CH2F	CH1F	CH0F
Write									0	0	0	0	0	0	0	0
Reset	0	0	0	0	0	0	0	0	0	0	0	0	0	0	0	0

表 5-84　FTMx_STATUS 位域描述

位　域	描　述
31～8:Reserved	预留,只读,值为 0
7～0:CHnF	通道 n 标志位。 0　无事件发生； 1　有事件发生

8. 特性模式选择寄存器(FTMx_MODE)

这个寄存器包含用来配置出错中断和出错控制的控制位,抓取测试外观,PWM 同步化,写保护,通道输出初始化和使能 FTM 增强特性。这些控制与该模块内的所有通道有联系。

Bit	31	30	29	28	27	26	25	24	23	22	21	20	19	18	17	16
Read									0							
Write																
Reset	0	0	0	0	0	0	0	0	0	0	0	0	0	0	0	0

Bit	15	14	13	12	11	10	9	8	7	6	5	4	3	2	1	0
Read			0						FAULTIE	FAULTM		CAPTEST	PWMSYNG	WPDIS	INIT	FTMEN
Write																
Reset	0	0	0	0	0	0	0	0	0	0	0	0	0	1	0	0

FTMx_MODE 位域描述如表 5-85 所列。

表 5-85　FTMx_MODE 位域描述

位　域	描　述
31～8:Reserved	该位为只读位且一直为 0
7:FAULTIE	出错控制中断使能位

续表 5-85

位域	描述
7：FAULTIE	当一个错误被 FTM 检测到时,能够产生中断,而且 FTM 的错误控制是可以激活的。 0　错误控制不可激活； 1　错误控制能激活
6～5：FAULTM	错误控制方式,定义 FTM 错误控制方式。 这个位被写保护,仅在 MODE[WPDIS]=1 时可写。 00　对于所有的通道,错误控制是不可激活的； 10　对于 0、2、4、6 通道,错误控制是可激活的,并且被选择的方式是手动错误清除； 10　对于所有的通道,错误控制是可激活的,并且被选择的方式是手动错误清除； 11　对于所有的通道,错误控制是可激活的,并且被选择的方式是自动错误清除
4：CAPTEST	捕捉测试模式允许位。 允许捕捉测试模式。 该位为写保护。仅在 MODE[WPDIS]=1 时可写。 0　禁止捕捉测试模式允许位； 1　允许捕捉测试模式允许位
3：PWMSYNG	PWM 同步模式。 当触发事件发生时,可以通过使用 MOD、CnV、OUTMASK 和 FTM 计数器同步（同步化选择）。当 SYNCMODE=0 时,PWMSYNC 位对同步化进行相关设置。 0　没有限制,软件和硬件触发可以通过使 MOD、CnV、OUTMASK 和 FTM 计数器同步（同步化选择）； 1　软件触发仅通过使用 MOD 和 CnV 同步化,硬件触发仅通过使用 OUTMASK 和 FTM 计数器同步
2：WAPDIS	禁止写保护。 当写保护允许(WAPDIS=0)时,写保护位不能写入信息；当写保护禁止(WAPDIS=1)时,写保护位就可以写入信息。WAPDIS 为忽略位。当 1 写入到 WPEN 中时,WAPDIS 被清除。当 WPEN 位读入 1 并且写入到 WAPDIS 时,WAPDIS 被设置了。写 0 到 WAPDIS 不受影响。 0　写保护允许 1　禁止写保护
1：INIT	初始化通道输出。 当 1 写入到 INIT 位时： 0　没有通道事件发生； 1　有一个通道事件发生
0：FTMEN	FTM 使能位。 该位为写保护。仅当 MODE[WPDIS]=1 时可以写入。 0　禁止； 1　使能

9. 同步寄存器(FTMx_SYNC)

该寄存器用于配置 PWM 的同步值。

一个同步事件能从各自的缓冲区同步更新 MOD、CV 和 OUTMASK 寄存器的值,以及使 FTM 计数器初始化。

注意:STATUS 寄存器应只用结合模式。

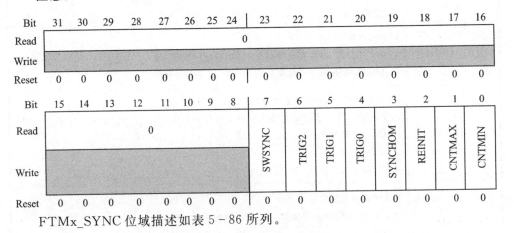

FTMx_SYNC 位域描述如表 5-86 所列。

表 5-86 FTMx_SYNC 位域描述

位 域	描 述
31~8:Reserved	预留,只读,值为 0
7:SWSYNC	PWM 同步软件触发位。 用于选择软件触发作为 PWM 同步的触发。当写 1 到 SWSYNC 时,软件触发。 0 不选择软件触发; 1 选择软件触发
6:TRIG2	PWM 同步硬件触发 2。 使能硬件触发 2 触发 PWM 同步。当在触发器 2 输出信号检测到上升沿时,硬件触发 2 发生。 0 禁止触发; 1 使能触发
5:TRIG1	PWM 同步硬件触发 1。 使能硬件触发 1 触发 PWM 同步。当在触发器 1 输出信号检测到上升沿时,硬件触发 1 发生。 0 禁止触发; 1 使能触发

续表 5-86

位 域	描 述
4:TRIG0	PWM 同步硬件触发 0。 使能硬件触发 0 触发 PWM 同步。当在触发器 0 输出信号检测到上升沿时,硬件触发 0 发生。 0 禁止触发; 1 使能触发
3:SYNCHOM	同步输出掩码。 0 OUTMASK 寄存器在所有上升沿更新缓冲区的值; 1 OUTMASK 寄存器仅在 PWM 同步时更新缓冲区的值
2:REINIT	FTM 计数器通过同步重新初始化位。 用于决定 FTM 计数器在检测到有同步时是否重新初始化。当 SYNCMODE 为 0 时,REINIT 位配置同步。 0 FTM 继续计数; 1 FTM 更新初始值
1:CNTMAX	最大装载点使能位。 如果 CNTMAX=1,则装载点为 FTN 计数达最大值的点。 0 禁止; 1 使能
0:CNTMIN	最小装载点使能位。 0 禁止; 1 使能

10. 通道输出初始状态寄存器(FTMx_OUTIINIT)

Bit	31	30	29	28	27	26	25	24	23	22	21	20	19	18	17	16	15	14	13	12	11	10	9	8	7	6	5	4	3	2	1	0
Read	\multicolumn{24}{c}{0}																							CH7OI	CH6OI	CH5OI	CH4OI	CH3OI	CH2OI	CH1OI	CH0OI
Write																									CH7OI	CH6OI	CH5OI	CH4OI	CH3OI	CH2OI	CH1OI	CH0OI
Reset	0	0	0	0	0	0	0	0	0	0	0	0	0	0	0	0	0	0	0	0	0	0	0	0	0	0	0	0	0	0	0	0

FTMx_OUTINIT 位域描述如表 5-87 所列。

表 5-87 FTMx_OUTINIT 位域描述

位 域	描 述
31~8:Reserved	预留,只读,值为 0
7~0:CHnOI	通道 n 输出初始值。 用于选择初始化之后,初始值是否强制输出。 0 初始值为 0; 1 初始值为 1

11. 输出掩码寄存器(FTMx_OUTMASK)

该寄存器为每个FTM通道提供了掩码。通道的掩码用于决定当匹配发生时，输出是否响应。这个特性可用于BLDC控制。使用此功能为PWM信号控制特定无刷直流电动机提供电子换相。

任何写入到OUTMASK寄存器的值都会保存到写缓冲中。这个寄存器随着写缓冲区根据PWM同步的值来更新。

Bit	31	30	29	28	27	26	25	24	23	22	21	20	19	18	17	16	15	14	13	12	11	10	9	8	7	6	5	4	3	2	1	0
Read	0																								CH7OM	CH6OM	CH5OM	CH4OM	CH3OM	CH2OM	CH1OM	CH0OM
Write																																
Reset	0	0	0	0	0	0	0	0	0	0	0	0	0	0	0	0	0	0	0	0	0	0	0	0	0	0	0	0	0	0	0	0

FTMx_OUTMASK位域描述如表5-88所列。

表5-88 FTMx_OUTMASK位域描述

位域	描述
31～8:Reserved	预留，只读，值为0
7～0:CHnOM	通道n输出掩码。 0 通道输出不加掩码，继续运行； 1 通道输出加掩码，强制进入停止状态

12. 已连接通道功能寄存器(FTMx_COMBINE)

该寄存器包括用于配置每对通道n和$n+1(n=0,2,4,6)$的错误控制、同步、死区时间插入、沿跳变捕捉模式、互补和连接模式的控制位。

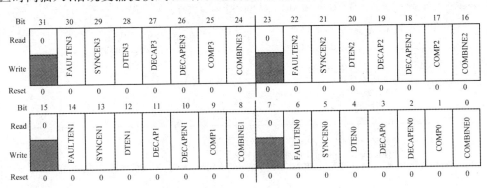

FTMx_COMBINE位域描述如表5-89所列。

表5-89 FTMx_COMBINE位域描述

位域	描述
31:Reserved	预留，只读，值为0
30:FAULTEN3	故障控制使能($n=6$)。 使能通道n和$n+1$的故障控制。 此位已被写保护，当MODE[WPDIS]=1时才可写。 0 禁止 1 使能

续表 5-89

位　域	描　述
29:SYNCEN3	同步使能位($n=6$)。 使能寄存器 C(n)V 和 C($n+1$)V 的 PWM 同步。 0　禁止； 1　使能
28:DTEN3	死区时间使能位($n=6$)。 使能寄存器 C(n)V 和 C($n+1$)V 的 PWM 同步。 0　禁止； 1　使能
27:DECAP3	双边沿捕捉模式捕捉位($n=6$)。 通过通道 n 的输入事件和配置双边沿捕捉位,使能捕捉 FTM 计数器的值,仅当 FT-MEN=1 且 DECAPEN=1 时此位才起作用。 如果选择了双边沿捕捉且是单次短模式,则通道 $n+1$ 发生捕捉事件,DECAP 位被硬件自动清零。 0　双边沿捕捉冻结； 1　双边沿捕捉激活
26:DECAPEN3	双边沿捕捉模式使能位($n=6$)。 0　禁止； 1　使能
25:COMP3	通道 n 互补位($n=6$)。 0　通道 $n+1$ 与通道 n 输出一样； 1　通道 $n+1$ 与通道 n 输出互补
24:COMBINE3	通道合并位($n=6$)。 0　通道 n 与通道 $n+1$ 独立； 1　通道 n 与通道 $n+1$ 合并
23:Reserved	预留,只读,值为 0
22:FAULTEN2	故障控制使能($n=4$)。 使能通道 n 和 $n+1$ 的故障控制。 此位已被写保护,当 MODE[WPDIS]=1 才可写。 0　禁止； 1　使能
21:SYNCEN2	同步使能位($n=4$)。 使能寄存器 C(n)V 和 C($n+1$)V 的 PWM 同步。 0　禁止； 1　使能
20:DTEN2	死区时间使能位($n=4$)。 使能通道 n 和 $n+1$ 的死区时间插入。 此位已被写保护,当 MODE[WPDIS]=1 时才可写。 0　禁止； 1　使能
19:DECAP2	双边沿捕捉模式捕捉位($n=4$)。 通过通道 n 的输入事件和配置双边沿捕捉位,使能捕捉 FTM 计数器的值。 仅当 FTMEN = 1 且 DECAPEN = 1 时此位才起作用。 如果选择了双边沿捕捉且是单次短模式,则通道 $n+1$ 发生捕捉事件,DECAP 位被硬件自动清零。 0　双边沿捕捉冻结； 1　双边沿捕捉激活

续表 5-89

位 域	描 述
18:DECAPEN2	双边沿捕捉模式使能位($n=4$)。 0 禁止； 1 使能
17:COMP2	通道 n 互补位($n=4$)。 0 通道 $n+1$ 与通道 n 输出一样； 1 通道 $n+1$ 与通道 n 输出互补
16:COMBINE2	通道合并位($n=4$)。 0 通道 n 与通道 $n+1$ 独立； 1 通道 n 与通道 $n+1$ 合并
15:Reserved	预留，只读，值为 0
14:FAULTEN1	故障控制使能($n=2$)。 使能通道 n 和 $n+1$ 的故障控制。 此位已被写保护，当 MODE[WPDIS]=1 才可写。 0 禁止； 1 使能
13:SYNCEN1	同步使能位($n=2$)。 使能寄存器 C(n)V 和 C($n+1$)V 的 PWM 同步。 0 禁止； 1 使能
12:DTEN1	死区时间使能位($n=2$)。 使能通道 n 和 $n+1$ 的死区时间插入。 此位已被写保护，当 MODE[WPDIS]=1 才可写。 0 禁止； 1 使能
11:DECAP1	双边沿捕捉模式捕捉位($n=2$)。 通过通道 n 的输入事件和配置双边沿捕捉位，使能捕捉 FTM 计数器的值。 仅当 FTMEN=1 且 DECAPEN=1 时，此位才起作用。 如果选择了双边沿捕捉且是单次短模式，则通道 $n+1$ 发生捕捉事件，DECAP 位被硬件自动清零。 0 双边沿捕捉冻结； 1 双边沿捕捉激活
10:DECAPEN1	双边沿捕捉模式使能位($n=2$)。 0 禁止； 1 使能

续表 5-89

位 域	描 述
9:COMP1	通道 n 互补位($n=2$)。 0　通道 $n+1$ 与通道 n 输出一样； 1　通道 $n+1$ 与通道 n 输出互补
8:COMBINE1	通道合并位($n=2$)。 0　通道 n 与通道 $n+1$ 独立； 1　通道 n 与通道 $n+1$ 合并
7:Reserved	预留，只读，值为 0
6:FAULTEN0	故障控制使能($n=0$)。 使能通道 n 和 $n+1$ 的故障控制。 此位已被写保护，当 MODE[WPDIS]=1 才可写。 0　禁止； 1　使能
5:SYNCEN0	同步使能位($n=0$)。 使能寄存器 C(n)V 和 C($n+1$)V 的 PWM 同步。 0　禁止； 1　使能
4:DTEN0	死区时间使能位($n=0$)。 使能通道 n 和 $n+1$ 的死区时间插入。 此位已被写保护，当 MODE[WPDIS]=1 才可写。 0　禁止； 1　使能
3:DECAP0	双边沿捕捉模式捕捉位($n=0$)。 通过通道 n 的输入事件和配置双边沿捕捉位，使能捕捉 FTM 计数器的值。 仅当 FTMEN=1 且 DECAPEN=1 时，此位才起作用。 如果选择了双边沿捕捉且是单次短模式，则通道 $n+1$ 发生捕捉事件，DECAP 位被硬件自动清零。 0　双边沿捕捉冻结； 1　双边沿捕捉激活
2:DECAPEN0	双边沿捕捉模式使能位($n=0$)。 0　禁止； 1　使能
1:COMP0	通道 n 互补位($n=0$)。 0　通道 $n+1$ 与通道 n 输出一样； 1　通道 $n+1$ 与通道 n 输出互补
0:COMBINE0	通道合并位($n=0$)。 0　通道 n 与通道 $n+1$ 独立； 1　通道 n 与通道 $n+1$ 合并

13. 死区时间插入控制寄存器(FTMx_DEADTIME)

这个寄存器选择死区分频器的分预系数和死区时间值。所有的 FTM 通道使用该寄存器设置的时钟预分频值。死区时间用于死区插入。

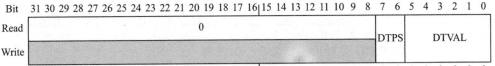

FTMx_DEADTIME 位域描述如表 5-90 所列。

表 5-90　FTMx_DEADTIME 位域描述

位　域	描　述
31～8:保留	这些保留位只读,值总是为 0
7～6:DTPS	死区时间预分频器值。 使用死区计数器的预分频时钟选择系统时钟的分频因子,该位写保护,只有当 MODE[WPDIS] = 1 时,才可以写。 0x　系统时钟 1 分频； 10　系统时钟 4 分频； 11　系统时钟 16 分频
5～0:DTVAL	死区时间值。 为死区时间计数器选择死区时间插入值,死区时间计数器由一个规定的系统时钟定时(死区插入时间等于 DTPS×DTVAL),见 DTPS 描述。 DTVAL 按以下方式选择插入的空载计数的个数： 当 DTVAL 为 0 时,没有插入空载计数； 当 DTVAL 为 1 时,插入 1 个空载计数； 当 DTVAL 为 2 时,插入 2 个空载计数。 按这种样式,总共可以插入 63 个空载计数。 该位写保护,只有当 MODE[WPDIS] = 1 时才可以写

14. FTM 外部触发器寄存器(FTMx_EXTTRIG)

该寄存器表示当产生通道触发时,在 FTM 计数器等于其初始值时使能产生触发器,并且选择通道触发器产生时使用的通道。在一个 PWM 周期,可以选择几个通道来产生多触发器。

在产生通道触发器时不使用通道 6 与通道 7。

Bit	15	14	13	12	11	10	9	8	7	6	5	4	3	2	1	0
Read				Reserved[15:8]					TRIGF	INITTRIGEN	CH1TRIG	CH0TRIG	CH5TRIG	CH4TRIG	CH3TRIG	CH2TRIG
Write																
Reset	0	0	0	0	0	0	0	0	0	0	0	0	0	0	0	0

FTMx_EXTTRIG 位域描述如表 5-91 所列。

表 5-91 FTMx_EXTTRIG 位域描述

位 域	描 述
31~8:Reserved	该比特组为保留位
7:TRIGF	通道触发标志。 当产生通道触发时,通过硬件置位。当 TRIGF 置位时,通过读 EXTTRIG 清 TRIGF,然后写 0 到 TRIGF,写 1 到 TRIGF 无影响。 如果在清时序完成之前产生其他的通道触发,则时序复位,所以在清时序完成后,TRIGF 仍然保持为早期的 TRIGF。 0 不产生通道触发; 1 产生一个通道触发
6:INITTRIGEN	触发器使能初始化。 当 FTM 计数器与 CNTIN 寄存器相等时,使能触发器操作。 0 禁用初始化触发器操作; 1 使能初始化触发器操作
5:CH1TRIG	通道 1 触发器使能。 当 FTM 计数器与 CnV 寄存器相等时,使能通道触发器操作。 0 禁用通道触发器操作; 1 使能通道触发器操作
4:CH0TRIG	通道 0 触发器使能。 当 FTM 计数器与 CnV 寄存器相等时,使能通道触发器操作。 0 禁用通道触发器操作; 1 使能通道触发器操作
3:CH5TRIG	通道 5 触发器使能。 当 FTM 计数器与 CnV 寄存器相等时,使能通道触发器操作。 0 禁用通道触发器操作; 1 使能通道触发器操作
2:CH4TRIG	通道 4 触发器使能。 当 FTM 计数器与 CnV 寄存器相等时,使能通道触发器操作。 0 禁用通道触发器操作; 1 使能通道触发器操作

续表 5-91

位　域	描　述
1:CH3TRIG	通道 3 触发器使能。 当 FTM 计数器与 CnV 寄存器相等时,使能通道触发器操作。 0　禁用通道触发器操作; 1　使能通道触发器操作
0:CH2TRIG	通道 2 触发器使能。 当 FTM 计数器与 CnV 寄存器相等时,使能通道触发器操作。 0　禁用通道触发器操作; 1　使能通道触发器操作

15. 通道极性寄存器(FTMx_POL)

该寄存器定义了 FTM 通道的输出极性。

注意:驱动通道中的安全值输出时,启用控制和检测到的故障情况是通道的非活动状态,安全的通道值是其 POL 位的值。

Bit	31	30	29	28	27	26	25	24	23	22	21	20	19	18	17	16	15	14	13	12	11	10	9	8	7	6	5	4	3	2	1	0
Read Write													Reserved												POL7	POL6	POL5	POL4	POL3	POL2	POL1	POL0
Reset	0	0	0	0	0	0	0	0	0	0	0	0	0	0	0	0	0	0	0	0	0	0	0	0	0	0	0	0	0	0	0	0

FTMx_POL 位域描述如表 5-92 所列。

表 5-92　FTMx_POL 位域描述

位　域	描　述
31~8:Reserved	该位预留
7:POL7	通道 7 极性。 定义通道输出的极性。 该位写保护。仅当 MODE[WPDIS] = 1 时,才可以写。 0　该通道极性为高; 1　该通道极性为低
6:POL6	通道 6 极性。 定义通道输出的极性。 该位写保护。仅当 MODE[WPDIS] = 1 时,才可以写。 0　该通道极性为高; 1　该通道极性为低
5:POL5	通道 5 极性。 定义通道输出的极性。 该位写保护。仅当 MODE[WPDIS] = 1 时,才可以写。 0　该通道极性为高; 1　该通道极性为低

续表 5-92

位 域	描 述
4：POL4	通道 4 极性。 定义通道输出的极性。 该位写保护。仅当 MODE[WPDIS] = 1 时，才可以写。 0 该通道极性为高； 1 该通道极性为低
3：POL3	通道 3 极性。 定义通道输出的极性。 该位写保护。仅当 MODE[WPDIS] = 1 时，才可以写。 0 该通道极性为高； 1 该通道极性为低
2：POL2	通道 2 极性。 定义通道输出的极性。 该位写保护。仅当 MODE[WPDIS] = 1 时，才可以写。 0 该通道极性为高； 1 该通道极性为低
1：POL1	通道 1 极性。 定义通道输出的极性。 该位写保护。仅当 MODE[WPDIS] = 1 时，才可以写。 0 该通道极性为高； 1 该通道极性为低
0：POL0	通道 0 极性。 定义通道输出的极性。 该位写保护。仅当 MODE[WPDIS] = 1 时，才可以写。 0 该通道极性为高； 1 该通道极性为低

16．故障模式状态寄存器 FTM0_FMS

该寄存器包括故障检测标志、写保护使能位与使能故障输入的逻辑或。

Bit	31	30	29	28	27	26	25	24	23	22	21	20	19	18	17	16
Read						0										
Write																
Reset	0	0	0	0	0	0	0	0	0	0	0	0	0	0	0	0

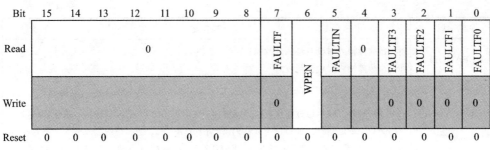

FTMx_FMS 位域描述如表 5-93 所列。

表 5-93 FTMx_FMS 位域描述

位 域	描 述
31~8：Reserved	该只读比特组预留,值总是为 0
7：FAULTF	故障检测标志。 代表每个 FAULTFj(j=3,2,1,0)位的逻辑或,当 FAULTF 置位时,通过读 FMS 寄存器清 FAULTF。当使能的故障输入中不存在故障时,写 0 到 FAULTF;写 1 到 FAULTF 无影响。 如果在清时序完成前,在一个使能的故障输入中检测到另一个故障,那么该时序复位,所以在清时序完成后,FAULTF 仍然保持为早期的故障状态。当清 FAULTFj 各位时,也清 FAULTF。 0 没有检测到故障; 1 检测到故障
6：WPEN	写保护使能。 WPEN 位与 WPDIS 位相反,当写 1 时 WPEN 置位;当 WPEN 为 1 时清 WPEN。写 1 到 WPDIS,写 0 到 WPEN 无影响。 0 禁用写保护,可以写写保护位; 1 使能写保护,不可以写写保护位
5：FAULTIN	故障输入。 代表使能的故障输入的逻辑或。 0 使能的故障输入的逻辑或为 0; 1 使能的故障输入的逻辑或为 1
4：Reserved	该只读位预留,值总是为 0
3：FAULTF3	故障检测标志 3。 当故障控制使能时,通过硬件置位。使能相应的故障输入,并且在故障输入检测到故障。 当 FAULTF3 置位时,通过读 FMS 寄存器清 FAULTF3。在相应的故障输入中不存在故障时写 0 到 FAULTF3;写 1 到 FAULTF3 无影响。当清 FAULTF 位时,也清 FAULTF3 位。 如果在清时序完成之前,在相应的故障输入检测到另外的故障,则该时序复位,所以在清时序完成后,FAULTF3 仍然保持在早期的故障状态

续表 5-93

位域	描述
3：FAULTF3	0 在故障输入时没有检测到故障； 1 在故障输入时检测到故障
2：FAULTF2	故障检测标志2。 当故障控制使能时，通过硬件置位。使能相应的故障输入，并且在故障输入检测到故障。 当FAULTF2置位时，通过读FMS寄存器清FAULTF2。当相应的故障输入中不存在故障时，写0到FAULTF2；写1到FAULTF2无影响。当清FAULTF位时，也清FAULTF2位。 如果在清时序完成之前，在相应的故障输入检测到另外的故障，则该时序复位，所以在清时序完成后，FAULTF2仍然保持在早期的故障状态。 0 在故障输入时没有检测到故障； 1 在故障输入时检测到故障
1：FAULTF1	故障检测标志1。 当故障控制使能时，通过硬件置位使能相应的故障输入，并且在故障输入检测到故障。 当FAULTF1置位时，通过读FMS寄存器清FAULTF1。当相应的故障输入中不存在故障时，写0到FAULTF1；写1到FAULTF1无影响。当清FAULTF位时，也清FAULTF1位。 如果在清时序完成之前，在相应的故障输入检测到另外的故障，则该时序复位，所以在清时序完成后，FAULTF1仍然保持在早期的故障状态。 0 在故障输入时没有检测到故障； 1 在故障输入时检测到故障
0：FAULTF0	故障检测标志0。 当故障控制使能时，通过硬件置位使能相应的故障输入，并且在故障输入检测到故障。 当FAULTF0置位时，通过读FMS寄存器清FAULTF0。在相应的故障输入中不存在故障时，写0到FAULTF0；写1到FAULTF0无影响。当清FAULTF位时，也清FAULTF0位。 如果在清时序完成之前，在相应的故障输入检测到另外的故障，则该时序复位，所以在清时序完成后，FAULTF0仍然保持在早期的故障状态。 0 在故障输入时没有检测到故障； 1 在故障输入时检测到故障

17. 输入比较过滤器控制寄存器(FTMx_FILTER)

该寄存器选择输入通道的过滤器值。

通道4、5、6、7没有收入过滤器。

Bit	31	30	29	28	27	26	25	24	23	22	21	20	19	18	17	16	15	14	13	12	11	10	9	8	7	6	5	4	3	2	1	0
Read Write	\multicolumn{16}{c}{Reserved}																	CH3FVAL				CH2FVAL				CH1FVAL				CH0FVAL			
Reset	0	0	0	0	0	0	0	0	0	0	0	0	0	0	0	0	0	0	0	0	0	0	0	0	0	0	0	0	0	0	0	0

FTMx_FILTER位域描述如表5-94所列。

表 5-94 FTMx_FILTER 位域描述

位 域	描 述
31~16：Reserved	该位预留
15~12：CH3FVAL	通道 3 输入过滤器。 为通道输入选择过滤器值,当该值为 0 时禁用过滤器
11~8：CH2FVAL	通道 2 输入过滤器。 为通道输入选择过滤器值,当该值为 0 时禁用过滤器
7~4：CH1FVAL	通道 1 输入过滤器。 为通道输入选择过滤器值,当该值为 0 时禁用过滤器
3~0：CH0FVAL	通道 0 输入过滤器。 为通道输入选择过滤器值,当该值为 0 时禁用过滤器

18. 故障控制寄存器(FTMx_FLTCTRL)

该寄存器选择故障输入的过滤器的值,使能故障输入与故障输入过滤器。

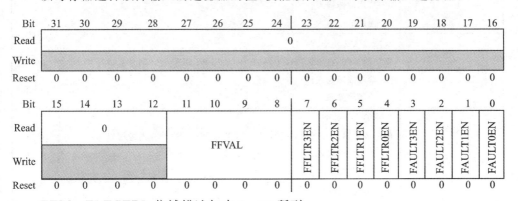

FTMx_FLTCTRL 位域描述如表 5-95 所列。

表 5-95 FTMx_FLTCTRL 位域描述

位 域	描 述
31~12：Reserved	该只读位预留,值总是为 0
11~8：FFVAL	故障输入过滤器。 选择故障输入的过滤值,当该值为 0 时禁用故障过滤器
7：FFLTR3EN	故障输入 3 过滤器使能。 使能故障输入过滤器,该位写保护,只有 MODE[WPDIS] = 1 时才可以写。 1 禁用故障输入过滤器; 0 使能故障输入过滤器

续表 5-95

位 域	描 述
6：FFLTR2EN	故障输入 2 过滤器使能。 使能故障输入过滤器，该位写保护，只有 MODE[WPDIS] = 1 时才可以写。 0　禁用故障输入过滤器； 1　使能故障输入过滤器
5：FFLTR1EN	故障输入 1 过滤器使能。 使能故障输入过滤器，该位写保护，只有 MODE[WPDIS] = 1 时才可以写。 0　禁用故障输入过滤器； 1　使能故障输入过滤器
4：FFLTR0EN	故障输入 0 过滤器使能。 使能故障输入过滤器，该位写保护，只有 MODE[WPDIS] = 1 时才可以写。 0　禁用故障输入过滤器； 1　使能故障输入过滤器
3：FAULT3EN	故障输入 3 使能。 使能故障输入，该位写保护，只有 MODE[WPDIS] = 1 时才可以写。 0　禁用故障输入； 1　使能故障输入
2：FAULT2EN	故障输入 2 使能。 使能故障输入，该位写保护，只有 MODE[WPDIS] = 1 时才可以写。 0　禁用故障输入； 1　使能故障输入
1：FAULT1EN	故障输入 1 使能。 使能故障输入，该位写保护，只有 MODE[WPDIS] = 1 时才可以写。 0　禁用故障输入； 1　使能故障输入
0：FAULT0EN	故障输入 0 使能。 使能故障输入，该位写保护，只有 MODE[WPDIS] = 1 时才可以写。 0　禁用故障输入； 1　使能故障输入

19. 正交解码器控制与状态寄存器(FTMx_QDCTRL)

该寄存器拥有正交解码器模式的控制与状态位。

Bit	31	30	29	28	27	26	25	24	23	22	21	20	19	18	17	16
Read	\multicolumn{16}{c}{0}
Write																
Reset	0	0	0	0	0	0	0	0	0	0	0	0	0	0	0	0

第 5 章 K60 单片机资源及相应操作

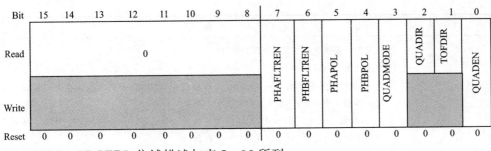

FTMx_QDCTRL 位域描述如表 5-96 所列。

表 5-96 FTMx_QDCTRL 位域描述

位 域	描 述
31~8：Reserved	该只读比特组预留，值总是为 0
7：PHAFLTREN	A 相输入过滤器使能。 使能正交解码器 A 相输入的过滤器，A 相输入的过滤器值由 FILTER 的 CH0FVAL 位定义，当 CH0FVA 为 0 时，禁用 A 相过滤器。 0 禁用 A 相输入过滤器； 1 使能 A 相输入过滤器
6：PHBFLTREN	B 相输入过滤器使能。 使能正交解码器 B 相输入的过滤器，B 相输入的过滤器值由 FILTER 的 CH1FVAL 位定义，当 CH1FVA 为 0 时，禁用 B 相过滤器。 0 禁用 B 相输入过滤器； 1 使能 B 相输入过滤器
5：PHAPOL	A 相输入极性。 正交解码器 A 相输入的极性选择。 0 正常极性，在识别 A 相输入信号的上升沿与下降沿之前不倒置该信号； 1 倒置极性，在识别 A 相输入信号的上升沿与下降沿之前倒置该信号
4：PHBPOL	B 相输入极性。 正交解码器 A 相输入的极性选择。 0 正常极性，在识别 B 相输入信号的上升沿与下降沿之前不倒置该信号； 1 倒置极性，在识别 B 相输入信号的上升沿与下降沿之前倒置该信号
3：QUADMODE	正交解码器模式。 选择在正交解码器模式中使用的编码模式。 0 A 相与 B 相编码模式； 1 计数与方向编码模式
2：QUADIR	正交解码器模式中 FTM 计数器方向。 表示计数方向。 0 计数方向为减； 1 计数方向为增

第5章 K60 单片机资源及相应操作

续表 5-96

位 域	描 述
1：TOFDIR	正交解码器模式的 FTM 计数器方向。 表示计数方向。 0　在计数的底部置位 TOF 位，有一个计数器减量，FTM 计数器的变化范围从最小值（CNTIN 寄存器）到最大值（MOD 寄存器）。 1　在计数的顶部置位 TOF 位，有一个计数器增量，FTM 计数器的变化范围从最大值（MOD 寄存器）到最小值（CNTIN 寄存器）
0：QUADEN	正交解码器模式使能。 使能正交解码器模式，在此模式下，A 相与 B 相输入信号控制 FTM 计数器方向。 该位写保护，仅当 MODE[WPDIS] = 1 时可写。 0　禁用正交解码器模式； 1　使能正交解码器模式

20. 配置寄存器（FTMx_CONF）

寄存器选择时间信号，在 TOF 置位前 FTM 计数器溢出，FTM 工作在 BDM 模式，使用一个外部的通用时间基准并产生通用时间基准信号。

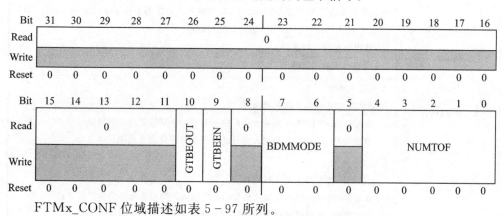

FTMx_CONF 位域描述如表 5-97 所列。

表 5-97　FTMx_CONF 位域描述

位 域	描 述
31～11：Reserved	该只读比特组预留，值总是为 0
10：GTBEOUT	通用时间基准输出。 使能通用时间基准信号（Enables the global time base signal generation to other FTMs）。 0　禁用通用时间基准信号操作； 1　使能通用时间基准信号操作

续表 5-97

位 域	描 述
9：GTBEEN	通用时间基准使能。 使用一个外部通用时间基准信号配置 FTM，该信号由其他的 FTM 产生。 0 禁止使用一个外部通用时间基准； 1 允许使用一个外部通用时间基准
8：Reserved	该只读位预留，值总是为 0
7～6：BDMMODE	BDM 模式。 选择 FTM 工作在 BDM 模式，见 BDM 模式
5：Reserved	该只读位预留，值总是为 0
4～0：NUMTOF	TOF 频率。 选择计数器溢出次数与 TOF 置位定时器号的比率 NUMTOF＝0：为每一个计数器溢出设置 TOF 位； NUMTOF＝1：为第一个计数器溢出设置 TOF 位，但是不为下一个溢出设置； NUMTOF＝2：为第一个计数器溢出设置 TOF 位，但是不为下两个溢出设置； NUMTOF＝3：为第一个计数器溢出设置 TOF 位，但是不为下三个溢出设置； 以此下去，最大为 31

21．FTM 故障输入极性寄存器(FTMx_FLTPOL)

该寄存器定义故障输入极性。

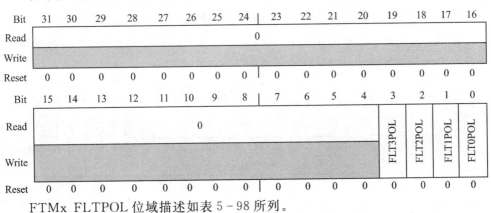

FTMx_FLTPOL 位域描述如表 5-98 所列。

表 5-98　FTMx_FLTPOL 位域描述

位 域	描 述
31～4：Reserved	该只读比特组预留，值总是为 0
3：FLT3POL	故障输入 3 极性。 定义故障输入的极性

续表 5-98

位域	描述
3：FLT3POL	该位写保护，仅当 MODE[WPDIS] = 1 时才可写。 0　故障输入极性为高，故障输入为 1 表示一个故障； 1　故障输入极性为低，故障输入为 0 表示一个故障
2：FLT2POL	故障输入 2 极性。 定义故障输入的极性。 该位写保护，仅当 MODE[WPDIS] = 1 时才可写。 0　故障输入极性为高，故障输入为 1 表示一个故障； 1　故障输入极性为低，故障输入为 0 表示一个故障
1：FLT1POL	故障输入 1 极性。 定义故障输入的极性。 该位写保护，仅当 MODE[WPDIS] = 1 时才可写。 0　故障输入极性为高，故障输入为 1 表示一个故障； 1　故障输入极性为低，故障输入为 0 表示一个故障
0：FLT0POL	故障输入 0 极性。 定义故障输入的极性。 该位写保护，仅当 MODE[WPDIS] = 1 时才可写。 0　故障输入极性为高，故障输入为 1 表示一个故障； 1　故障输入极性为低，故障输入为 0 表示一个故障

22. 同步组态寄存器(FTMx_SYNCONF)

该寄存器选择 PWM 同步组态，SWOCTRL、INVCTRL 与 CNTIN 寄存器同步，当检测到硬件触发器 j 时，FTM 清 TRIGj 位（$j=0,1,2$）。

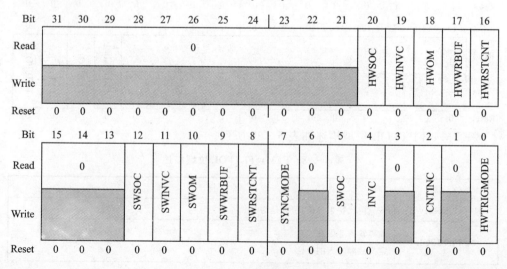

FTMx_SYNCONF 位域描述如表 5-99 所列。

表 5-99 FTMx_SYNCONF 位域描述

位 域	描 述
31~21:Reserved	该只读比特组预留,值总是为 0
20:HWSOC	通过硬件触发器激活软件输出控制同步。 0 硬件触发器不激活 SWOCTRL 寄存器同步; 1 硬件触发器激活 SWOCTRL 寄存器同步
19:HWINVC	通过硬件触发器激活倒置控制同步。 0 硬件触发器不激活 INVCTRL 寄存器同步; 1 硬件触发器激活 INVCTRL 寄存器同步
18:HWOM	通过硬件触发器激活输出屏蔽同步。 0 硬件触发器不激活 OUTMASK 寄存器同步; 1 硬件触发器激活 OUTMASK 寄存器同步
17:HWWRBUF	通过硬件触发器激活 MOD、CNTIN 与 CV 寄存器同步。 0 硬件触发器不激活 MOD、CNTIN 与 CV 寄存器同步; 1 硬件触发器激活 MOD、CNTIN 与 CV 寄存器同步
16:HWRSTCNT	通过硬件触发器激活 FTM 计数器同步。 0 硬件触发器不激活 FTM 计数器同步; 1 硬件触发器激活 FTM 计数器同步
15~13:Reserved	该只读比特组预留,值总是为 0
12:SWSOC	通过软件触发器激活软件输出控制同步。 0 软件触发器不激活软件输出控制同步; 1 软件触发器激活软件输出控制同步
11:SWINVC	通过软件触发器激活倒置控制同步。 0 软件触发器不激活倒置控制同步; 1 软件触发器激活倒置控制同步
10:SWOM	通过软件触发器激活输出屏蔽同步。 0 软件触发器不激活输出屏蔽同步; 1 软件触发器激活输出屏蔽同步
9:SWWRBUF	通过软件触发器激活 MOD、CNTIN 与 CV 寄存器同步。 0 软件触发器不激活 MOD、CNTIN 与 CV 寄存器同步; 1 软件触发器激活 MOD、CNTIN 与 CV 寄存器同步
8:SWRSTCNT	通过软件触发器激活 FTM 计数器同步。 0 软件触发器不激活 FTM 计数器同步; 1 软件触发器激活 FTM 计数器同步

续表 5-99

位域	描述
7：SYNCMODE	同步模式。 选择 PWM 同步模式。 0　选择 Legacy PWM 同步； 1　选择 Enhanced PWM 同步
6：Reserved	该只读位预留,值总是为 0
5：SWOC	SWOCTRL 寄存器同步。 0　在系统时钟的所有上升沿,用 SWOCTRL 寄存器的缓冲区值更新 SWOCTRL 寄存器。 1　通过 PWM 同步用 SWOCTRL 寄存器的缓冲区值更新 SWOCTRL 寄存器
4：INVC	INVCTRL 寄存器同步。 0　在系统时钟的所有上升沿,用 INVCTRL 寄存器的缓冲区值更新 INVCTRL 寄存器。 1　通过 PWM 同步用 INVCTRL 寄存器的缓冲区值更新 INVCTRL 寄存器
3：Reserved	该只读位预留,值总是为 0
2：CNTINC	CNTIN 寄存器同步。 0　在系统时钟的所有上升沿,用 CNTIN 寄存器的缓冲区值更新 CNTIN 寄存器。 1　通过 PWM 同步用 CNTIN 寄存器的缓冲区值更新 CNTIN 寄存器
1：Reserved	该只读位预留,值总是为 0
0：HWTRIGMODE	硬件触发模式。 当检测到硬件触发器 j 时,FTM 清 TRIG j 位； 当检测到硬件触发器 j 时,FTM 不清 TRIG j 位

23. FTM 倒置控制寄存器(FTMx_INVCTRL)

该寄存器控制通道 n 输出何时变成通道 n+1 输出,通道 n+1 输出何时变成通道 n 输出。每一个 INVmEN 位为相应通道 m 使能倒置操作。

该寄存器有一个写缓冲区,通过 INVCTRL 寄存器同步更新 INVmEN 位。

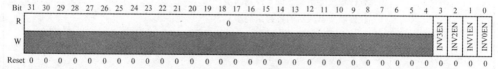

FTMx_INVCTRL 位域描述如表 5-100 所列。

表 5-100　FTMx_INVCTRL 位域描述

位域	描述
31~4：Reserved	该只读比特组预留,值总是为 0
3：INV3EN	通道 3 倒置使能。 0　禁用倒置； 1　启用倒置

续表 5-100

位域	描述
2：INV2EN	通道 2 倒置使能。 0 禁用倒置； 1 启用倒置
1：INV1EN	通道 1 倒置使能。 0 禁用倒置； 1 启用倒置
0：INV0EN	通道 0 倒置使能。 0 禁用倒置； 1 启用倒置

24. FTM 软件输出控制寄存器(FTMx_SWOCTRL)

寄存器使能通道 n 输出的软件控制并且定义迫使通道 n 输出的值：
- CHnOC 位通过软件使能对应通道 n 输出的控制；
- CHnOCV 选择迫使通道 n 输出的值。

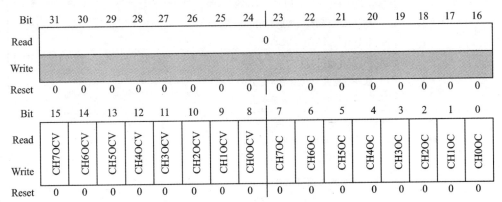

FTMx_SWOCTRL 位域描述如表 5-101 所列。

表 5-101　FTMx_SWOCTRL 位域描述

位域	描述
31~16：Reserved	只读预留，值永远为 0
15：CH7OCV	通道 7 软件输出控制值。 0 软件控制强制 0 到通道输出； 1 软件控制强制 1 到通道输出

续表 5-101

位 域	描 述
14：CH6OCV	通道 6 软件输出控制值。 0 软件控制强制 0 到通道输出； 1 软件控制强制 1 到通道输出
13：CH5OCV	通道 5 软件输出控制值。 0 软件控制强制 0 到通道输出； 1 软件控制强制 1 到通道输出
12：CH4OCV	通道 4 软件输出控制值。 0 软件控制强制 0 到通道输出； 1 软件控制强制 1 到通道输出
11：CH3OCV	通道 3 软件输出控制值。 0 软件控制强制 0 到通道输出； 1 软件控制强制 1 到通道输出
10：CH2OCV	通道 2 软件输出控制值。 0 软件控制强制 0 到通道输出； 1 软件控制强制 1 到通道输出
9：CH1OCV	通道 1 软件输出控制值。 0 软件控制强制 0 到通道输出； 1 软件控制强制 1 到通道输出
8：CH0OCV	通道 0 软件输出控制值。 0 软件控制强制 0 到通道输出； 1 软件控制强制 1 到通道输出
7：CH7OC	通道 7 软件输出控制使能。 0 软件控制强制 0 到通道输出； 1 软件控制强制 1 到通道输出
6：CH6OC	通道 6 软件输出控制使能。 0 软件控制强制 0 到通道输出； 1 软件控制强制 1 到通道输出
5：CH5OC	通道 5 软件输出控制使能。 0 软件控制强制 0 到通道输出； 1 软件控制强制 1 到通道输出
4：CH4OC	通道 4 软件输出控制使能。 0 软件控制强制 0 到通道输出； 1 软件控制强制 1 到通道输出
3：CH3OC	通道 3 软件输出控制使能。 0 软件控制强制 0 到通道输出； 1 软件控制强制 1 到通道输出

续表 5-101

位域	描述
2：CH2OC	通道 2 软件输出控制使能。 0 软件控制强制 0 到通道输出； 1 软件控制强制 1 到通道输出
1：CH1OC	通道 1 软件输出控制使能。 0 软件控制强制 0 到通道输出； 1 软件控制强制 1 到通道输出
0：CH0OC	通道 0 软件输出控制使能。 0 软件控制强制 0 到通道输出； 1 软件控制强制 1 到通道输出

25. FTM PWM 加载寄存器(FTMx_PWMLOAD)

使能 MOD、CNTIN、C(n)V 和 C(n+1)V 寄存器的加载，当 FTM 计数器从 MOD 寄存器的值到它的下一个值的改变或者当一个通道(j)匹配发生时，把它们写缓冲的值加载。当 FTM 计数器=C(j)V 时，一个通道(j)的匹配发生。

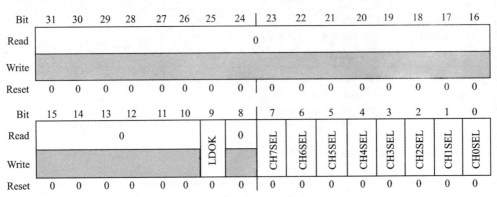

FTMx_PWMLOAD 位域描述如表 5-102 所列。

表 5-102　FTMx_PWMLOAD 位域描述

位域	描述
31~10：Reserved	只读预留，值永远为 0
9：LDOK	加载使能。 使能 MOD、CNTIN、CV 寄存器的加载，加载它们的写缓冲。 0 加载更新值禁止； 1 加载更新值使能
8：Reserved	只读预留，值永远为 0

续表 5-102

位 域	描 述
7：CH7SEL	通道 7 选择。 0 在匹配过程不包含通道； 1 在匹配过程包含通道
6：CH6SEL	通道 6 选择。 0 在匹配过程不包含通道； 1 在匹配过程包含通道
5：CH5SEL	通道 5 选择。 0 在匹配过程不包含通道； 1 在匹配过程包含通道
4：CH4SEL	通道 4 选择。 0 在匹配过程不包含通道； 1 在匹配过程包含通道
3：CH3SEL	通道 3 选择。 0 在匹配过程不包含通道； 1 在匹配过程包含通道
2：CH2SEL	通道 2 选择。 0 在匹配过程不包含通道； 1 在匹配过程包含通道
1：CH1SEL	通道 1 选择。 0 在匹配过程不包含通道； 1 在匹配过程包含通道
0：CH0SEL	通道 0 选择。 0 在匹配过程不包含通道； 1 在匹配过程包含通道

26. 边沿对齐 PWM(EPWM)模式

当 QUADEN＝0、DECAPEN＝0、COMBINE＝0、CPWMS＝0、MSnB＝1 时,边沿对齐模式被选中。EPWM 周期由 QUADEN＝0 决定,脉冲宽度(占空比)由 CnV-CNTIN 决定(见图 5-11)。CHnF 位被设置,通道(n)中断生成(如果 CHnIE＝1)。在通道(n)匹配时(FTM 计数器＝CnV),也就是脉冲宽度的结束。PWM 信号的这种类型叫做边沿对齐,因为所有 PWM 信号的领先边沿在周期的开始对齐,与含有一个 FTM 的所有通道一样。

如果 ELSnB:ELSnA＝0:0,当计数器到达 CnV 寄存器的值时,CHnF 位被设置,则通道中断产生(如果 CHnIE＝1),然而通道(n)输出不由 FTM 控制。如果 ELSnB:ELSnA＝1:0,通道输出强制为高,则在计数器上溢出(当 CNTIN 寄存器的

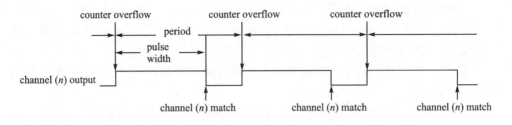

图 5-11 ELSnB:ELSnA = 1:0 时,EPWM 周期和脉宽

值加载到 FTM 计数器时),强制低在通道匹配时,FTM 计数器=CnV(见图 5-12)。

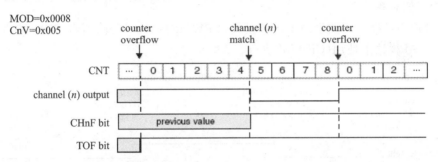

图 5-12 ELSnB:ELSnA = 1:0 时,EPWM 的信号

如果 ELSnB:ELSnA=0:0,则通道输出强制为低,在计数器上溢出(CNTIN 寄存器的值加载到 FTM 计数器),强制高在通道匹配时,FTM 计数器=CnV(见图 5-13)。

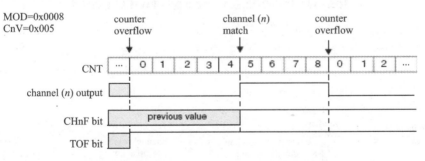

图 5-13 ELSnB:ELSnA=X:1 时,EPWM 的信号

如果 CnV=0x0000,则通道输出是一个占空比为 0 的 EPWM 信号,并且 CHnF 位不被置位,甚至当有通道匹配时也如此。因此,MOD 必须小于 0xFFFF 获得一个占空比为 100 %时的 EPWM 信号。

注意:只当 CNTIN=0x0000 时,使用 EPWM 模式是可以的。

27. 中心对齐 PWM(CPWM)模式

当 QUADEN=0、DECAPEN=0、COMBINE=0、CPWMS=0 时,中心对齐 PWM 模式被选中。

第 5 章　K60 单片机资源及相应操作

CPWM 脉冲宽度(占空比)由 $2(CnV-CNTIN)$ 决定,周期由 $2(MOD-CNTIN)$ 决定(见图 5-14)。MOD 必须在 0x0001～0x7FFF 的范围内,因为除了这个范围,会产生一个歧义值。

在 CPWM 模式下,FTM 计数器向上计数直到到达 MOD,然后向下计数直到到达 CNTIN。

当 FTM 向上计数时(在脉冲的开始),CHnF 位被设置;当 FTM 向下计数时(在脉冲宽度的开始),通道中断将产生(如果 CHnIE=1)且在通道匹配。

PWM 信号的这种类型叫做中心对齐,因为所有通道的脉冲宽度的中心通过 CNTIN 值对齐。

其他通道模式不兼容向下计数模式(CPWMS=1)。因此,所有 FTM 通道必须在 CPWM 模式下使用(CPWMS=1)。

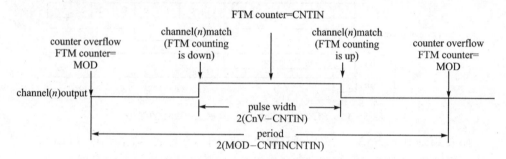

图 5-14　ELSnB:ELSnA = 1:0 时,CPWM 周期和脉宽

当 FTM 计数器到达 CnV 寄存器的值时,如果 ELSnB:ELSnA=0:0,CHnF 位被设置,则通道中断产生(如果 CHnIE=1),然而通道(n)输出不被 FTM 控制(见图 5-15)。当 ELSnB:ELSnA=1:0 向下计数时,通道(n)输出强制低在通道得到匹配(FTM 计数器=CnV);向上计数时,通道(n)输出强制高在通道得到匹配(见图 5-16)。

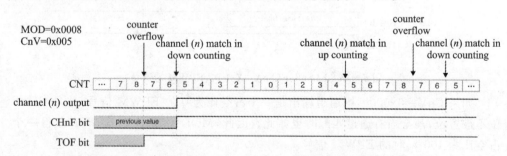

图 5-15　ELSnB:ELSnA = 1:0 时,CPWM 的信号

如果 CnV=0x0000 或者 CnV 是一个负值,也就是说,CnV[15]=1,则通道输出是一个 0 占空比的 CPWM 信号,CHnF 不被置位,即使当有通道匹配时。

如果 CnV 是一个正数,也就是 CnV[15]=0、CnV≥MOD 和 MOD ≠0x000,则

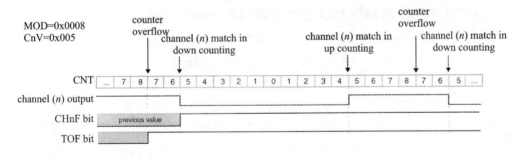

图 5-16　ELsnB:ELsnA＝1:0 时,CPWM 的信号

通道输出是一个占空比为 100% 的信号,CHnF 位不被设置,即使当通道(n)匹配时。这说明了由 MOD 设置的使用周期范围在 0x0001～0x7FFF(如果不需要生成一个 100% 占空比的 CPWM 信号)。这不是一个有意义的限制,因为结果比正常的应用长得多。

当 FTM 计数器是一个自由运行的计数器时,CPWM 模式不能被使用。

注意:当 CNTIN＝0x0000 时,使用 COWM 模式是可以的。

5.11　低功耗定时器(LPTMR)

5.11.1　概　述

低功耗定时器(LPTMR)可以被配置成定时计数器(采用可选的预分频),或者是脉冲计数器(使用可选的干扰滤波器)。在所有的模式中,均包括低泄漏模式。它可以从大多数的系统复位事件中继续使用,可达 1 天的时间。

5.11.2　寄存器映射和定义

注意:LPTMR 寄存器只有在 POR 或 LVD 事件发生时才会复位。

参照 LPTMR 功耗和复位详细描述。

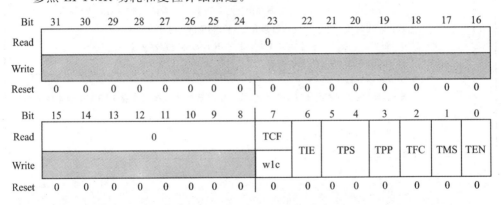

第 5 章 K60 单片机资源及相应操作

1. 低功耗定时器控制状态寄存器(LPTMRx_CSR)

LPTMRx_CSR 位域描述如表 5-103 所列。

表 5-103 LPTMRx_CSR 位域描述

位 域	描 述
31～8:Reserved	这个只读位域是预留的,始终为 0
7:TCF	定时器比较标志。 当 LPTMR 开启并且 LPTMR 计数寄存器等于 LPTMR 比较寄存器,且在增加时,定时器比较标志被置 1。 0 LPTMR 计数器寄存器与 LPTMR 比较寄存器不等并增加; 1 LPTMR 计数器寄存器与 LPTMR 比较寄存器相等并增加
6:TIE	定时器中断使能。 当定时器中断使能被置 1,且定时器比较标志也被置 1 后,将会产生一个 LPTMR 中断。 0 禁止定时器中断; 1 开启定时器中断
5～4:TPS	定时器引脚选择。 定时器引脚选择配置脉冲计数器模式中使用的输入源。定时器引脚选择只有在 LPTMR 禁止时才可以改变。 00 选择 CMP0 输出; 01 选择 LPTMR_ALT1; 10 选择 LPTMR_ALT2; 11 选择 LPTMR_ALT3
3:TPP	定时器引脚极性。 定时器引脚极性配置脉冲计数器模式下输入源的极性。定时器引脚极性只有在 LPTMR 禁止时才可以改变。 0 脉冲计数器输入源高有效,并且 LPTMR 计数器寄存器在上升沿时增加; 1 脉冲计数器输入源低有效,并且 LPTMR 计数器寄存器在下降沿时增加
2:TFC	定时器自由运行计数器。 当清除时,每当定时器比较标志被置 1,定时器自由运行计数器配置 LPTMR 计数器寄存器到复位值。当置 1 时,定时器自由运行计数器溢出时配置 LPTMR 计数器寄存器到复位值。定时器自由运行计数器只有在 LPTMR 禁止时才可以改变。 0 每当定时器比较标志被置 1 时,LPTMR 计数器寄存器复位; 1 溢出时 LPTMR 计数器寄存器复位
1:TMS	定时器模式选择。 定时器模式选择配置 LPTMR 的模式。定时器模式选择只有在 LPTMR 禁止时才可以改变。 0 时间计数器模式; 1 脉冲计数器模式

续表 5-103

位域	描述
0：TEN	定时器使能。 当定时器使能位被清零时，将会复位 LPTMR 内部逻辑(包括 LPTMR 计数器寄存器和定时器比较标志)。当定时器使能位被置 1 后，LPTMR 开启。当向该位写入 1 后，LPTMR _CSR[5:1]不会改变。 0　LPTMR 禁止并且复位内部逻辑； 1　LPTMR 开启

2. 低功耗定时器预分频寄存器(LPTMRx_PSR)

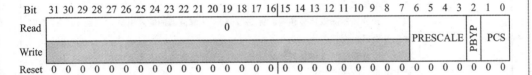

LPTMRx_PSR 位域描述如表 5-104 所列。

表 5-104　LPTMRx_PSR 位域描述

位域	描述
31～7：Reserved	这个只读位域是保留的，始终为 0
6～3：PRESCALE	预分频值。 预分频值寄存器域配置预分频的大小(在时间计数器模式)，或者干扰滤波器的宽度(在脉冲计数器模式)。预分频值只有在 LPTMR 禁止时才可以改变。 0000　预留； 0001　预分频器除以预分频器时钟 4；干扰滤波器的输入引脚在识别 2 个时钟上升沿后改变。 0010　预分频器除以预分频器时钟 8；干扰滤波器的输入引脚在识别 4 个时钟上升沿后改变。 0011　预分频器除以预分频器时钟 16；干扰滤波器的输入引脚在识别 8 个时钟上升沿后改变。 0100　预分频器除以预分频器时钟 32；干扰滤波器的输入引脚在识别 16 个时钟上升沿后改变。 0101　预分频器除以预分频器时钟 64；干扰滤波器的输入引脚在识别 32 个时钟上升沿后改变。 0110　预分频器除以预分频器时钟 128；干扰滤波器的输入引脚在识别 64 个时钟上升沿后改变。 0111　预分频器除以预分频器时钟 256；干扰滤波器的输入引脚在识别 128 个时钟上升沿后改变。 1000　预分频器除以预分频器时钟 512；干扰滤波器的输入引脚在识别 256 个时钟上升沿后改变

续表 5-104

位 域	描 述
6~3：PRESCALE	1001　预分频器除以预分频器时钟 1 024；干扰滤波器的输入引脚在识别 512 个时钟上升沿后改变。 1010　预分频器除以预分频器时钟 2 048；干扰滤波器的输入引脚在识别 1 024 个时钟上升沿后改变。 1011　预分频器除以预分频器时钟 4 096；干扰滤波器的输入引脚在识别 2 048 个时钟上升沿后改变。 1100　预分频器除以预分频器时钟 8 192；干扰滤波器的输入引脚在识别 4 096 个时钟上升沿后改变。 1101　预分频器除以预分频器时钟 16 384；干扰滤波器的输入引脚在识别 8 192 个时钟上升沿后改变。 1110　预分频器除以预分频器时钟 32 768；干扰滤波器的输入引脚在识别 16 384 个时钟上升沿后改变。 1111　预分频器除以预分频器时钟 65 536；干扰滤波器的输入引脚在识别 32 768 个时钟上升沿后改变
2：PBYP	预分频绕道。 当预分频绕道被置 1 后，选择的预分频时钟（在时间计数器模式）或者选择的输入源（在脉冲计数器模式）直接测定 LPTMR 计器寄存器的时间。当预分频绕道被清零后，LPTMR 计数器寄存器通过预分频器/干扰滤波器输出测定时间。预分频绕道只有在 LPTMR 禁止时才可以改变。 0　预分频/干扰滤波器使能； 1　预分频/干扰滤波器绕道
1~0：PCS	预分频器时钟选择。 预分频器时钟选择的时钟供 LPTMR 预分频器/干扰滤波器使用。预分频器时钟选择只有在 LPTMR 禁止时才可以改变。 00　MCGIRCLK——内部参考时钟（在低泄漏功耗模式不可用）。 01　LPO——1 kHz 的时钟。 10　ERCLK32K——二次外部参考时钟。 11　OSCERCLK——外部参考时钟

3. 低功耗定时器比较寄存器(LPTMRx_CMR)

Bit	31	30	29	28	27	26	25	24	23	22	21	20	19	18	17	16	15	14	13	12	11	10	9	8	7	6	5	4	3	2	1	0
Read	\multicolumn{16}{c}{0}	\multicolumn{16}{c}{COMPARE}
Write																																
Reset	0	0	0	0	0	0	0	0	0	0	0	0	0	0	0	0	0	0	0	0	0	0	0	0	0	0	0	0	0	0	0	0

LPTMRx_CMR 位域描述如表 5-105 所列。

表 5-105 LPTMRx_CMR 位域描述

位 域	描 述
31~16：Reserved	这个只读位域是预留的，始终为 0
15~0：COMPARE	比较值。 当 LPTMR 开启并且 LPTMR 计数寄存器的值等于 LPTMR 比较寄存器的值且再增加时，定时器比较标志被置 1，并且等到 LPTMR 计数寄存器再增加时硬件触发器判断。如果 LPTMR 比较寄存器为 0，那么硬件触发器将保持判断直到 LPTMR 被禁止。如果 LPTMR 开启，那么 LPTMR 比较寄存器只有在定时器比较标志被置 1 后才能更改

4. 低功耗定时器计数寄存器(LPTMRx_CNR)

Bit	31 30 29 28 27 26 25 24 23 22 21 20 19 18 17 16	15 14 13 12 11 10 9 8 7 6 5 4 3 2 1 0
Read	0	COUNTER
Write		
Reset	0 0 0 0 0 0 0 0 0 0 0 0 0 0 0 0	0 0 0 0 0 0 0 0 0 0 0 0 0 0 0 0

LPTMRx_CNR 位域描述如表 5-106 所列。

表 5-106 LPTMRx_CNR 位域描述

位 域	描 述
31~16：Reserved	这个只读位域是预留的，始终为 0
15~0：COUNTER	计数值。 LPTMR 计数寄存器返回 LPTMR 计数器当前值

5.11.3 功能描述

1. LPTMR 功耗和复位

LPTMR 在所有功耗模式(包括低功耗模式)下保持有电。如果 LPTMR 在一个低功耗模式下不需要继续运行，那么在进入该模式前应该先关闭 LPTMR。

LPTMR 只有在全部 POR 或 LVD 下才会复位。在配置 LPTMR 寄存器时，需要在配置 LPTMR 预分频寄存器和比较寄存器之前，将控制状态寄存器初始化为定时器禁止。在初始化的最后一步应该开启定时器。这样就确保 LPTMR 配置正确，紧接着热复位后 LPTMR 计数器被复位为 0。

2. LPTMR 时钟

该 LPTMR 预分频器/干扰滤波器，可设置成以下时钟中的一个：
MCGIRCLK——内部参考；
LPO——1 kHz 时钟；

OSCERCLK——外部参考时钟；

ERCLK32K——辅助的外部参考时钟；

LPTMR 启用前使用它的时钟源。（LPO 一直为开启的。）

注意：如果 LPTMR 要在所有需要低功耗的模式下继续运行，那么时钟必须保持开启。例如，在低功耗的模式下内部参考时钟不可用，内部和外部参考时钟在任何 stop 模式下必须配置成保持开启。

在带旁路预分频/干扰滤波器脉冲计数器模式下，选择的输入源直接给 LPTMR 计数器寄存器计数，不需要其他的时钟源。在这种情况下，为了使功耗最小化，预分频时钟源配置成一个禁止的时钟，正如内部参考时钟在低功耗模式下被禁止。

注意：时钟脉冲源或输入源选择的 LPTMR 不应超过定义在设备数据表中的频率 f_{LPTMR}。

5.11.4 LPTMR 预分频器/干扰滤波器

LPTMR 预分频器共用相同的逻辑，在时间计数器模式下作为预分频器运行，在脉冲计数器模式下作为干扰滤波器运行。

预分频器/干扰滤波器的配置在 LPTMR 开启时禁止被更改。

1. 开启预分频器

在时间计数器模式下当开启预分频器后，预分频器的输出直接给 LPTMR 计数器寄存器测试时间。当 LPTMR 开启后，LPTMR 计数寄存器每隔 $2^2 \sim 2^{16}$ 个预分频器，时钟周期增加。在 LPTMR 开启后，LPTMR 计数寄存器的第一次增加将会花费额外的一个或两个预分频时钟周期去同步逻辑。

2. 旁路预分频器

在时间计数器模式下，当预分频器被旁路时，选择的预分频器时钟在每个时钟周期增加 LPTMR 计数器寄存器。当 LPTMR 开启时，第一次增加将会花费额外的一个或两个预分频时钟周期去同步逻辑。

3. 干扰滤波器

在脉冲计数器模式下，当干扰滤波器开启时，干扰滤波器的输出直接给 LPTMR 计数寄存器测试时间。当 LPTMR 是第一次开启时，干扰滤波器的输出被判断（高有效为逻辑 1，低有效为逻辑 0）。如果选择的输入源在至少 $2^1 \sim 2^{15}$ 个连续的预分频器时钟上升沿保持为负，那么干扰滤波器输出仍然为负。如果选择的输入源在至少 $2^1 \sim 2^{15}$ 个连续的预分频器时钟上升沿保持断言，那么干扰滤波器输出仍然为断言。注意输入只在时钟上升沿采样。

在每次干扰滤波器输出判断时，LPTMR 计数寄存器将会增加。在脉冲计数器模式下，LPTMR 计数寄存器可以最大的速率增加，即每 $2^2 \sim 2^{16}$ 个预分频器时钟沿。当第一次被使能时，干扰滤波器将会等待额外的 1 个或 2 个预分频器时钟边沿去同步逻辑。

4. 旁路干扰滤波器

在脉冲计数器模式下,当绕过干扰滤波器时,选择的输入源在每次判断时增加 LPTMR 计数器寄存器。在 LPMTR 第一次使能之前,选择的输入源被强制断言。如果选择的输入源在 LPTMR 第一次使能时已经判断,那么这将会阻止 LPTMR 计数器寄存器增加。

5.11.5 LPTMR 比较

当 LPTMR 计数寄存器等于 LPTMR 比较寄存器的值且再增加时,将会发生以下事件:

① 定时器比较标志被置 1;
② 如果定时器中断使能被设置,则产生 LPTMR 中断;
③ 产生 LPTMR 硬件触发器;
④ 如果自由运行计数器位被清零,那么 LPTMR 计数器寄存器被复位。

在 LPTMR 使能时,LPTMR 比较寄存器只有在定时器比较标志被置 1 时才可以更改。当更新 LPTMR 比较寄存器时,在 LPTMR 计数器已经通过新的 LPTMR 比较值增加之前,必须先写入 LPTMR 比较寄存器和清除定时器比较标志。

5.11.6 LPTMR 计数器

LPTMR 计数寄存器中的计数值可以通过以下任意一种方式增加:

① 预分频器时钟(带旁路的预分频器的时间计数器模式);
② 预分频器输出(带使能的预分频器的时间计数器模式);
③ 输入源判断(带旁路干扰滤波器的脉冲计数器模式);
④ 干扰滤波器输出(带使能的干扰滤波器的脉冲计数器模式)。

当 LPTMR 被禁止或者计数寄存器溢出时,LPTMR 计数寄存器被复位。如果 CSR[TFC] 控制位被置 1,那么每当 CSR[TFC] 状态标志被置 1 时,LPTMR 计数器寄存器也被复位。

在调试模式下,内核停止时 LPMTR 计数寄存器继续增加。

LPTMR 计数寄存器不能被初始化,但是可以在任何时候被读取。读取 LPTMR 计数寄存器的同时,由于其正在增加,读数据总线的同步可能返回无效数据。如果需要软件读取 LPTMR 计数寄存器,则推荐执行两次读访问,确保两次读取的值一致。

5.11.7 LPTMR 硬件触发器

LPTMR 硬件触发器判断的同时,定时器比较标志置 1 并可以用于在不需要软件干预的外围设备的硬件中触发事件。硬件触发器一直使能。

在 LPTMR 比较寄存器置 0 的同时清除自由运行计数器位，LPTMR 硬件触发器将在第一次比较时断言并且不会取反。当 LPTMR 比较寄存器被设置为非 0 值时（或者如果自由运行计数器位被设置），LPTMR 硬件触发器将会在每次比较和在下一次 LPTMR 计数寄存器增加时判断。

5.11.8　LPTMR 中断

每当 CSR[TIE] 和 CSR[TCF] 被设置时将产生 LPTMR 中断。CSR[TCF] 通过关闭 LPTMR 或通过写入逻辑 1 来清除。

当 LPTMR 开启时，CSR[TIE] 可以被更改并且 CSR[TCF] 可被清除。

LPTMR 中断的产生异步于系统时钟，并且可以用于从任何低功耗模式包括低泄漏模式下唤醒（假如 LPTMR 作为唤醒源使能）。

第 6 章

KL25 单片机资源及相应操作

6.1 通用 I/O 接口

6.1.1 寄存器映像地址分析

KL25 芯片有 5 个端口 A~E。每个端口有 32 个引脚控制寄存器 PORTx_PCRn（其中 x=A~E，n=0~31）、2 个全局引脚控制寄存器(PORTx_GPCLR、PORTx_GPCHR)、1 个中断状态标志寄存器(PORTx_ISFR)。以下地址分析计算均为十六进制，为书写简化起见，在不至引起歧义的情况下，略去十六进制前缀"0x"。

6.1.2 引脚控制寄存器(PORTx_PCRn)

每个端口的每个引脚均有一个对应的引脚控制寄存器，可以配置引脚中断或 DMA 传输请求，可以配置引脚为 GPIO 功能或其他功能，可以配置是否启用上拉或下拉，可以配置选择输出引脚的驱动强度，可以配置选择输入引脚是否使用内部滤波等。

数据位	D31	D30	D29	D28	D27	D26	D25	D24	D23	D22	D21	D20	D19	D18	D17	D16
读	0							ISF	0				IRQC			
写	—							wlc	—							
复位	0	0	0	0	0	0	0	0	0	0	0	0	0	0	0	0
数据位	D15	D14	D13	D12	D11	D10	D9	D8	D7	D6	D5	D4	D3	D2	D1	D0
读	0					MUX			0	DSE		0	PFE	SRE	PE	PS
写	—								—			—				
复位	0	0	0	0	X	X	X	X	0	X	X	0	X	X	X	X

其中"X"表示复位后状态不确定。下面给出有关功能说明，未说明的位或字段均为保留（只读，值为 0）。

D24(ISF)——中断状态标志（只读）。数字引脚模式下有效。ISF=0，未检测到引脚中断；ISF=1，检测到引脚中断。向该位写 1，可清除中断状态标志。若引配置为 DMA 请求方式,在完成 DMA 请求传输后,将自动清除中断状态标志。如果引脚被配置为电平触发的中断,引起中断的电平一直有效,则该标志将一直保持置位,即使被清除后也会立即置位。

D19～D16(IRQC)——中断配置情况(读/写)。数字引脚模式下有效。IRQC＝0000,关闭引脚中断/DMA 请求;IRQC＝0001～0011,分别对应上升沿、下降沿、沿跳变,触发 DMA 请求;0100,保留;1000～1100,分别对应逻辑低电平(逻辑 0)、上升沿、下降沿、沿跳变、高电平(逻辑 1),触发引脚中断。其他值,保留。

注意:并不是所有 KL25 的引脚均可配置为中断功能,只有 A 口、D 口的引脚具有上述这种中断功能。

D10～D8(MUX)——引脚复用控制(读/写)。不是所有引脚都支持引脚复用槽。MUX＝000,引脚不配置(模拟引脚);MUX＝001,配置引脚为通用输入/输出(GPIO)功能;MUX＝010～111,分别配置引脚的功能为第 2～第 7 功能。(具体功能见芯片参考手册 10.3 节。其附录 A 给出了 KL25 引脚复用功能的情况。)

D6(DSE)——驱动能力使能位(读/写)。它表明引脚被配置为数字输出时的驱动能力状况,数字引脚模式下有效。DSE＝0,低驱动能力;DSE＝1,高驱动能力。查数据手册可知,KL25 低驱动能力是 5 mA,高驱动能力是 18 mA,但并不是所用引脚均可配置成高驱动能力,实际使用时,需查数据手册。

D4(PFE)——无源滤波使能位(读/写)。数字引脚模式下有效。PFE＝0,相应的引脚禁止无源输入滤波;PFE＝1,相应的引脚启用无源输入滤波。具体滤波性能需参考数据手册。KL25 数据手册未给出无源滤波性能,可以不启用此功能,必要时自行外接滤波电路即可。

D2(SRE)——转换速率使能位(读/写)。数字引脚模式下有效。0,引脚配置成快转换速率;1,引脚配置慢转换速率。查数据手册可知,KL25 的转换速率最慢为 16 ns,此项设定未给出具体表述,一般使用默认值 0。

D1(PE)——上拉或下拉使能位(读/写)。数字引脚模式下有效。0,相应的引脚关闭内部上拉或下拉电阻;1,相应的引脚启用内部上拉或下拉电阻,引脚作为数字输入。

D0(PS)——上拉或下拉选择(读/写)。数字引脚模式下有效。如果 PS＝0,PE＝1,则引脚下拉电阻使能;如果 PS＝1,PE＝1,则引脚上拉电阻使能。KL25 内部上下拉电阻为 20～50 kΩ。

6.1.3 全局引脚控制寄存器

每个端口的全局引脚控制寄存器有两个,分别为 PORTx_GPCLR、PORTx_GPCHR,为只写寄存器,读出总为 0。每个寄存器的高 16 位被称为全局引脚写使能字段(Global Pin Write Enable,GPWE),低 16 位被称为全局引脚写数据字段(Global Pin Write Data,GPWD)。

Bit	31 30 29 28 27 26 25 24 23 22 21 20 19 18 17 16	15 14 13 12 11 10 9 8 7 6 5 4 3 2 1 0
Read	0	0
Write	GPWE	GPWD
Reset	0 0 0 0 0 0 0 0 0 0 0 0 0 0 0 0	0 0 0 0 0 0 0 0 0 0 0 0 0 0 0 0

如果设定 GPWE=0xFFFF,则 GPWD 字段的 16 位就被写入到一整组引脚控制寄存器的低 16 位中。KL25 芯片每个端口有 32 个引脚控制寄存器,分为两组:低引脚控制寄存器组(15~0)和高引脚控制寄存器组(31~16),全局引脚控制寄存器 PORTx_GPCLR 配置低引脚控制寄存器组(15~0),而全局引脚控制寄存器 PORTx_GPCHR 配置高引脚控制寄存器组(31~16)。这样可以实现一次配置 16 个功能相同的引脚,提高了编程效率。GPWE 字段中的 16 位对应 16 个引脚控制寄存器,如果 GPWE 字段的部分位为 0,则引脚控制寄存器组中对应的引脚控制寄存器不被配置。全局引脚控制寄存器不能配置引脚控制寄存器的高 16 位,因此,不能使用该功能配置引脚中断。

6.1.4 中断状态标志寄存器(PORTx_ISFR)

数字引脚模式下,每个引脚的中断模式可以独立配置。在引脚控制寄存器 IRQC 字段可配置选择:中断禁止(复位后默认);高电平、低电平、上升沿、下降沿、沿跳变触发中断;上升沿、下降沿、沿跳变触发 DMA 请求。支持低功耗模式下唤醒。

Bit	31 30 29 28 27 26 25 24 23 22 21 20 19 18 17 16	15 14 13 12 11 10 9 8 7 6 5 4 3 2 1 0
Read	ISF	
Write	w1c	
Reset	0 0 0 0 0 0 0 0 0 0 0 0 0 0 0 0	0 0 0 0 0 0 0 0 0 0 0 0 0 0 0 0

每个端口的中断状态标志寄存器(PORTx_ISFR),对应 32 个引脚,相应位为 1,表明配置的中断已经被检测到,反之则没有。各位具有写 1 清零特性。

6.2 GPIO 模块

6.2.1 KL25 的 GPIO 引脚

KL25 的大部分引脚具有多重复用功能,可以通过上节给出的寄存器编程来设定使用其中某一种功能。本节给出作为 GPIO 功能时的编程结构。80 引脚封装的 KL25 芯片的 GPIO 引脚分别记为 PORTA、PORTB、PORTC、PORTD、PORTE 共 5 个端口,共含 61 个引脚。端口作为 GPIO 引脚时,逻辑 1 对应高电平,逻辑 0 对应低电平。GPIO 模块使用系统时钟,从实时性细节来说,当作为通用输出时,高/低电平出现在时钟上升沿。每个口实际可用的引脚数因封装不同而有差异。下面给出各口可作为 GPIO 功能的引脚数目及引脚名称:

① PORTA 口有 10 个引脚,分别为 PTA1~2、PTA4~5、PTA12~17;

第 6 章 KL25 单片机资源及相应操作

② PORTB 口有 12 个引脚,分别为 PTB0~3、PTB8~11、PTB16~19;
③ PORTC 口有 16 个引脚,分别为 PTC0~13、PTC16~17;
④ PORTD 口有 8 个引脚,分别为 PTD0~7;
⑤ PORTE 口有 15 个引脚,分别为 PTE0~5、PTE20~25、PTE29~31。

处理器使用零等待方式,以最高性能访问通用输入/输出。GPIO 寄存器支持 8 位、16 位及 32 位接口。在运行、等待、调试模式下,GPIO 工作正常;在停止模式下,GPIO 停止工作。

6.2.2 GPIO 寄存器

每个 GPIO 口均有 6 个寄存器,5 个 GPIO 口共有 30 个寄存器。各 GPIO 口的 6 个寄存器分别是数据输出寄存器、输出置 1 寄存器、输出清零寄存器、输出反转寄存器、数据输入寄存器、数据方向寄存器。表 6-1 给出了 PORTA 口的 6 个寄存器的基地址、偏移地址、绝对地址、寄存器名、访问特性、功能描述。其他各口功能与编程方式完全一致,只是相应寄存器名与寄存器地址不同,其中寄存器名只要把 PORTA 口字母"A"分别改为 B、C、D、E 即可获得,地址按上述给出的规律计算。

表 6-1 PORTA 寄存器

基地址	偏移地址		绝对地址	寄存器名	访问	功能描述
	字	字节				
400F_F000h	0	0h	400F_F000h	数据输出寄存器 (GPIOA_PDOR)	R/W	当引脚被配置为输出时,若某一位为 0,则对应引脚输出低电平;为 1,则对应引脚输出高电平
	1	4h	400F_F004h	输出置 1 寄存器 (GPIOA_PSOR)	W	写 0 不改变输出寄存器相应位,写 1 将输出寄存器相应位置 1
	2	8h	400F_F008h	输出清零寄存器 (GPIOA_PCOR)	W	写 0 不改变输出寄存器相应位,写 1 将输出寄存器相应位清零
	3	Ch	400F_F00Ch	输出取反寄存器 (GPIOA_PTOR)	W	写 0 不改变输出寄存器相应位,写 1 将输出寄存器相应位取反(即 1 变 0,0 变 1)
	4	10h	400F_F010h	数据输入寄存器 (GPIOA_PDIR)	R	若读出为 0,则表明相应引脚为低电平;若读出为 1,则表明相应引脚为高电平
	5	14h	400F_F014h	数据方向寄存器 (GPIOA_PDDR)	R/W	各位值决定了相对应的引脚为输入还是输出。若其某位设定为 0,则相对应的引脚为输入;为 1,则相对应的引脚为输出

6.2.3 GPIO 基本编程步骤

要使芯片某一引脚为 GPIO 功能,并定义为输入/输出,随后进行应用,基本编程步骤如下:

① 通过端口控制模块(PORT)的引脚,控制寄存器 PORTx_PCRn 的引脚复用控制字段(MUX),设定其为 GPIO 功能(即令 MUX=0b001)。

② 通过 GPIO 模块相应口的"数据方向寄存器"来指定相应引脚为输入或输出功能。若指定位为 0,则为对应引脚输入;若指定位为 1,则为对应引脚输出。

③ 若是输出引脚,则通过设置"数据输出寄存器"来指定相应引脚输出低电平或高电平,对应值为 0 或 1。亦可通过"输出置 1 寄存器"、"输出清零寄存器"、"输出取反寄存器"改变引脚状态,参见表 6-1 中关于寄存器的说明。

④ 若是输入引脚,则通过"数据输入寄存器"获得引脚的状态。若指定位为 0,则表示当前该引脚上为低电平;若为 1,则为高电平。

6.3 UART 模块功能概述及编程结构

6.3.1 UART 模块功能概述

1. 外部引脚

MKL25Z128VLK4 芯片共有三个串口,分别标记为 UART0、UART1、UART2。它们并不是固定在哪几个引脚上,而是可以通过引脚配置寄存器进行配置。根据芯片参考手册附录 A(MKL25Z128VLK4 引脚功能分配),可以配置为串口的引脚及 SD-FSL-KL25-EVB 实际使用的引脚,如表 6-2 所列。每个串口的发送数据引脚为 UARTx_TX,接收数据引脚为 UARTx_RX。"x"表示串口模块编号,取值为 0~2。

表 6-2 KL25 的串口引脚及 SD-FSL-KL25-EVB 实际使用的引脚

引脚号	引脚名	ALT2	ALT3	ALT4	SD-FSL-KL25-EVB 使用
1	PTE0		UART1_TX	RTC_CLKOUT	UART1_TX
2	PTE1	SPI1_MOSI	UART1_RX		UART1_RX
13	PTE20		TPM1_CH0	UART0_TX	
14	PTE21		TPM1_CH1	UART0_RX	
15	PTE22		TPM2_CH0	UART2_TX	UART2_TX
16	PTE23		TPM2_CH1	UART2_RX	UART2_RX
27	PTA1	UART0_RX	TPM2_CH0		

续表 6-2

引脚号	引脚名	ALT2	ALT3	ALT4	SD-FSL-KL25-EVB 使用
28	PTA2	UART0_TX	TPM2_CH1		
34	PTA14	SPI0_PCS0	UART0_TX		UART0_TX
35	PTA15	SPI0_SCK	UART0_RX		UART0_RX
40	PTA18		UART1_RX	TPM_CLKIN0	
41	PTA19		UART1_TX	TPM_CLKIN1	
51	PTB16	SPI1_MOSI	UART0_RX	TPM_CLKIN0	
52	PTB17	SPI1_MISO	UART0_TX	TPM_CLKIN1	
58	PTC3/ LLWU_P7		UART1_RX	TPM0_CH2	
61	PTC4/ LLWU_P8	SPI0_PCS0	UART1_TX	TPM0_CH3	
75	PTD2	SPI0_MOSI	UART2_RX	TPM0_CH2	
76	PTD3	SPI0_MISO	UART2_TX	TPM0_CH3	
77	PTD4/ LLWU_P14	SPI1_PCS0	UART2_RX	TPM0_CH4	
78	PTD5	SPI1_SCK	UART2_TX	TPM0_CH5	
79	PTD6/ LLWU_P15	SPI1_MOSI	UART0_RX		
80	PTD7	SPI1_MISO	UART0_TX		

2. 基本结构与特点

KL25 中共有 3 个 UART 模块，分别为 UART0、UART1 和 UART2。可编程的为 8 位、9 位或 10 位数据模式，其中 UART1 与 UART2 只支持 8 位与 9 位数据模式，UART0 支持全部的数据模式。UART0 的时钟源可以是 MCGFLLCLK、MCGPLLCLK/2、OSCERCLK 和 MCGIRCLK，UART1 与 UART2 时钟源采用总线时钟（Bus clock）。每个 UART 模块都有 13 位模/数分频器。每个 UART 模块都可以独立地启用发送器和接收器，分别设置发送器与接收器的极性（其中 UART0 收发极性可设置；UART1 与 UART2 仅可设置发送器输出极性）。

UART0 支持双边沿采样，而 UART1 与 UART2 不支持此功能。UART 发送器的硬件可产生并发送奇偶校验位，而接收器的奇偶校验硬件则能据此确保接收数据的完整性；同时，UART 具有接收器帧错误检测功能，带有 DMA 接口。对于 DMA 操作，3 个 UART 模块的相关功能类似，发送器可以通过中断服务例程或 DMA 传输器传输数据；接收器可以通过中断服务例程或 DMA 传输器接收数据。

6.3.2 UART 模块编程结构

以下寄存器的用法在 KL25 的芯片手册上有详细的说明。下面按初始化顺序阐述基本编程需要使用的寄存器。

注意:下面所列寄存器名中的"x"表示 UART 模块编号,取 0~2。

1. 寄存器地址分析

KL25 芯片有 3 个 UART 模块,每个模块有其对应的寄存器。以下地址分析均为十六进制,为书写简化起见,在不至引起歧义的情况下,略去十六进制后缀"0x"。

UART 模块 x 的寄存器的地址 $=4006\_A000+x\times1000+n\times1(x=0\sim2$;模块 0 中 $n=0\sim B$,模块 1、2 中 $n=0\sim8$,n 代表寄存器号)。

2. 控制寄存器

(1) UARTx 控制寄存器 2(UARTx_C2)

UARTx 控制寄存器 2(UARTx_C2)主要用于收/发及相关中断控制设置。

数据位	D7	D6	D5	D4	D3	D2	D1	D0
读/写	TIE	TCIE	RIE	ILIE	TE	RE	RWU	SBK
复位	0							

D7(TIE)——发送中断使能位。与状态寄存器中的 TDRE 配合使用。TIE=0,发送中断禁用(使用轮询);TIE=1,当 TDRE=1 时,发生中断请求。

D6(TCIE)——发送完成中断使能位,与状态寄存器中的 TC 位配合使用。TCIE=0,TC 对应的中断禁用(使用轮询);TCIE=1,当 TC=1 时,发生中断请求。

D5(RIE)——接收中断使能位,与状态寄存器中的 RDRF 配合使用。RIE=0,RDRF 中断禁止(使用轮询);RIE=1,当 RDRF=1 时,发生中断请求。

D4(ILIE)——空闲线中断使能,与状态寄存器中的 IDLE 配合使用。ILIE=0,IDLE 中断禁止(使用轮询);ILIE=1,当 IDLE=1 时,发生中断请求。

D3(TE)——发射器使能位。TE 必须为 1 才能使用 UART 发送器。通常在 TE=1 时,UART_TX 引脚作为 UART 系统的输出。当 UART 配置为单线模式(LOOPS=1 且 RSRC=1)时,UART_C3 中的 TXDIR 位将控制单线模式下 UART_TX 引脚的通信方向。通常对 TE 位先写 TE=0,然后写 TE=1。TE 位也可以对空闲字符排队。当 TE 为 0 时,发送器一直控制端口的 UART_TX 引脚,直到完成任何数据、等待空闲或等待中止符的传输后,才允许引脚为三态。TE=0,发送器禁止;TE=1,发送器使能。

D2(RE)——接收器使能。当 UART 接收器关闭或 LOOPS 被置位时,UART 不使用 UART_RX 脚。当 RE 被写 0 时,接收机完成接收的当前字符(如有的话)。RE=0,接收器禁止;RE=1,接收器使能。

D1(RWU)——接收器唤醒控制位。向该位写 1,可将接收器设置为待机状态,等待对选中的条件进行自动检测。唤醒方式有空闲线唤醒(WAKE=0)和地址位唤醒(WAKE=1)2 种。RWU=0,正常 UART 接收器操作;RWU=1,接收器等待唤醒条件。

D0(SBK)——发送中止使能位。在发送数据流中,写一个 1 然后写一个 0 到 SBK 队列的中止字符。当 BRK13 =1 时,只要 SBK 被设定,其他中止字符中的10~13 或 13~16,以及逻辑 0 的位时间排队。根据 SBK 的设置和清除当前正在发送的信息的定时,在软件清除 SBK 前,第二个中止字符可能会排队。SBK=0,正常发送操作;SBK=1,队列中止字符发送。

(2) UARTx 控制寄存器 1(UARTx_C1)

UARTx 控制寄存器 1(UARTx_C1)主要用于设置 SCI 的工作方式,可选择运行模式、唤醒模式、空闲类型检测以及奇偶校验等。

数据位	D7	D6	D5	D4	D3	D2	D1	D0
读/写	LOOPS	DOZEEN/UARTSWAI	RSRC	M	WAKE	ILT	PE	PT
复位	0							

D7(LOOPS)——循环模式选择。在循环模式和正常的 2 针全双工模式之间选择。若 LOOPS=1,则发送器的输出连接到接收器的输入,可用于循环模式或单线模式。单线模式下,UART 不使用 UART_RX 引脚(见 RSRC)。LOOPS=0,采用不同的引脚正常操作 UART_RX 和 UART_TX(全双工)。

D6(DOZEEN/UARTSWAI)——休眠使能/UART 等待模式停止位。在 UART0 模块中,该位为 DOZEEN,DOZEEN=0,UART 在等待模式下继续运行;DOZEEN=1,UART 在等待模式下被禁用。在 UART1 或 UART2 模块中,该位为 UARTSWAI,UARTSWAI=0,UART 时钟在等待模式下仍然运行,这样 UART 就可以作为唤醒 CPU 的中断源。UARTSWAI=1,当 CPU 处于等待模式时,UART 时钟停止。

D5(RSRC)——接收器信号源位。在 LOOPS 置为 1 时,该位有效。当 LOOPS 被置位,接收器的输入在内部连接 UART_TX 引脚,RSRC 决定这个连接是否也被连接到发送器的输出。RSRC=0,选择内部循环模式,UART 不使用 UART_RX 的引脚。RSRC=1,UART 采用单线模式,UART_TX 引脚被连接到发送器的输出和接收器的输入。

D4(M)——数据帧格式选择位(9 位或 8 位模式选择)。M=0,接收和发送使用 8 位数据字符;M=1,接收和发送使用 9 位数据字符。

D3(WAKE)——接收器唤醒模式选择位。WAKE=0,空闲线唤醒;WAKE=1,地址标志唤醒。

D2(ILT)——空闲线类型选择位。ILT=1,在停止位后开始对空闲特征位计数;ILT=0,在开始位后立即对空闲特征位开始计数。

D1(PE)——奇偶校验使能位。PE=0,奇偶校验禁止。PE=1,奇偶校验使能。当奇偶校验使能时,停止位的前一位被视为奇偶校验位。

D0(PT)——奇偶校验类型位。当 PE 使能(PE=1)时,PT=0 偶校验;PT=1 奇校验。

(3) UART0 控制寄存器 4(UART0_C4)

数据位	D7	D6	D5	D4	D3	D2	D1	D0
读/写	MAEN1	MAEN2	M10	OSR				
复位	0	0	0	0	1	1	1	1

注意:UART0_C4,仅仅在模块 0 中是如此定义,UART 模块 1、2 中与 UART0_C4 的定义不相同。

D7(MAEN1)——匹配地址模式使能 1。MAEN1=0,如果 MAEN2 被清零,则接收的所有数据传送到数据缓冲区;MAEN1=1,接收的所有的最高有效位(MSB)被清零的数据将被丢弃。最高有效位被设置,所有接收到的数据与 MA1 寄存器内容进行比较。如果匹配失败,则数据被丢弃。如果匹配成功,则数据被传到数据寄存器中。

D6(MAEN2)——匹配地址模式使能 2。MAEN2=0,如果 MAEN1 被清零,则接收的所有数据传送到数据缓冲区;MAEN2=1,最高有效位被清零,接收的所有数据将被丢弃。最高有效位被设置,所有接收到的数据与 MA2 寄存器内容进行比较。如果匹配失败,则数据被丢弃。如果匹配成功,则数据被传到数据寄存器中。

D5(M10)——10 位模式选择。M10 位将导致第十位成为串行传输的一部分。当发送器和接收器都被禁用时,该位可被更改。M10=0,接收器和发送器使用 8 位或 9 位的数据字符;M10=1,接收器和发送器使用 10 位的数据字符。

D4~D0(OSR)——过采样率(过采样就是多次采样并对结果求均值,以提高精度)。此字段为接收器配置了 4 倍(00011)~32 倍(11111)之间的过采样率。如果配置的数字不在此范围,将默认为过采样率为 16 倍(01111)。只有当收发器都禁用时,该字段才可被修改。

(4) UART0 控制寄存器 5(UART0_C5)

数据位	D7	D6	D5	D4	D3	D2	D1	D0
读/写	TDMAE	0	RDMAE	0	0	0	BOTHEDGE	RESYNCDIS
复位	0	0	0	0	0	0	0	0

注意:UART0_C5,与 UART 模块 1、2 中的 UART0_C4 的定义类似,但也有不同之处。另外,UART 模块 1、2 中无控制寄存器 5。

D7(TDMAE)——发送器 DMA 使能。TDMAE 配置发送数据寄存器空标志 S1[TDRE],以产生 DMA 请求。TDMAE=0,DMA 请求禁止;TDMAE=1,DMA 请求允许。

D6(0)——保留位,只读为 0。

第6章 KL25单片机资源及相应操作

D5(RDMAE)——接收器满DMA使能。RDMAE配置接收器的数据寄存器满标志S1[RDRF],以产生DMA请求。RDMAE=0,DMA请求禁止;RDMAE=1,DMA请求允许。

D4~D2(0)——保留位,只读为0。

D1(BOTHEDGE)——双边沿采样。允许在波特率时钟的两个边缘上对接收到的数据采样,有效地加倍接收器对于一个给定的过采样率输入数据采样的次数。对于×4和×7的过采样比率,该位必须被设置;对于较高的过采样比率是可选的。只有当收发器禁用时,该位可被修改。BOTHEDGE=0,接收器利用波特率时钟的上升沿对输入数据进行采样;BOTHEDGE=1,接收器利用波特率时钟的上升沿和下降沿对输入数据进行采样。

注意:UART模块1、2的控制寄存器4中该位为保留位,只读为0。

D0(RESYNCDIS)——再同步禁止。当设置时,若一个数据1跟随数据0过渡被检测到,则接收到的数据字重新同步禁用。RESYNCDIS=0,在接收到的数据字允许期间重新同步;RESYNCDIS=1,在接收到的数据字期间禁用重新同步。

注意:UART模块1、2的控制寄存器4中该位为保留位,只读为0。

3. 状态寄存器

UARTx_S1寄存器为UART中断或DMA请求提供MCU的输入。这个寄存器也可以由MCU进行轮询来检测。可以通过读状态寄存器之后读或写(取决于中断标志类型)UART数据寄存器来清除标志。其他的指令只要不影响I/O处理,也可以插入到上述两步中执行。

数据位	D7	D6	D5	D4	D3	D2	D1	D0
定义	TDRE	TC	RDRF	IDLE	OR	NF	FE	PF
复位	1	1	0	0	0	0	0	0

注意:UART0中D4~D0写1清零。UART1与UART2中该寄存器只读。

D7(TDRE)——发送数据寄存器空标志位。该位在复位之后置1;或者当一个发送数据从缓冲区转移到发送移位器后,该位置位。为清除TDRE,当TDRE=1时,应先对UARTx_S1中的TDRE进行读操作,然后写UART数据寄存器UART_D。TDRE=0,发送数据寄存器(缓冲器)已满;TDRE=1,发送数据寄存器(缓冲器)为空。

D6(TC)——发送完成标志位。TC=0,正在发送;TC=1,发送完成。TC位在复位后置为1;或当TDRE=1,且无数据,前导符或中止符正在发送时,TC置为1。TC=1时,先读取UARTx_S1,然后进行以下任意一种操作,TC位将自动清除:

① 向UARTx_D寄存器写入数据;

② 通过向TE写0,然后向TE写1,对一个前导字符排队;

③ 通过向控制寄存器2的 SBK 位写1,对一个中止字符排队。

D5(RDRF)——接收数据寄存器已满标志位。当接收缓冲区满了以后,该位置位。

注意:为清除 RDRF,应先对 UARTx_S1 中的 RDRF 进行读操作,然后读 UART 数据寄存器。RDRF＝0,接收数据寄存器(缓冲器)空;RDRF＝1,接收数据寄存器(缓冲器)已满。

D4(IDLE)——空闲线标志。如果 UART 接收线在活动周期之后的空闲持续一个字符时间,则该位置位。当控制寄存器1中的 ILT＝0时,接收器从开始位计时空闲位时间。因此,如果接收到的字符全为1,那么这些位的时间加上停止位的时间是接收器检测空闲线的时间。当控制寄存器1中的 ITL＝1时,接收器从停止位开始计时空闲位时间。停止位和刚发送字符中的任意高电平位的时间不能作为接收器检测空闲线的时间。要清除该标志位,可向该位写1。该位清除后,只有在接收到一个新的字符且 RDRF＝1时,IDLE 才能再次置位,即使接收线在额外的周期内保持空闲状态,IDLE 也只置位一次。IDLE＝0,没有检测到空闲线路;IDLE＝1,检测到空闲线路。

D3(OR)——接收器溢出标记位。当一个新的字符准备转移到接收数据寄存器(缓冲器),但以前接收到的字符还未从 UARTx_D 读取时,OR 置位。要清除 OR,应先读 UARTx_S1 中的 OR,然后读 UARTx_D。OR＝0,没有溢出;OR＝1,接收溢出(新 UART 数据丢失)。

D2(NF)——噪声标志。在 UART 接收器中采用了高级采样技术,对每一个接收到的位进行3次采样。如果任意一次采样与其他采样不同,将置位 NF。NF＝0,未检测到噪声;NF＝1,在 UARTx_D 的接收数据中检测到噪声。

D1(FE)——帧错误标志。如果在应该出现停止位的时刻,检测到0,则该位置位。要清除 FE,可先读 UARTx_S1,再读 UARTx_D。FE＝0,未检测到成帧错误,这不能保证成帧正确;FE＝1,成帧错误。

D0(PF)——奇偶校验错误标志。当奇偶校验使能(PE＝1),且接收到数据的奇偶校验位与期望的奇偶校验值不匹配时,该位置位。PF＝0,没有奇偶效验错误;PF＝1,有奇偶效验错误。

4. 波特率寄存器:UARTx_BDH、UARTx_BDL

UARTx_BDH 寄存器与 UARTx_BDL 寄存器一同控制着波特率生成器的分频因子。只有在收发器都禁用的情况下,13位[SBR12:SBR0]波特率设置位才可被设置。

第6章 KL25单片机资源及相应操作

数据位	D7	D6	D5	D4	D3	D2	D1	D0
读/写	LBKDIE	RXEDGIE	SBNS	\multicolumn{5}{c}{SBR}
复位	\multicolumn{8}{c}{0}

D7(LBKDIE)——LIN中止检测中断使能。LBKDIE=0,UART_S2[LBKDIF]会禁止硬件中断(通过轮询机制);LBKDIE=1,当UART_S2[LBKDIF]标志为1时,有硬件中断请求。

D6(RXEDGIE)——RX输入有效边沿中断允许位。RXEDGIE=0,UART_S2[RXEDGIF]会禁止硬件中断(通过轮询机制)。RXEDGIE=1,当UART_S2[RXEDGIF]标志为1时,有硬件中断请求。

D5(SBNS)——停止位数选择。SBNS决定了停止位的位数。只有在收发器同时处于禁止的情况下,该位才可以被改变。SBNS=0,有1位停止位。SBNS=1,有2位停止位。

D4~D0(SBR)——波特率模/数因子。它与波特率低字节寄存器(UARTx_BDL)的8位组合成13位[SBR12:SBR0],统称为BR。它们给波特率生成器设置模/数因子值。

UARTx_BDL与UARTx_BDH寄存器一起控制着UART波特率生成器的预分频因子。只有在收发器都禁用的情况下,13位[SBR12:SBR0]波特率设置位(波特率模数因子)才可被设置。8位UARTx_BDL寄存器为波特率设置位的低8位[SBR7:SBR0]。复位后UART_BDL为非零值,波特率生成器被禁止。

SBR[12:0]中的13位统称为BR。它们给波特率生成器设置模/数因子值。当BR是1~8 191时,UART0波特率=UART0时钟/[(OSR +1)×BR]。UART1与UART2波特率=BUSCKL/(16×BR)。

5. 数据寄存器

UARTx_D(x=0~2)其实是两个单独的8位寄存器,读时会返回只读接收数据寄存器中的内容,写时会写到只写发送数据寄存器。

6. UART驱动构件封装

UART驱动构件封装要点分析如下:

UART具有初始化、接收和发送三种基本操作。按照构件的思想,可将它们封装成三个独立的功能函数,初始化函数完成对UART模块的工作属性的设定,接收和发送功能函数则完成实际的通信任务。对UART模块进行编程,实际上已经涉及到对硬件底层寄存器的直接操作,因此,可将初始化、接收和发送三种基本操作所对应的功能函数共同放置在命名为uart.c的文件中,并按照相对严格的构件设计原则对其进行封装,同时配以命名为uart.h的头文件,用来定义模块的基本信息和对外接口。

第6章 KL25单片机资源及相应操作

按照模块所具有的基本操作来确定构件中应该具有哪些功能集合,是很自然也很重要的事情。但是,要实现编程的构件化,对具体的函数原型的设计则是重中之重。函数原型设计的好坏直接影响构件化编程的成败。下面就以UART的初始化、接收和发送三种基本操作为例,来说明实现构件化编程的全过程。

需要说明的是,实现构件化编程的UART软件模块应当具有以下几个特点:

① UART模块是最底层的构件,它主要向上提供三种服务,分别是UART模块的初始化、接收单个字节和发送单个字节;向下则直接访问模块寄存器,实现对硬件的直接操作。另外,从实际使用角度出发,它还需要封装接收N个字节和发送N个字节的功能函数。

② UART模块在软件上对应1个uart.c程序源代码文件和1个uart.h头文件,当需要使用UART构件时,大多数情况下只需简单复制这两个文件即可,无需对源代码文件和头文件进行修改;只有当进行不同芯片之间的移植时,才需要修改头文件中与硬件相关的宏定义。

③ 上层构件或软件在使用该构件时,严格禁止通过全局变量来传递参数,所有的数据传递都直接通过函数的形式参数来接收。这样做不但使得接口简洁,而且避免了全局变量可能引发的安全隐患。

UART模块是最基本、最底层的构件,它在满足功能完整性的情况下,具有不可再分的特性,可以把它叫做"元构件"。

通过以上分析,可以设计UART构件的8个基本功能函数。

① 初始化:void uart_init (uint_8 uartNo,uint_32 sel_clk,uint_32 baud_rate);

② 发送单个字节:uint_8 uart_send1(uint_8 uartNo, uint_8 ch);

③ 发送N个字节:uint_8 uart_sendN (uint_8 uartNo ,uint_16 len ,uint_8 * buff);

④ 发送字符串:uint_8 uart_send_string(uint_8 uartNo, void * buff);

⑤ 接收单个字节:uint_8 uart_re1 (uint_8 uartNo,uint_8 * fp);

⑥ 接收N个字节:uint_8 uart_reN (uint_8 uartNo ,uint_16 len ,uint_8 * buff);

⑦ 使能串口接收中断:void uart_enable_re_int(uint_8 uartNo);

⑧ 禁止串口接收中断:void uart_disable_re_int(uint_8 uartNo)。

KL25的TPM引脚如表6-3所列。

表6-3 KL25的TPM引脚

引脚号	引脚名	ALT0	ALT1	ALT2	ALT3	ALT4
13	PTE20	ADC0_DP0/ADC0_SE0	PTE20		TPM1_CH0	UART0_TX
14	PTE21	ADC0_DM0/ADC0_SE4a	PTE21		TPM1_CH1	UART0_RX
15	PTE22	ADC0_DP3/ADC0_SE3	PTE22		TPM2_CH0	UART2_TX

第6章 KL25 单片机资源及相应操作

续表 6-3

引脚号	引脚名	ALT0	ALT1	ALT2	ALT3	ALT4
16	PTE23	ADC0_DM3/ADC0_SE7a	PTE23		TPM2_CH1	UART2_RX
21	PTE29	CMP0_IN5/ADC0_SE4b	PTE29		TPM0_CH2	TPM_CLKIN0
22	PTE30	DAC0_OUT/ADC0_SE23/CMP0_IN4	PTE30		TPM0_CH3	TPM_CLKIN1
23	PTE31		PTE31		TPM0_CH4	
24	PTE24		PTE24		TPM0_CH0	
25	PTE25		PTE25		TPM0_CH1	
26	PTA0	TSI0_CH1	PTA0		TPM0_CH5	
27	PTA1	TSI0_CH2	PTA1	UART0_RX	TPM2_CH0	
28	PTA2	TSI0_CH3	PTA2	UART0_TX	TPM2_CH1	
29	PTA3	TSI0_CH4	PTA3	I2C1_SCL	TPM0_CH0	
30	PTA4	TSI0_CH5	PTA4	I2C1_SDA	TPM0_CH1	
31	PTA5		PTA5	USB_CLKIN	TPM0_CH2	
32	PTA12		PTA12		TPM1_CH0	
33	PTA13		PTA13		TPM1_CH1	
40	PTA18	EXTAL0	PTA18		UART1_RX	TPM_CLKIN0
41	PTA19	XTAL0	PTA19		UART1_TX	TPM_CLKIN1
43	PTB0	ADC0_SE8/TSI0_CH0	PTB0/LLWU_P5	I2C0_SCL	TPM1_CH0	
44	PTB1	ADC0_SE9/TSI0_CH6	PTB1	I2C0_SDA	TPM1_CH1	
45	PTB2	ADC0_SE12/TSI0_CH7	PTB2	I2C0_SCL	TPM2_CH0	
46	PTB3	ADC0_SE13/TSI0_CH8	PTB3	I2C0_SDA	TPM2_CH1	
51	PTB16	TSI0_CH9	PTB16	SPI1_MOSI	UART0_RX	TPM_CLKIN0
52	PTB17	TSI0_CH10	PTB17	SPI1_MISO	UART0_TX	TPM_CLKIN1
53	PTB18	TSI0_CH11	PTB18		TPM2_CH0	
54	PTB19	TSI0_CH12	PTB19		TPM2_CH1	
56	PTC1	ADC0_SE15	PTC1	I2C1_SCL		TPM0_CH0
57	PTC2	ADC0_SE11/TSI0_CH15	PTC2	I2C1_SDA		TPM0_CH1
58	PTC3		PTC3/LLWU_P7		UART1_RX	TPM0_CH2
61	PTC4		PTC4/LLWU_P8	SPI0_PCS0	UART1_TX	TPM0_CH3
65	PTC8	CMP0_IN2	PTC8	I2C0_SCL	TPM0_CH4	

续表 6-3

引脚号	引脚名	ALT0	ALT1	ALT2	ALT3	ALT4
66	PTC9	CMP0_IN3	PTC9	I2C0_SDA	TPM0_CH5	
69	PTC12		PTC12			TPM_CLKIN0
70	PTC13		PTC13			TPM_CLKIN1
73	PTD0		PTD0	SPI0_PCS0		TPM0_CH0
74	PTD1	ADC0_SE5b	PTD1	SPI0_SCK		TPM0_CH1
75	PTD2		PTD2	SPI0_MOSI	UART2_RX	TPM0_CH2
76	PTD3		PTD3	SPI0_MISO	UART2_TX	TPM0_CH3
77	PTD4		PTD4/ LLWU_P14	SPI1_PCS0	UART2_RX	TPM0_CH4
78	PTD5	ADC0_SE6b	PTD5	SPI1_SCK	UART2_TX	TPM0_CH5

下面简要介绍按照构件化的思想对 UART 模块进行编程的过程。

6.4 定时器/PWM 模块(TPM)功能概述及编程结构

6.4.1 TPM 模块功能概述

TPM(定时器/脉宽调制模块)共有 3 个模块 TPM0、TPM1、TPM2。TPM0 有 6 个通道,TPM1 和 TPM2 只有 2 个通道。TPM 支持输入捕捉、输出比较,并且能够产生 PWM 信号来控制电机。被异步时钟控制的计数器、输出比较和输入捕捉寄存器可以在低功耗模式下保持使能。通过异步时钟源,让计数器、输出比较和输入捕捉寄存器工作在低功耗模式下。所以 KL25 的 TPM 模块又可称为 LPTPM,在下文中的 LPTPM 即代表 KL25 的 TPM。

TPM 的基本定时器部分是一个递增的计数器,可以设定模块的溢出值。当计数器递增到该数值时,产生 TPM 中断,可以通过选择时钟源和溢出值设定该计数器的频率。

1. 外部引脚

TPM 模块除基本定时功能外,还有输入捕捉、输出比较、脉宽调制(PWM)功能。表 6-3 列出了 TPM 模块的输入捕捉、输出比较、PWM 相关的引脚及其复用情况。

2. 基本结构

(1) 计数时钟源与分频

TPM 的时钟由 SIM_SOPT2[TPMSRC]和 SIM_SOPT2[PLLFLLSEL]来进行选择,TPMSRC[25:24]=00 表示没有选择任何时钟,相当于关闭 TPM 计数器;

TPMSRC[25:24]=01 表示选择 MCGFLLCLK 或者 MCGPLLCLK/2 作为时钟；TPMSRC[25:24]=10 表示选择 OSCERCLK 作为时钟；TPMSRC[25:24]=11 表示选择 MCGIRCL 作为时钟。

选择的时钟源的分频因子由状态和控制（TPMx_SC）的 PS[2:0]位决定，PS[2:0]=000（1 分频），PS[2:0]=001（2 分频），PS[2:0]=010（4 分频），PS[2:0]=011（8 分频），PS[2:0]=100（16 分频），PS[2:0]=101（32 分频），PS[2:0]=110（64 分频），PS[2:0]=111（128 分频）。

(2) 计数器

TPM 具有一个由通道使用的 16 位计数器，其要么用于输入模式，要么用于输出模式。计数器更新选中的被预分频器分频的时钟。TPM 计数器有两种操作模式：上升计数和可逆计数。

上升计数：当（CPWMS=0）时，上升计数被选中。0 值被加载到 TPM 计数器中，并且计数器增量直到达到 MOD 中的值，此刻计数器被重载为 0。当使用上升计数时，TPM 周期是（MOD+0x0001）×TPM 的计数器时钟的周期。当 TPM 计数器从 0 变到 MOD 时，TOF 位被置位。

可逆计数：当 CPWMS=1 时，可逆计数被选中。当配置为可逆计数时，MOD 必须大于或等于 2。0 值被加载到 TPM 计数器，并且计数器增量直到达到 MOD 值，此时计数器减量直到它返回 0 值并且可逆计数重启。当使用可逆计数时，TPM 周期是 2×MOD×TPM 计数器时钟周期。当 TPM 计数器从 MOD 变化到 MOD−1 时，TOF 位被置位。

TPM 模块除了以上操作外，还可以有以下三种常用的功能：

输入捕捉：当 CPWMS=0 时，输入捕获模式被选中，MSnB:MSnA = 0:0，并且 ELSnB:ELSnA≠0:0。当一个选定的边沿发生在通道输入时，TPM 计数器的当前值被捕捉到 CnV 寄存器，同时 CHnF 位被置位并且通道中断产生（如果 CHnIE=1）。当一个通道被配置为输入捕捉时，TPM_CHn 引脚是一个边沿敏感输入。ELSnB:ELSnA 控制位决定哪些沿（下降或上升）触发输入捕捉事件。

输出比较：当 CPWMS=0 时，输出比较模式被选中，并且 MSnB:MSnA=0:1。在输出比较模式下，TPM 可以产生带有可编程位置的定时脉冲、极性、持续时间和频率。当计数器匹配输出比较通道中的 CnV 寄存器的值时，通道(n)输出可以被置位、清零或切换。当一个通道初始配置为输出比较模式时，通道输出更新为相反值（0 为置位/翻转电平，逻辑 1 为清零/脉冲低）。CHnF 的位被置位并且（如果 CHnIE=1）在通道(n)匹配（TPM 计数器 = CnV）时，通道(n)中断产生。

PWM：脉宽调制器 PWM（Pulse Width Modulator）产生一个在高电平和低电平之间重复交替的输出信号，这个信号被称为 PWM 信号，也叫脉宽调制波。通过指定所需的时钟周期和占空比来控制高电平和低电平的持续时间。通常定义占空比为信号处于高电平的时间（或时钟周期数）占整个信号周期的百分比，方波的占空比是 50 %。脉冲宽度是指脉冲处于高电平的时间。PWM 分为两类。

① 边沿对齐 PWM(Edge-Aligned PWM)。如图 6-1 所示,当 CPWMS=0、MSnB:MSnA=1:0 时,边缘对齐方式被选中。EPWM 周期由 MOD+0x0001 决定,并且脉冲宽度(占空比)由 CnV 决定。在通道(n)匹配(TPM 计数器=CnV)时,CHnF 位被置位并且通道(n)中断产生(如果 CHnIE=1),也就是在脉冲宽度的末尾。因为所有 PWM 信号的主要边沿都对齐到周期的开始,所以这种类型的 PWM 信号被称为边沿对齐。在一个 TPM 中,所有的通道也是如此。

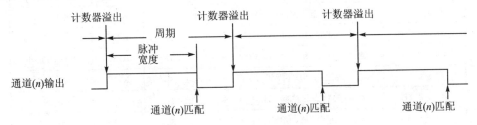

图 6-1 边沿对齐 PWM

② 中央对齐 PWM(Center-Aligned PWM)。如图 6-2 所示,CPWM 周期由 2×MOD 决定,脉冲宽度(占空比)由 2×CnV 决定,MOD 必须在 0x0001~0x7FFF 的范围内。

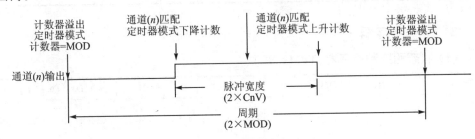

图 6-2 中央对齐 PWM

6.4.2 TPM 模块概要与编程要点

1. 寄存器地址分析

每个 TPM 模块的地址(十六进制)为 4003_8000+x*1000(其中 x 代表模块号)。表 6-4 列出了 TPM0 各个寄存器的基本信息。

表 6-4 TPM0 各个寄存器的基本信息

绝对地址	寄存器名	宽度	访问	复位
4003_8000	状态和控制(TPM0_SC)	32	R/W	0000_0000h
4003_8004	计数器(TPM0_CNT)	32	R/W	0000_0000h

第6章　KL25单片机资源及相应操作

续表 6-4

绝对地址	寄存器名	宽度	访问	复位
4003_8008	模(TPM0_MOD)	32	R/W	0000_FFFFh
4003_800C	通道(0)状态和控制(TPM0_C0SC)	32	R/W	0000_0000h
4003_8010	通道(0)值(TPM0_C0V)	32	R/W	0000_0000h
4003_8014	通道(1)状态和控制(TPM0_C1SC)	32	R/W	0000_0000h
4003_8018	通道(1)值(TPM0_C1V)	32	R/W	0000_0000h
4003_801C	通道(2)状态和控制(TPM0_C2SC)	32	R/W	0000_0000h
4003_8020	通道(2)值(TPM0_C2V)	32	R/W	0000_0000h
4003_8024	通道(3)状态和控制(TPM0_C3SC)	32	R/W	0000_0000h
4003_8028	通道(3)值(TPM0_C3V)	32	R/W	0000_0000h
4003_802C	通道(4)状态和控制(TPM0_C4SC)	32	R/W	0000_0000h
4003_8030	通道(4)值(TPM0_C4V)	32	R/W	0000_0000h
4003_8034	通道(5)状态和控制(TPM0_C5SC)	32	R/W	0000_0000h
4003_8038	通道(5)值(TPM0_C5V)	32	R/W	0000_0000h
4003_8050	捕捉和比较状态(TPM0_STATUS)	32	R/W	0000_0000h
4003_8084	配置(TPM0_CONF)	32	R/W	0000_0000h

2. 控制寄存器

(1) 状态和控制寄存器(TPMx_SC)

数据位	D15	D14	D13	D12	D11	D10	D9	D8	D7	D6	D5	D4	D3	D2	D1	D0
读				0				DMA	TOF	TOIE	CPWMS	CMOD		PS		
写				—					w1c							
复位								0								

SC包含的溢出状态标志和控制位,用于配置中断使能、模块配置和预分频因子。在这个模块内,这些控制与所有的通道有关。

D31~D9(Reserved)——保留位,此只读字段被保留并且读取值为0。

D8(DMA)——DMA使能,使能DMA传输的溢出标志。0,禁用DMA传输;1,使能DMA传输。

D7(TOF)——计时器溢出标志。当LPTPM计数器等于MOD寄存器的值并增加时,硬件置位。写1清零TOF位,写0到TOF位无效。当另一个LPTPM溢出发生在标志设置和标志清零时,写操作无效;因此,TOF保持置位表明另一个溢出已经发生。在这种情况下,由于在清零前一个TOF时存在延迟,所以TOF中断请求不会丢失。0,LPTPM计数器没溢出;1,LPTPM计数器已经溢出。

D6(TOIE)——定时器溢出中断使能,使能 LPTPM 溢出中断。0,禁用 TOF 中断,使用软件轮询或 DMA 请求;1,使能 TOF 中断,当 TOF 等于 1 时产生中断。

D5(CPWMS)——PWM 居中对齐方式选择选择 CPWM 模式。这个模式配置 LPTPM 在可逆计数模式下运行。此字段是写保护的。仅当计数器是禁用时它才可以被写。0,LPTPM 计数器在上升计数模式运行;1,LPTPM 计数器在可逆计数模式运行。

D4~D3(CMOD)——时钟模式选择,选择 LPTPM 计数器时钟模式。当禁用计数器时,这个字段保持置位直到在 LPTPM 时钟域有应答。00,LPTPM 计数器禁用;01,LPTPM 计数器在每一个 LPTPM 计数器时钟增量;10,LPTPM 计数器在 LPTPM_EXTCLK 的上升沿同步到 LPTPM 计数器时钟时增量;11,保留。

D2~D0(PS)——预分频因子选择,通过 CMOD 为时钟模式选择 8 个分频系数中的一个。此字段写保护。只有当计数器是禁用时才可以被写。000,除以 1;001,除以 2;010,除以 4;011,除以 8;100,除以 16;101,除以 32;110,除以 64;111,除以 128。

(2) 通道(n)状态和控制寄存器(TPMx_CnSC)

通道状态控制寄存器 CnSC 包含通道中断状态标志和控制位,用来配置中断使能、通道模式和引脚功能。

数据位	D15	D14	D13	D12	D11	D10	D9	D8	D7	D6	D5	D4	D3	D2	D1	D0
					高 16 位为保留位											
读	0								CHF	CHIE	MSB	MSA	ELSB	ELSA	0	DMA
写	—								w1c							
复位	0															

D31~D8,D1(Reserved)——此字段被保留并且读取值为 0。

D7(CHF)——通道标志,当通道上有事件发生时硬件置位,写 1 到 CHF 位时 CHF 清零,写 0 到 CHF 无效。如果另一个事件发生在 CHF 置位和写操作之间,则写操作无效,因此,CHF 保留置位表明另一个事件已经发生。由于清零前一个 CHF 位时存在延迟,因此在这种情况下 CHF 中断请求不会丢失。0,没有通道事件发生;1,有通道事件发生。

D6(CHIE)——通道中断使能,使能通道中断。0,禁止通道中断;1,使能通道中断。

D5(MSB)——通道模式选择,用于在通道的逻辑中进一步选择。它的功能依赖于通道模式。当通道被禁用时,这一位不会改变状态,直到在 LPTPM 计数器时钟域得到应答。

D4(MSA)——通道模式选择,用于在通道逻辑中的进一步选择。它的功能依赖于通道模式。当通道被禁用时,这一位不会改变状态直到在 LPTPM 计数器时钟域得到应答。

D3(ELSB)——边沿或电平选择,ELSB 和 ELSA 的功能取决于通道模式。当一个通道被禁用时,这一位不会改变状态直到在 LPTPM 计数器时钟域得到应答。

D2(ELSA)——边沿或电平选择,ELSB 和 ELSB 的功能取决于通道模式。当一个通道被禁用时,这一位不会改变状态直到在 LPTPM 计数器时钟域得到应答。

D0(DMA)——DMA 使能,使能通道 DMA 传输,0,禁用 DMA 传输;1,使能 DMA 传输。

通道的工作模式如表 6-5 所列。当从一个通道模式转换到一个不同的通道模式时,通道必须首先被禁用并且必须在 LPTPM 计数器时钟域被应答。

表 6-5 通道的工作模式

CPWMS	MSnB:MSnA	ELSnB:ELSnA	模式	配置
X	00	00	无	通道禁止
X	01/10/11	00	软件比较	LPTPM 不使用引脚
0	00	01	输入捕捉	上升沿捕捉
0	00	10	输入捕捉	下降沿捕捉
0	00	11	输入捕捉	在上升沿或者下降沿捕捉
0	01	01	输出比较	翻转比较输出
0	01	10	输出比较	输出低电平
0	01	11	输出比较	输出高电平
0	10	10	边沿对齐 PWM	前半段高电平,后半段低电平
0	10	X1	边沿对齐 PWM	前半段低电平,后半段高电平
0	11	10	输出比较	输出低电平
0	11	X1	输出比较	输出高电平
1	10	10	中心对齐 PWM	向上计数输出低电平,向下计数输出高电平
1	10	X1	中心对齐 PWM	向上计数输出高电平,向下计数输出低电平

3. 捕捉和比较状态寄存器(TPMx_STATUS)

对于每个 LPTPM 通道,状态寄存器包含了状态标志 CHnF 位(在 CnSC 中)和 TOF 位(在 SC 中)的一个拷贝,这是为了便于软件编写。在状态寄存器中的每个 CHnF 位是 CnSC 中 CHnF 位的一个镜像。所有 CHnF 位可以被检查仅需一次读状态操作。所有 CHnF 位可以通过向状态寄存器写所有的位来清零。当通道事件发生时,硬件设置独立的通道标志。写 1 到 CHF 位可以清零,写 0 无效。如果另一个事件发生在标志置位和写操作之间,则写操作无效。因此,CHF 保持置位表明另一个事件已经发生。在这种情况下,由于前一个 CHF 的清零序列存在,所以 CHF 中断请求不会丢失。

数据位	高 16 位为保留位											
	D15	D14	D13	D12	D11	D10	D9	D8	D7	D6	D5	D4	D3	D2	D1	D0
读	0								TOF	0		CH5F	CH4F	CH3F	CH2F	CH1F	CH0F
写	—								wlc			wlc	wlc	wlc	wlc	wlc	wlc
复位	0															

D31~D9(Reserved)——保留位,此只读字段被保留并且读取值为 0。

D8(TOF)——定时器溢出标志,参见寄存器描述。0,LPTPM 计数器没有溢出;1,LPTPM 计数器已经溢出。

D7~D6(Reserved)——保留位,此只读字段被保留并且读取值为 0。

D5(CH5F)~D0(CH0F)——通道 5~通道 0 标志。0,没有通道事件发生;1,一个通道事件已经发生。

4. 其他寄存器

(1) 计数器寄存器(TPMx_CNT)

CNT 寄存器包含 LPTPM 计数器值。复位清零 CNT 寄存器,向 COUNT 写入任何值都可以清零计数器。调试情况下,除非另外配置,否则 LPTPM 计数器不会增量。由于同步延迟,读 CNT 寄存器时增加两个等待状态到寄存器访问。

D31~D16(Reserved)——保留位,此只读字段被保留并且读取值为 0。

D15~D0(COUNT)——计数器值。

(2) 模/数寄存器(TPMx_MOD)

取模寄存器包含 LPTPM 计数器的模值。当 LPTPM 计数器达到模值并且增加时,溢出标志(TOF)置位,并且下一个 LPTPM 计数器的值取决于选定的计数方式。写入 MOD 寄存器锁存值到缓冲区中,根据 MOD 寄存器的更新而更新写缓冲区的值。建议在初始化 LPTPM 计数器(写 CNT)之前写 MOD 寄存器,来避免在第一个计数器溢出时发生混淆。

D31~D16(Reserved)——保留位,此只读字段被保留并且读取值为 0。

D15~D0(MOD)——模值,当写这个字段时,所有字节必须被同时写入。

(3) 通道(n)值寄存器(TPMx_CnV)

对于输入模式或者输出模式的匹配值,这些寄存器包含了捕获 LPTPM 计数器的值。在输入捕捉模式,CnV 的写操作被忽略。在输出比较模式,写 CnV 寄存器将锁存值到缓冲区。CnV 寄存器的值根据 CnV 寄存器的更新而更新为写缓冲区的值。地址:基地址+10 h 偏移量+($8\,d \times i$),取值 i 为 0d~5d。

D31~D16(Reserved)——此字段被保留,此只读字段被保留并且保留值为 0。

D15~D0(VAL)——通道值,捕捉 LPTPM 计数器输入模式的值或输出模式的匹配值。在写这个字段时,所有字节必须被同时写入。

(4) 配置寄存器(TPMx_CONF)

寄存器在调试和等待模式中选择行为并使用一个外部的全局时基。

地址：基地址+84h 偏移

数据位	D31	D30	D29	D28	D27	D26	D25	D24	D23	D22	D21	D20	D19	D18	D17	D16
读	\multicolumn{4}{c}{0}	\multicolumn{4}{c}{TRGSEL}	\multicolumn{5}{c}{0}	CROT	CSOO	CSOT
写	—	—	—	—					—	—	—	—	—			
复位	\multicolumn{16}{c}{0}

数据位	D15	D14	D13	D12	D11	D10	D9	D8	D7	D6	D5	D4	D3	D2	D1	D0
读				0			GTBEEN	0	DBGMODE		DOZEEN			0		
写								—								
复位								0								

D31~D28(Reserved)——保留位，此只读字段被保留并且读取值为 0。

D27~D24(TRGSEL)——触发选择，选择输入触发用于启动/重载计数器。这个字段应该只有当 LPTPM 计数器禁用时才可以被改变。参见可用选项的芯片配置部分。

D23~D19(Reserved)——保留位，此只读字段被保留并且读取值为 0。

D18(CROT)——计数器重载触发，当置位并且在选择的触发输入上检测到上升沿时，LPTPM 计数器将重载为零（并且初始化 PWM 输出为其默认值）。如果 LPTPM 计数器在调试模式或睡眠模式下被暂停，则触发输入被忽略。这个字段只有当 LPTPM 计数器是禁用时才能被改变。0，已选择的输入触发的上升沿不会重载计数器；1，当在已选择的输入触发上检测到上升沿时，计数器被重载。

D17(CSOO)——计数器在溢出时停止，当置位时，一旦计数器值等于 MOD 值并且递增（这也置位 TOF），那么 LPTPM 计数器将会停止增量。由于写计数器寄存器或者一个触发输入不会导致计数器停止增量，所以计数器重载为 0。一旦计数器停止增量，那么除非它先禁止使能或者当 CSOT 置位时，在已选择的触发输入上检测到上升沿，否则计数器不会开始递增。这个字段应该只有当计数器是禁用时才可以被改变。0，在溢出之后，LPTPM 计数器继续增量/减量；1，在溢出之后，LPTPM 计数器停止增量/减量。

D16(CSOT)——计数器在触发时开始，当置位时，LPTPM 计数器在使能后将不会增量直到在已选择的触发输入上检测到上升沿。如果 LPTPM 计数器由于溢出而停止，那么在已选择的触发输入的上升沿将导致 LPTPM 计数器再次开始增量。如果 LPTPM 计数器在调试模式或者睡眠模式被暂停，那么触发输入将被忽略。这一字段应该只有在 LPTPM 计数器是禁用时才可以被改变。0，一旦被使能，LPTPM 计数器立即开始增量；1，当被使能或者由于溢出被停止之后，在已选择的触发输入上检测到上升沿时，LPTPM 计数器开始增量。

D15～D10(Reserved)——保留位,此只读字段被保留并且读取值为0。

D9(GTBEEN)——全局时基使能,配置LPTPM使用一个外部产生全局时基计数器。当一个外部产生的时基被使用时,内部LPTPM计数器不会被用于通道,但可以用来生成一个周期中断或DMA请求,使用模寄存器和定时器溢出标志。0,所有通道使用内部产生的LPTPM计数器作为它们的时基;1,所有通道使用一个外部产生的全局时基作为它们的时基。

D8(Reserved)——保留位,此只读字段被保留并且读取值为0。

D7～D6(DBGMODE)——调试模式,在调试模式下配置LPTPM的行为。所有其他配置被保留。00,在调试模式下,LPTPM计数器被暂停并且不会增量,触发输入和输入捕捉事件也被忽略了;11,调试模式下LPTPM计数器继续。

D5(DOZEEN)——睡眠使能,在等待模式配置LPTPM行为。0,在睡眠模式下,内部LPTPM计数器继续;1,在睡眠模式下,内部LPTPM计数器被暂停并且不会增量,触发输入和输入捕捉事件也被忽略。

D4～D0(Reserved)——保留位,此只读字段被保留并且读取值为0。

6.5 周期性中断定时器(PIT)

6.5.1 PIT模块功能概述

周期中断定时器模块(Periodic Interrupt Timer,PIT)是一组可以用于产生中断和触发DMA通道的定时器。该模块的中断都是可屏蔽的,每个定时器都有独立的溢出周期;此外,周期中断定时器模块没有外部引脚。图6-3显示了PIT模块的结构框图。PIT有以下三个基本操作。

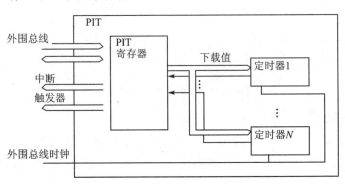

图6-3 周期中断定时器框图

1. 定时器

当使能时,定时器定期产生触发。定时器加载LDVAL寄存器中指定的开始值,递减计数到 0,然后再次加载单独的开始值。每当定时器达到 0 时,它将生成一个触发脉冲并置位中断标志。所有中断可以通过设置 TCTRLn[TIE]来使能或屏蔽。一个新的中断只有在当前一个中断被清零后才能产生。如果有需要,定时器的当前计数值可以通过 CVAL 寄存器被读取。通过先禁用、后使能(通过 TCTRLn[TEN])的方式可以重启计数器周期,如图 6-4 所示。

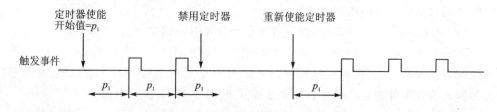

图 6-4 停止和开始定时器

通过先禁用定时器,设置一个新的载入值,然后再使能定时器的方式,可以修改正在运行的定时的计数周期,如图 6-5 所示。

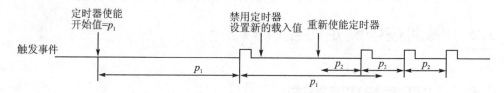

图 6-5 修改运行着的定时器周期

通过写新的载入值到 LDVAL 而不重启定时器,也可以改变计数器周期。这个值将在下一个触发器事件之后被加载,如图 6-6 所示。

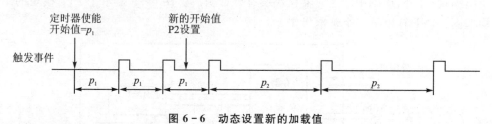

图 6-6 动态设置新的加载值

2. 调试模式

在调试模式下,定时器将由 MCR[FRZ]决定是否冻结。这是指可以帮助软件开发人员停止处理器的运行,以便查看系统的当前状态。例如,查看定时器值,然后继续操作。

3. 中　断

所有的定时器都支持中断的产生,见 MCU 的相关向量地址和优先级的规范。定时器中断可以通过设置 TCTRLn[TIE]来使能。当一个超时发生在相关的定时器上时,TFLGn[TIF]被设置位,并且允许通过写 1 到相应的 TFLGn[TIF]来清零。

6.5.2 PIT 模块概要与编程要点

1. 寄存器地址分析

表 6-6 提供了一个 PIT 模块中所有可访问的寄存器的详细信息。

表 6-6 PIT 模块中所有可访问的寄存器

绝对地址	寄存器名	宽度	访问	复位
4003_7000	PIT 模块控制寄存器(PIT_MCR)	32	R/W	0000_0002h
4003_70E0	PIT 高位使用期定时器寄存器(PIT_LTMR64H)	32	R	0000_0000h
4003_70E4	PIT 低位使用期定时器寄存器(PIT_LTMR64L)	32	R	0000_0000h
4003_7100	定时器载入值寄存器(PIT_LDVAL0)	32	R/W	0000_0000h
4003_7104	当前定时值寄存器(PIT_CVAL0)	32	R	0000_0000h
4003_7108	定时器控制寄存器(PIT_TCTRL0)	32	R/W	0000_0000h
4003_710C	定时器标记寄存器(PIT_TFLG0)	32	R/W	0000_0000h
4003_7110	定时器载入值寄存器(PIT_LDVAL1)	32	R/W	0000_0000h
4003_7114	当前定时值寄存器(PIT_CVAL1)	32	R	0000_0000h
4003_7118	定时器控制寄存器(PIT_TCTRL1)	32	R/W	0000_0000h
4003_711C	定时器标记寄存器(PIT_TFLG1)	32	R/W	0000_0000h

2. 控制寄存器

(1) PIT 模块控制寄存器(PIT_MCR)

数据位	D31	D30	D29	D28	D27	D26	D25	D24	D23	D22	D21	D20	D19	D18	D17	D16
读	FRZ	MDIS	Reserved	0												
写	FRZ	MDIS	Reserved	—												
复位	0	1		0												
低 16 位为保留位																

D31(FRZ)——冻结。当设备进入调试模式时,允许定时器停止。FRZ=0,调试模式下继续运行;FRZ=1,定时器在调试模式下停止。

D30(MDIS)——模块禁用(PIT section)。禁用标准时钟。RTI 定时器不给这个字段影响。这个字段必须在任何其他设置完成之前被使能。MDIS=0,标准的 PIT 定时器时钟被使能;MDI=1,标准的 PIT 定时器时钟被禁用。

D29(Reserved)——保留位,此字段被保留。

D28~D0(Reserved)——保留位,此只读字段被保留并且读取值为 0。

第6章 KL25单片机资源及相应操作

(2) 定时器控制寄存器(PIT_TCTRLn)

数据位	D31	D30	D29	D28	D27	D26	D25	D24	D23	D22	D21	D20	D19	D18	D17	D16
读	TEN	TIE	CHN	0											
写	TEN	TIE	CHN	—											
复位	0														

低16位为保留位

D31(TEN)——定时器使能。使能或禁用定时器。TEN=0,定时器n是禁用的;TEN=1,定时器n是使能的。

D30(TIE)——定时器中断使能。当一个中断被挂起,或者TFLGn(TIF)置位时,使能这个中断会立即引发中断事件。为了避免这种情况,相关的TFLGn(TIF)必须首先被清零。TIE=0,来自计时器n的中断请求被禁止;TIE=1,每当TIF置位,中断将被请求。

D29(CHN)——链模式。当被激活时,在定时器n可以减量1之前,定时器$n-1$需要是满值。定时器0不能被改变。CHN=0定时器不被链接。CHN=1定时器被链接到前一个定时器。例如,对于通道2,如果这个字段置位,那么定时器2被链接到定时器1。

D28~D0(Reserved)——保留位,此只读字段被保留,并且读取值为0。

3. PIT定时器中断标志寄存器(PIT_TFLGn)

32位PIT定时器中断标志寄存器PIT_TFLGn($n=0\sim1$)只有D31有用,是定时器中断标志位(TIF),该位为1,表示定时时间到;该位为0,表示定时时间未到。对该位写1清零。

4. 其他寄存器

(1) PIT上层生命周期器寄存器(PIT_LTMR64H)

D31~D0(LTH)——生命周期定时器的值。显示了定时器1的定时值。如果这个寄存器是在t_1时刻被读,那么LTMR64L在时刻t_1显示定时器0的值。

(2) PIT下层生命周期定时器寄存器(PIT_LTMR64L)

D31~D0(LTL)——生命周期定时器的值。在LTMR64H最后一次被读时显示了定时器0的值。如果LTMR64H被读,那么其将会更新。

(3) 定时器载入值寄存器(PIT_LDVALn)

D31~D0(TSV)——定时器开始值。设置定时器开始值。定时器将向下计数到0,然后它将生成一个中断并且再次载入这个寄存器值。写一个新值到这个寄存器将不会重启定时器,相反,这个值将在定时器有效期内被装载。要想终止当前的循环并启动一个带有新值的定时器周期,必须先禁用并再次使能定时器。

(4) 当前定时器值寄存器(PIT_CVALn)

D31~D0(TVL)——当前计时器的值。如果定时器是使能的,那么其代表了当前定时器的值。注意：如果计时器是禁用的，那么不要使用这个字段，因为它的值是不可靠的。定时器使用减法计数器。如果 MCR[FRZ] 被置位，那么在调试模式下定时器的值被冻结。

6.6 低功耗定时器(LPTMR)

6.6.1 LPTMR 模块功能概述

低功耗定时器 LPTMR(Low Power Timer)可以被配置成具有可选预分频因子的定时计数器，也可以被配置成带有脉冲干扰滤波器的脉冲计数器。绝大多数的系统复位都不会影响其继续使用，可以用做天数计数器。LPTMR 模块共有五种操作模式，即运行模式、等待模式、停止模式、低漏电模式和调试模式。在这五种模式下，LPTMR 都可以正常工作。只有在等待模式、停止模式、低漏电模式下，才可以通过配置 LPTMR，产生一个中断请求，退出低功耗模式。

1. 外部引脚

表 6-7 列出了 LPTMR 模块相关的引脚及其复用情况。

表 6-7 LPTMR 模块引脚

引脚号	引脚名	ALT0	ALT1	ALT2	ALT3	ALT4	ALT5	ALT6
41	PTA19	XTAL0	PTA19		UART1_TX	TPM_CLKIN1		LPTMR0_ALT1
62	PTC5/LLWU_P9		PTC5/LLWU_P9	SPI0_SCK	LPTMR0_ALT2			CMP0_OUT

2. 基本结构与特点

(1) LPTMR 功耗和复位

LPTMR 在所有功耗模式（包括低漏模式）中保持上电。如果 LPTMR 在低功耗模式中不需要保持运行，那么它必须在进入模式之前被禁用。只有在上电复位(POR)或低电压检测(LVD)时，LPTMR 才被复位。当配置 LPTMR 寄存器时，在配置 PSR 和 CMR 之前，CSR 必须被初始化(此时定时器禁用)。然后，CSR[TIE] 的置位必须作为初始化的最后一步。这保证了 LPTMR 被正确配置和一个热复位后，LPTMR 计数器复位到 0。

(2) LPTMR 时钟

LPTMR 预分频器/脉冲干扰滤波器可以由四个时钟中的一个来提供时钟。时钟源必须在 LPTMR 使能之前被使能。

(3) LPTMR 预分频器/脉冲干扰滤波器

LPTMR 预分频器和脉冲干扰滤波器共享相同的逻辑,它们作为定时计数器模式中的预分频器和脉冲计数器模式中的脉冲干扰滤波器来运行。

6.6.2 LPTMR 模块编程结构

1. 低功耗定时器控制状态寄存器(LPTMRx_CSR)

数据位	D15	D14	D13	D12	D11	D10	D9	D8	D7	D6	D5	D4	D3	D2	D1	D0
					高 16 位为保留位											
读	0								TCF	TIE	TPS		TPP	TFC	TMS	TEN
写	—								w1c	TIE	TPS		TPP	TFC	TMS	TEN
复位	0															

D31~D8(Reserved)——保留位,此字段保留且只读为 0。

D7(TCF)——定时器比较标志。当 LPTMR 被使能,CNR 等于 CMR 时,TCF 被置位。当 LPTMR 禁用或对 TCF 写 1 时,TCF 清零。TCF=0,CNR 值不等于 CMR;TCF=1,CNR 值等于 CMR。

D6(TIE)——定时器中断使能。当 TIE 置位时,LPTMR 中断产生并且 TCF 必定被置位。TIE=0,定时器中断禁用;TIE=1,定时器中断使能。

D5~D4(TPS)——定时器引脚选择。配置输入源用于脉冲计数模式。只有当 LPTMR 是禁用时,TPS 值才能改变。根据设备的不同,输入的引脚也会不同。输入的引脚信息,参见芯片配置细节。00,选择脉冲计数器输入 0;01,选择脉冲计数器输入 1;10,选择脉冲计数器输入 2;11,选择脉冲计数器输入 3。

D3(TPP)——定时器引脚极性。配置在脉冲计数器模式下的输入源的极性。只有当 LPTMR 是禁用时,TPP 值才能改变。TPP=0,脉冲计数器的输入源是逻辑高电平,并且 CNR 将在上升沿增加;TPP=1 脉冲计数器的输入源是逻辑低电平,并且 CNR 将在下降沿增加。

D2(TFC)——定时器自由运行计数器。当清零时,无论何时 TCF 的置位都会使 CNR 复位。当置位时,CNR 在计数器溢出时复位。只有当 LPTMR 是禁用时,TFC 值才能改变。TFC=0,每当 TCF 置位时 CNR 复位;TFC=1,CNR 在计数器溢出时复位。

D1(TMS)——定时器模式选择。配置 LPTMR 的模式。只有当 LPTMR 是禁用时,TMS 值才能改变。TMS=0,定时计数器模式;TMS=1,脉冲计数器模式。

D0(TEN)——定时器使能。当 TEN 清零时,它重置 LPTMR 内部逻辑(包括 CNR 和 TCF)。当 TEN 置位时,LPTMR 被使能。当写 1 到这个字段时,CSR[5:1] 禁止更改。TEN=0,LPTMR 是禁用的,并且内部逻辑复位;TEN=1,LPTMR

使能。

2. 低功耗定时器预分频寄存器(LPTMRx_PSR)

数据位	高 16 位为保留位															
	D15	D14	D13	D12	D11	D10	D9	D8	D7	D6	D5	D4	D3	D2	D1	D0
读	0									PRESCALE				PBYP	PCS	
写	—															
复位	0															

D31~D7(Reserved)——保留位,此字段保留且只读为 0。

D6~D3(PRESCALE)——预分频值。配置在定时计数器模式下预分频器的大小或脉冲计数器模式下脉冲干扰滤波器的宽度。只有当 LPTMR 是禁用时,预分频值才能改变。如果预分频的值为 n,则将预分频时钟进行 2^{n+1} 分频。

D2(PBYP)——预分频器旁路。当 PBYP 置位时,在定时计数器模式中选定时钟,或在脉冲计数器模式下选定的输入源直接给 CNR 提供时钟。当 PBYP 清零时,CNR 由预分频器/脉冲干扰滤波器提供时钟。只有当 LPTMR 是禁用时,PBYP 才能改变。PBYP=0,预分频器/脉冲干扰滤波器使能;PBYP=1,预分频器/脉冲干扰滤波器旁路。

D1(PCS)——预分频器时钟选择。选择被用于 LPTMR 预分频器/脉冲干扰滤波器的时钟。只有当 LPTMR 是禁用时,PCS 才能改变。00,选择预分频器/脉冲干扰滤波器时钟 0;01,选择预分频器/脉冲干扰滤波器时钟 1;10,选择预分频器/脉冲干扰滤波器时钟 2;11,选择预分频器/脉冲干扰滤波器时钟 3。

3. 低功耗定时器比较寄存器(LPTMRx_CMR)

数据位	高 16 位为保留位															
	D15	D14	D13	D12	D11	D10	D9	D8	D7	D6	D5	D4	D3	D2	D1	D0
读/写	COMPARE															
复位	0															

D31~D16(Reserved)——保留位,此字段保留且只读为 0。

D15~D0(COMPARE)——比较值。当 LPTMR 使能,CNR 等于 CMR 中的值时,TCF 置位并且保持到 CNR 值改变。如果 CMR 是 0,那么硬件触发将保持声明,直到 LPTMR 被禁用。如果 LPTMR 被使能,那么只有当 TCF 置位时,CMR 才能改变。

4. 低功耗定时器计数寄存器(LPTMRx_CNR)

数据位	D15	D14	D13	D12	D11	D10	D9	D8	D7	D6	D5	D4	D3	D2	D1	D0
	高 16 位为保留位															
读	COUNTER															
写	—															
复位	0															

D31~D16(Reserved)——保留位,此只读字段被保留并且读取值为 0。
D15~D0(COUNTER)——计数器值。

6.7 KL25 的 A/D 转换模块寄存器

KL25 的 A/D 转换模块有 27 个寄存器,包括 4 个 ADC 状态控制寄存器(ADC0_SC1A、ADC0_SC1B、ADC0_SC2、ADC0_SC3)、2 个 ADC 配置寄存器(ADC0_CFG1、ADC0_CFG2)、2 个 ADC 数据结果寄存器(ADC0_RA、ADC0_RB)、2 个 ADC 比较值寄存器(ADC0_CV1、ADC0_CV2)、1 个 ADC 偏移量校正寄存器(ADC0_OFS)、1 个 ADC 正向增益寄存器(ADC0_PG)、1 个 ADC 负向增益寄存器(ADC0_MG)、7 个 ADC 正向增益通用校准值寄存器(ADC0_CLPD、ADC0_CLPS、ADC0_CLP4、ADC0_CLP3、ADC0_CLP2、ADC0_CLP1、ADC0_CLP0)、7 个 ADC 负向增益通用校准值寄存器(ADC0_CLMD、ADC0_CLMS、ADC0_CLM4、ADC0_CLM3、ADC0_CLM2、ADC0_CLM1、ADC0_CLM0)。下面仅对常用的 ADC 寄存器进行介绍。

6.7.1 ADC 状态控制寄存器(ADC Status and Control Registers)

1. 状态控制寄存器 ADC0_SC1A 和 ADC0_SC1B

状态控制寄存器 ADC0_SC1A 有软件触发和硬件触发两种操作模式,状态控制寄存器 ADC0_SC1SC1B 为只用于硬件触发操作模式。当 SC1A 有效控制一个转换并且处于取消当前转换时,可以对 SC1A 进行写操作。在软件触发模式下(SC2[ADTRG]=0),对寄存器 SC1A 进行写的时候会开始一个新的转换。在软件触发操作模式下不能用 SC1B 寄存器,因此对 SC1B 进行写操作不会引起一个新的转换。

数据位	D31~D8	D7	D6	D5	D4	D3	D2	D1	D0
读/写	0	COCO	AIEN	DIFF	ADCH				
复位	0				1				

D31～D8(Reserved)——保留位,只读,且各位值为 0。

D7(COCO)——转换完成标志位,只读。当不设置比较功能(SC2[ACFE]=0)时,或不设置硬件均值功能(SC3[AVGE]=0)时,每次转换完成时置该位为 1;当比较功能使能(SC2[ACFE]=1)时,只要比较结果为真,转换完成后,该位为 1;当设置硬件均值功能(SC3[AVGE]=1)时,且均值滤波次数(该值由 SC3[AVGS]段决定)设定后,则该位为 1;当校准次序完成时,该位为 1。当对寄存器 SC1A 进行写操作或者对转换结果寄存器 Rn 进行读操作时,都会清除 COCO。

D6(AIEN)——中断使能位。当 AIEN 位为 1 时,设置 COCO 位为 1 就会引发一个中断;当 AIEN 为 0 时,无动作。

D5(DIFF)——差分模式使能位。当 DIFF 为 0 时,单端转换;当 DIFF 为 1 时,差分转换。在差分模式下,当 ADC 配置有效时,该模式会自动从不同通道中选择一个通道,改变转换算法和周期数完成转换。

D4～D0(ADCH)——输入通道选择位。用于选择一个输入通道。

2. 状态控制寄存器 ADC0_SC2

状态控制寄存器 ADC0_SC2 具有转换执行状态、硬件/软件触发选择、比较功能和 ADC 模块的参考电压选择等功能。

数据位	D31～D8	D7	D6	D5	D4	D3	D2	D1	D0
读/写	0	ADACT	ADTRG	ACFE	ACFGT	ACREN	DMAEN	REFSEL	
复位				0					

D31～D8(Reserved)——保留位,只读,且各位值为 0。

D7(ADACT)——转换执行位。提示一个转换或者硬件计算均值命令是否正在执行。当 ADACT=1 时,转换正在执行;当 ADACT=0 时,转换没有在执行。

D6(ADTRG)——转换触发选择位。有两种触发方式,当 ADTRG=1 时,硬件触发,ADC 硬件触发来自实时中断(RTI)计数器的输出,RTI 计数器溢出触发 A/D 转换;当 ADTRG=0 时,写 SC1(ADCH 位不全为 1)启动转换。

D5～D3 用于转换结果与比较值寄存器 CV1 和 CV2 的比较关系,D5=1 使能比较,D4=1 转换结果大于或等于 CV1,D3=1 使能范围比较。表 6-8 给出了比较关系。若使能了比较,只有比较结果为真时,才会将转换结果存入结果寄存器,转换完成标志位 COCO 才会置 1。

表 6-8 比较模式

D5 ACFE	D4 ACFGT	D3 ACREN	CV1 与 CV2 的关系	比较功能描述
1	0	0	CV1	转换结果<CV1,比较为真

续表 6-8

D5 ACFE	D4 ACFGT	D3 ACREN	CV1 与 CV2 的关系	比较功能描述
1	1	0	CV1	转换结果≥CV1,比较为真
1	0	1	CV1≤CV2	转换结果<CV1,或者转换结果>CV2,比较为真
1	0	1	CV1>CV2	CV1>转换结果>CV2,比较为真
1	1	1	CV1≤CV2	CV1≤转换结果≤CV2,比较为真
1	1	1	CV1>CV2	转换结果≥CV1,或者转换结果≤CV2,比较为真

D2(DMAEN)——DMA 使能位。当 DMAEN=0 时,DMA 禁止;当 DMAEN=1 时,DMA 使能,同时在 ADC 转换完成期间会保持 DMA 请求。

D1~D0(REFSEL)——参考电压选择位。00:选择芯片的 V_{REFH} 和 V_{REFL} 两个引脚作为 A/D 转换的参考电压;01:可选的参考电压对;10、11:保留。

3. 状态控制寄存器 ADC0_SC3

状态控制寄存器 ADC0_SC3 控制 ADC 模块的校验、持续性转换和硬件计算均值功能。

数据位	D31~D8	D7	D6	D5	D4	D3	D2	D1	D0
读/写	0	CAL	CALF		0		ADCO	AVGE	AVGS
复位	0								

D31~D8(Reserved)——保留位,只读,且各位值为 0。

D7(CAL)——校验位。CAL 置位后,校验开始执行,校验完成后,该位清零。必须检查 CALF 位来确定校验结果是否正确,因为校验一旦开始,不能被写操作中断,否则转换结果出错,导致 CALF 位被置位。所以 CAL=1 时,可以取消当前的任何转换。

D6(CALF)——校对失败标志位。显示校验后的结果是否正确。当 CALF=0 时,校验正常;当 CALF=1 时校验失败。若 SC2[ADTRG]=1 时校对失败,则此时任何寄存器都可以进行写操作,或者在校验过程完成之前有停止模式进入。对 CALF 写 1,可以清除该位。

D5~D4(Reserved)——保留位,只读,且各位值为 0。

D3(ADCO)——持续转换使能位。当 ADCO=0,硬件计算均值功能使能时(AVGE=1),在开始一个转换之后,接下来只有一个转换或者一组转换;当 ADCO=1,硬件计算均值功能使能时(AVGE=1),在开始一个转换之后,接下来有持续的转换或多组转换。

D2(AVGE)——硬件计算均值功能位。当 AVGE=0 时,硬件计算均值功能禁止;当 AVGE=1 时,硬件计算均值功能使能。

D1~D0(AVGS)——硬件计算均值选择位。AVGS 段确定对多少个 ADC 转换结果来求平均值,进而得到 ADC 转换的平均值。00~11 分别代表 4、8、16、32 个采样均值。

6.7.2 ADC 配置寄存器(ADC Configuration Registers)

1. 配置寄存器 ADC_CFG1

配置寄存器 ADC_CFG1 可以选择操作模式,设置时钟源、时钟分频,并对低功耗或者长时间采样模式进行配置。

数据位	D15~D8	D7	D6	D5	D4	D3	D2	D1	D0
读/写	0	ADLPC	ADIV		ADLSMP	MODE		ADICLK	
复位	0					1			

D31~D8(Reserved)——保留位,只读,且各位值为 0。

D7(ADLPC)——低功耗配置位。ADLPC 控制连续近似值转换器的电压配置。当 ADLPC=0 时,正常供电配置;当 ADLPC=1 时,以最大时钟速率的代价降低功耗。

D6~D5(ADIV)——时钟分频选择位。ADIV 选择 ADC 使用的分频系数产生内部时钟 ADCK。当 ADIV 分别为 00、01、10、11 时,对应的分频系数分别为 1、2、4、8,时钟频率为输入时钟、输入时钟/2、输入时钟/4、输入时钟/8。

D4(ADLSMP)——采样时间配置位。ADLSMP 会根据选择的转换模式选择不同的采样次数。该位能够根据采样周期进行调整,高阻抗输入以达到精确采样,或者低阻抗输入以达到最大转换速率。如果持续转换使能,同时不要求高转换率,则长时间采样也可以在更低的功耗状态下进行。当 ADLSMP=1 时,即长时间采样选择位置位,可以选择长时间采样的范围;当 ADLSMP=0 时,即短时间采样选择位置位,可以选择短时间采样的范围。

D3~D2(MODE)——转换模式选择位。选择 ADC 采样模式。当 SC1[DIFF]=0,MODE=00、01、10、11 时,分别为单端 8 位、10 位、12 位、16 位转换;当 SC1[DIFF]=1,MODE=00、01、10、11 时,分别为带有二进制补码输出的 9 位、13 位、28 位、16 位差分转换。

D1~D0(ADICLK)——输入时钟选择位。输入时钟源产生内部时钟 ADCK。当选择 ADACK 为时钟源时,不要求提前开始转换。当选择该位的同时又不需要提前开始转换(ADACKEN=0)时,异步时钟在转换开始时有效,在转换结束时关闭。这种情况下每次时钟源再次有效时,都有一个相关的时钟开始时间延时。当 ADICLK=00、01、10、11 时,输入时钟分别对应总线时钟、总线时钟/2、交替时钟(ALTCLK)、异步时钟(ADACK)。

2. 配置寄存器 ADC_CFG2

配置寄存器 ADC_CFG2 为高速转换选择特定的高速配置,并在长采样模式下选择长时间持续采样。

数据位	D31~D5	D4	D3	D2	D1	D0
读/写	0	MUXSEL	ADACKEN	ADHSC	ADLSTS	
复位	0					

D31~D5(Reserved)——保留位,只读,且各位值为 0。

D4(MUXSEL)——ADC 复用选择位。当 MUXSEL=0 时,选择 ADC_SExa 通道;当 MUXSEL=1 时,选择 ADC_SExb 通道。

D3(ADACKEN)——异步时钟输出使能位。ADACKEN 可以使能异步时钟源,时钟源时钟输出与输入时钟选择的状态无关。根据 MCU 的配置,其他模块可以使用异步时钟。即使当 ADC 处于空闲或者来自不同时钟源的操作正在执行时,也可设置该位允许时钟使能。同样,如果 ADACK 时钟已经在运行,选择带有异步时钟的简单转换或者第一个连续转换操作的延时就会减少。当 ADACKEN=0 时,异步时钟输出禁止;当 ADACKEN=1 时,不管 ADC 的状态是什么,异步时钟和输出时钟都有效。

D2(ADHSC)——高速配置位。通过改变转换时序来允许更高速率的转换时钟(两个 ADCK 被加进转换时间)。当 ADHSC=0 时,选择正常转换时序;当 ADHSC=1 时,选择高速转换时序。

D1~D0(ADLSTS)——长采样时间选择位。当选择了长采样时间(CFG1[ADLSMP]=1)时,ADLSTS 选择扩展采样时间中的一个。该特点允许高阻抗输入,可以达到精确采样或在低阻抗输入时,将转换速度最大化。如果不要求高转换率,当持续转换使能时,用更长的采样时间以降低功耗。其中,默认最长采样时间为 4 个 ADCK 周期。当 ADLSTS=00 时,额外增加 20 个 ADCK 周期;当 ADLSTS=01 时,额外增加 12 个 ADCK 周期;当 ADLSTS=10 时,额外增加 6 个 ADCK 周期;当 ADLSTS=11 时,额外增加 2 个 ADCK 周期;所以,总共有 24 个、16 个、10 个、6 个 ADCK 周期的采样时间。

6.7.3 ADC 数据结果寄存器(ADC Data Result Registers)

KL25 有两个数据结果寄存器 RA、RB。其中,RA 寄存器的地址为 4003_B010h,RB 寄存器的地址为 4003_B014h。数据结果寄存器包含一个 ADC 转换结果,这个结果是通过通道状态控制寄存器(SC1A,SC1B)选择产生的。对于每个通道状态控制寄存器,都有一个相符合的数据结果寄存器。

在无符号右对齐模式下,结果寄存器 Rn 中没有使用的位会被清除,而在有符号扩展的二进制补码模式下会携带符号位(MSB)。例如,当配置成 10 位的单端模式时,D[15:10]会被清除。当配置成 11 位的差分模式时,D[15:10]会携带符号位,也就是第 10 位扩展成第 15 位。表 6-9 描述了数据结果寄存器在不同的模式下的行为。

表 6-9 数据结果寄存器描述

转换模式	各位描述	格式	说明
16 位差分模式	D15=S,D14~D0=D	有符号的二进制补码	
16 位的单端模式	D15~D0=D	无符号的右对齐	
13 位的差分模式	D15~D12=S,D11~D0=D	扩展的有符号二进制补码	
12 位的单端模式	D15~D12=0,D11~D0=D	无符号右对齐	S:符号位或者符号位扩展; D:数据(二进制补码显示)。 D31~D16 保留位,只读,且各位值为 0
11 位的差分模式	D15~D10=S,D9~D0=D	扩展的有符号二进制补码	
10 位的单端模式	D15~D10=0,D9~D0=D	无符号右对齐	
9 位的差分模式	D15~D9=S,D8~D0=D	扩展的有符号二进制补码	
8 位的单端模式	D15~D9=0,D8~D0=D	无符号右对齐	

6.7.4 ADC 比较值寄存器(ADC Compare Value Registers)

KL25 有两个比较值寄存器 CV1、CV2。当比较功能使能时(SC2[ACFE]=1),可以与转换结果的值做比较。D31~D16 为保留位,只读且值为 0。D15~D0 为比较值。

6.7.5 ADC 偏移量校正寄存器(ADC0_OFS)

在执行 ADC 转换操作之前必须校正,即偏移量校正寄存器(OFS)需要一个给定值。该值可以是用户自定义校准偏移量或者硬件自校准偏移量(16 位左对齐、二进制补码数据)。ADC 转换结果与该偏移量相减所得数据锁存至结果寄存器 Rn。若校准后的采样数据超出量程范围,则其结果由当前采样模式强制输出最小/最大值。对于单端输入而言,最小输出为 0x0000;对于差分而言,最小输出为 0x8000。复位默认为 0x0100。

数据位	D31~D16	D15~D0
读/写	0	OFS
复位	0000000000000000	0000000000000100

6.7.6 ADC 正向增益寄存器(ADC0_PG)

正向增益寄存器(PG)存放差分模式或单端模式下的正向增益校正误差。PG 实际是一个增益调整因子(16 位二进制数据格式),介于 ADPG15～ADPG14 之间且带小数点。用户必须根据校正步骤的值对寄存器进行写操作,否则校正达不到要求。校正步骤可详见参考手册 28.4.6。

数据位	D31～D16	D15～D0
读/写	0	PG
复位	0000000000000000	1000001000000000

6.7.7 ADC 负向增益寄存器(ADC0_MG)

负向增益寄存器(MG)存放差分模式下的负向增益校正误差,在单端模式下该寄存器无效。MG 实际是一个增益调整因子(16 位二进制数据格式),介于 ADMG15～ADMG14 之间且带小数点。用户必须根据校正步骤的值对寄存器进行写操作,否则校正达不到要求。校正步骤中描述可详见参考手册 28.4.6。

数据位	D31～D16	D15～D0
读/写	0	PG
复位	0000000000000000	1000001000000000

6.7.8 ADC 正向增益通用校准值寄存器(ADC0_CLPx)

正向增益通用校准值寄存器(CLPx)存放校验功能生成的校验信息,这些寄存器带有 7 个不同宽度的校验值:CLP0[5:0]、CLP1[6:0]、CLP2[7:0]、CLP3[8:0]、CLP4[9:0]、CLPS[5:0]和 CLPD[5:0]。一旦自校验次序确定(CAL 被清零),CLPx 就会自动置位。

数据位	D31～D6	D5～D0
读/写	0	CLPD
复位	00000000000000000000000000	001010

6.7.9 ADC 负向增益通用校准值寄存器(ADC0_CLMx)

负向增益通用校准值寄存器(CLMx)存放校验功能生成的校验信息,这些寄存器带有 7 个不同宽度的校验值:CLM0[5:0]、CLM1[6:0]、CLM2[7:0]、CLM3[8:0]、CLM4[9:0]、CLMS[5:0]和 CLMD[5:0]。一旦自校验次序确定(CAL 被清零),CLMx 就会自动置位。

数据位	D31~D6	D5~D0
读/写	0	CLPD
复位	00000000000000000000000000	001010

第 7 章

智能车系统软件

7.1 智能车子系统介绍

7.1.1 摄像头传感器算法

摄像头算法程序分为摄像头采集程序和黑线位置提取算法。摄像头图像的采集根据系统板不同资源模块,使用的采集程序不一致。目前采集效果最好的是飞思卡尔公司 Kinetis 系列芯片。该系列芯片有多通道的 DMA 模块,不占用系统主频时间进行数据采集。其他系统芯片只能使用总线时间进行图像的采集。一般一行数据采集完后,会利用行间隔采集的时间片段进行黑线的提取。目前摄像头黑线提取的主流思想是进行黑线动态二值化。也有根据调变沿算法进行黑线提取的。

目前摄像头传感器的种类繁多,图像采集的思路大致相同,主要区别是图像输出为 AD 量还是数值量。本书以 OV7620 摄像头为例进行讲解。OV7620 是数值摄像头,引脚定义如表 7-1 所列。

表 7-1 摄像头引脚定义

引脚号	引脚名	定 义
1~8	Y0~Y7	Y 总线数字输出
9	PWDN	Power down mode
10	RST	Reset
11	SDA	I^2C 串行数据
12	FODD	奇数场标志
13	SCL	I^2C 串行时钟输入
14	HREF	Horizontal window reference output
15	AGND	模拟地
16	VSYN	场同步输出
17	AGND	模拟地

续表 7-1

引脚号	引脚名	定 义
18	PCLK	像素时钟输出
19	EXCLK	外部时钟输入（应移去晶体）
20	VCC	直流 5 V 电源
21	AGND	模拟地
22	VCC	直流 5 V 电源
23～30	UV0～UV7	UV 总线数字输出
31	GND	共地
32	VTO	初步模拟输出（75 Ω monochrome）

通过示波器可以看出 VSYN 的周期是 16.64 ms，高电平时间为换场时间，约 80 μs；低电平时间内像素输出。在采集 VSYN 脉冲时，既可以采集上升沿，也可以采集下降沿；采集下降沿更准确些，这也是一场的开始。从 VSYN 的周期可以算出，1 s/16.64 ms≈60，OV7620 的帧率是 60 帧/s。

HREF 的周期为 62.5 μs，高电平时间为像素输出时间，约 47 μs；低电平时间为换行时间。因此采集 HREF 一定要采集其上升沿，下降沿后的数据是无效的。从 HREF 的周期可以算出，16.64 ms/62.5 μs≈266，除去期间的间隙时间，可以算出每场图像有 240 行。

PCLK 的周期是 73 ns，高电平输出像素，低电平像素无效。PCLK 是一直输出的，因此一定要在触发 VSYN 并且触发 HREF 以后，再去捕捉 PCLK 才能捕捉到像素数据。从 PCLK 的周期可以算出，47 μs/73 ns≈640，可以算出每行图像中有 640 个像素点。

可以看出，场信号是密集的，其中行信号特别多，在 62.5 μs 周期内要采集到足够多的点数。图像不能每行都采集，必须根据指定行数进行图像采集和计算。摄像头图像采集对时效要求严格，图像采集都在中断处理。其中场中断信号 VSYN 和行中断信号 HREF 用 IO 中断，图像值的采集是 8 个数值量采集，用 8 个连续的 IO 进行并口采集。在 K60 芯片中用 IO 模块的 DMA 模式进行采集，采集完后，进行相应数据点计算。S12 系统单片机中，在行中断中进行图像数值的采集。图像采集流程图如图 7-1 所示。

在流程图中，当有场中断和行中断信号进入到 IO 中断中时，一般在硬件设计中会把场中断和行中断设计在一个中断源中，分别进行行和场中断判断，然后查看是否为相应的采样行数，进行像素点采集。可以看到一个像素点的时间为 73 ns，目前采样频率最快的 K60 单片机也只能采集到一半的像素点。根据比赛的经验，也不需要把像素点采集完，图像的模糊程度与光源强度、摄像头接收的角度都有关系。反光区域一般是以片区出现的。像素点采集太多还会影响单片机计算的负荷。一般是以摄

第 7 章 智能车系统软件

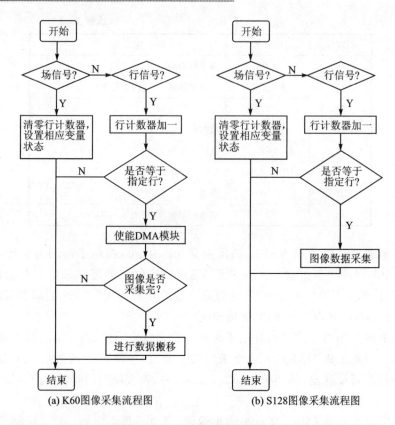

图 7-1 图像采集流程图

像头的一个采样周期进行计算一次转向值,同时还有速度的计算。所以采样行、点数的多少与程序计算的复杂度有关系。

摄像头黑线提取算法一般有浮动二值化算法和跳变沿算法。在设计算法中,必须保证算法的高效性。该算法是整个程序中使用率最高的算法,在一个周期中占用的时间最多,且是对图像信息的初级处理,对其处理的准确性要求高。可以用动态二值化阈值作为先二值化图像采样点,用前 8 行作为基础行,对后面行数做黑线宽检索查找黑线。二值化阈值的确认可以用当前采集到的黑线点的值作为基准值加上一定的黑线作为下一场数据对应的二值化阈值。经过多次实验,该算法进行二值化位置特别准确,不会出现错误的二值化阈值。用前 8 行作为基准行的算法可以把赛道周围其他杂点信号滤掉。该算法需要保证前 8 行为车体前比较稳定,绝大多数时刻都可以采集到黑线的行数。前 8 行是整个黑线提取的基准线,必须要保证黑线位置提取的准确性。前 8 行黑线的提取思想是可以根据上一场的位置作为参考基准和本次前 8 行数据的互锁行。该算法的核心思想就是赛道上的黑线信息是连续的,必须是空间的连续,同时也是时间上的连续。关于时间和空间连续性的理解,空间连续的意思是摄像头本场各行采集到的黑线点连接在一起,一定是一个连续的黑线,不会出现突兀的黑线点数。时间的连续性是指摄像头一行采集的黑线上,场与本场应该是连续的,不会突兀。也可以理解为黑线从摄像头左边视场出界,必然会从左边视场回来,不会突然出现在视场中间。

黑线提取的特征还有,黑线有一定宽度值,两条黑线间必然有一段黑线宽度,都可以作为黑线提取特性条件。同学们在比赛时,千万不要利用赛道边缘的信息作为黑线提取的算法。关于黑线提取的算法可参考图7-2编写程序。

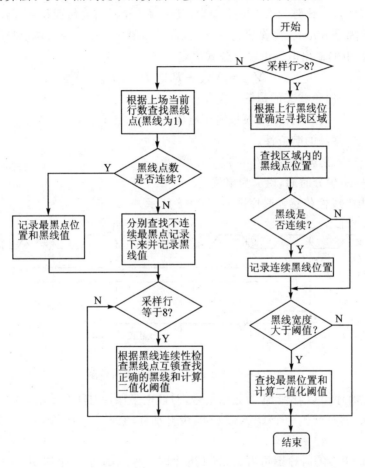

图7-2 黑线提取算法

该算法的好处是二值化后,黑线位置的提取节省时间,同时充分利用了赛道上所有的黑线信息,可以准确无误地提取黑线信息,是一个好的算法。目前"飞思卡尔杯"比赛的难度在不断加大,其中环境难度也有增大的趋势。目前举办学校的赛场光线不相同,特别是比赛都在体育馆举办,不能只考虑实验室环境,这点希望同学们要记住。

7.1.2 CCD 传感器算法

线阵 CCD 是最近才增加的组,利用 TSL1401CL 传感器进行赛道信息采集的路径识别。

TSL1401CL 线性传感器阵列由一个 128×1 的光电二极管阵列、相关的电荷放大器电路和一个内部的像素数据保持功能电路组成,它提供了同时集成起始和停止时间的所有像素。该阵列有 128 个像素,其中每一个具有光敏面积 3 524.3 μm^2。像素之间的间隔是 8 μm。操作简化内部逻辑,只需要一个串行输入端(SI)的信号和时钟 CLK。其中的输出电压由以下公式决定:

$$V_{out} = V_{drk} + R_e \times E_e \times T_{int}$$

式中 V_{out}——白色状态的拟输出电压。

V_{drk}——黑暗条件下的模拟输出电压。

R_e——器件的响应性。

E_e——入射幅度($\mu W/cm^2$)。

T_{int}——积分时间,以 s 为单位。

TSL1401 线性传感器时序图如图 7-3 所示。

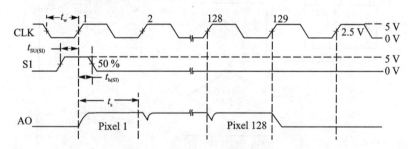

图 7-3 TSL1401 线性传感器时序图

由上述时序可以看到 SI 为起始信号,对高电平保持时间有要求,对 CLK 移动时间也有要求,其每产生一个 CLK,AO 模块自动移动到下一个位置。CLK 也有最小时序要求。

从 TSL1401 的时序图可看出,每 128 个时钟序列的前 18 个周期是内部复位(internal reset),这 18 个周期不仅不曝光,而且还会将每个像素积分器电容放电,将积分电压清零,18 个周期后便开始积分。中断程序就是根据曝光时间在合适的曝光点输出一个内部复位序列,如图 7-4 所列。

根据上面的原理和电压输出公式可以分析其输出电压 V_{out} 主要由接收的光强和曝光时间决定,其曝光强度受外界环境变化影响。在传感器上加装改变光强的设备,会带来大的功耗。如果用光强小的设备,改善也不明显。一般通过调整曝光时间来调整输出的电压。

目前程序设定曝光时间一般为 10 ms,此算法能够适应大部分光线条件。在光

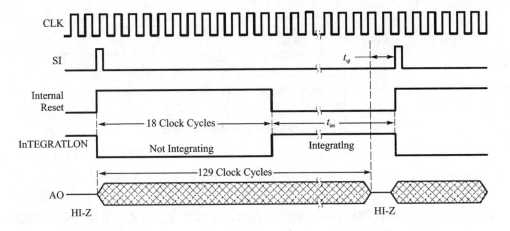

图 7-4 内部复位序列

线变化大的环境下,会出现大问题,建议使用自适应曝光程序。关于自适应曝光程序,有两种曝光方式:一种是曝光从 SI 到 CLK 自适应时间 t_{s1},如图 7-5 所示;另一种是曝光 CLK 自适应时间 t_{s2},如图 7-6 所示。

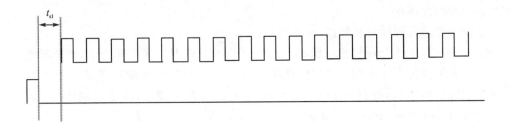

图 7-5 自适应时间 t_{s1}

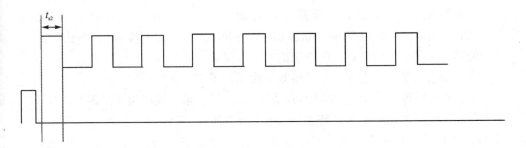

图 7-6 自适应时间 t_{s2}

对比两种曝光时间,图 7-6 用中断曝光,待曝光时间到后,进行 A/D 采集。图 7-5 的 CLK 曝光,由于每个 CLK 曝光时间少,等待时间必须等待,浪费了单片机资源。

自适应曝光程序策略示意图如图 7-7 所示。

从图 7-7 可看出,该曝光时间自适应策略时间就是一个典型的闭环控制,控制

第7章 智能车系统软件

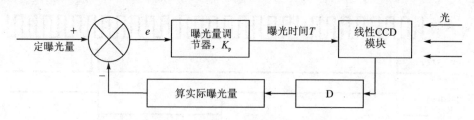

图7-7 自适应曝光程序策略示意图

对象是线性CCD模块的曝光时间,反馈是线性CCD感应到的曝光量。调节的目标是设定曝光量。控制器的工作原理是将设定的曝光量减去实际曝光量,差值即为曝光量的偏差e。曝光量调节器用K_p乘以e再加上上次的曝光时间作为新的曝光时间进行曝光,曝光时间调整后直接影响实际反馈的曝光量。如此反复进行调节,就能达到适应环境光的目的。需要大家注意的是,实际曝光量并不是某一个像素的曝光量,因为单个像素是无法反映环境光强度的,实际曝光量应该是一段时间和一定像素点强度的函数。蓝宙公司的做法是取一次采集到的128个像素电压的平均值作为曝光量当量,设定的曝光量也就是设定的128个像素点的平均电压。

采用该策略后,线性CCD采集到的电压值,在正常的智能车运行环境中都能保持在合理的范围内。

曝光自适应程序流程如图7-8所示。

其中主程序20 ms执行一次,主要完成CCD采样、计算实际曝光量、计算曝光时间等。采集到的128个像素数据保存在Pixel[128]数组中,实际曝光量当量(128个像素点的平均电压)保存在PixelAverageVoltage全局变量中,曝光时间(单位:ms)保存在IntegrationTime全局变量中。

曝光控制中断程序每0.2 ms执行一次,每次中断将TimerCnt20ms计数器自动加1,根据曝光时间IntegrationTime计算曝光点integration_piont(取值范围2~20),如果曝光点等于当前计数器则开始曝光,当TimerCnt20ms等于20时,重置TimerCnt20ms,同时置位TimerFlag20ms标志位,通知主程序20 ms程序执行。

采集到的128个像素点电压绘制的曲线如图7-9所示。

减去暗电压带来的直流分量后绘制的曲线如图7-10所示。

从上面的图像可以看出,黑线特征非常明显,可以采用找凹槽算法准确地提取黑线位置。该算法之前是用于面阵摄像头的,由于线性CCD相当于面阵摄像头的一行,因此该算法同样适用于线性CCD。该算法并非蓝宙公司所创,算法原出处是第二届智能车大赛冠军上海交通大学参赛队,笔者在第三届智能车大赛中借鉴了该算法。实践证明该算法提取黑线准确可靠,适应性强。

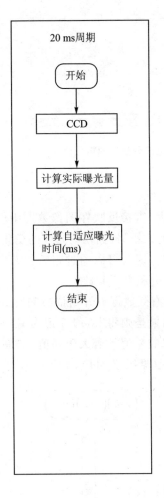
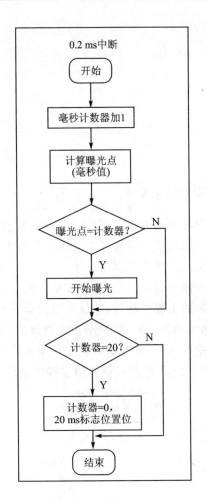

图 7-8 曝光自适应程序流程

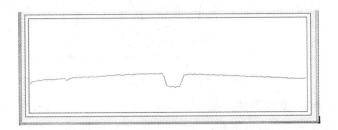

图 7-9 128 个像素点电压曲线

第7章 智能车系统软件

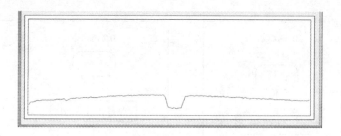

图7-10 减去暗电压带来的直流分量后的电压曲线

单行黑线提取算法

由于黑色赛道和白色底板之间的色差较大,直接反映在图像数据中就是一个黑白色阈值。通过实验可以基本上确定该阈值的大小,根据现场光线的变化,会有略微的变化。但是该阈值基本上介于22~30之间。因为可以通过判断相邻数据点的差是否大于该阈值,故可作为边沿提取算法的依据和主要参数。

该算法的主要过程为:从最左端的第一个有效数据点开始依次向右进行,第line为原点,判断和line+3的差是否大于阈值,如果是则将line+3记为i。从i开始判断在接下来的从$i+3$到该行最末一个点之间的差值是否大于阈值,如果大于阈值,则将line+$i/2$+2的坐标赋值给黑线中心位置(见图7-11)。

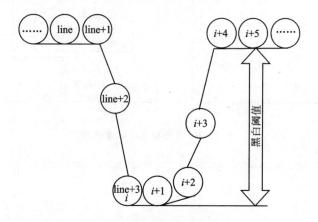

图7-11 单行黑线提取算法

利用该算法所得到的黑线提取效果不仅可靠,而且实时性好;在失去黑线目标以后,能够记住是从左侧或者右侧超出视野,从而控制舵机转向,让赛车回到正常赛道。如果更进一步,可以设置阈值使其根据现场情况的变化而变化。在黑色引导线已经能够可靠提取的基础上,可以利用它来进行相应的弯、直道判断,以及速度和转向舵机控制算法的研究。

7.1.3 车速传感器

智能车在行驶过程中,开环控制电机转速,会有很多因素影响电机转速,例如电池电压、电机传动摩擦力、道路摩擦力和前轮转向角度等。这些因素会造成模型车运行不稳定。通过速度检测,对车模速度进行闭环反馈控制,就可以消除上面各种因素的影响,使得智能汽车运行得更精确。

因此,要使车能够快速稳定地运行,并且很好地实现加速和减速,速度控制是很重要的,必须要精确测得车的速度,选择较好的速度传感器。速度采集有多种方案。

方案一:采用霍尔传感器和磁钢。将霍尔传感器和磁钢分别安装在车架和车轴的适当位置,小车行驶时,每转动一圈,霍尔传感器产生开关信号,通过在单位时间对其计数,可以计算出车辆行驶的瞬时速度,累计开关信号即可计算出小车行驶的距离。但是这种方法要求在轴上嵌入磁钢,实现复杂,并且不可以放太多磁钢,所以精度不高。

方案二:采用红外对管和编码盘。将一个带有孔的编码盘固定在转轴上,然后由红外对管检测编码盘的孔对红外线的阻通。目前市场上的成熟产品,可以做到一圈100 个脉冲,已可以满足比赛要求。其优点是采用非接触式传感器,码盘和对管对中后检测稳定,成本低。图 7-12 为光电管编码器。

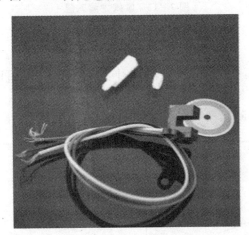

图 7-12 光电管编码器

方案三:采用光电编码器。光电编码器是一种通过光电转换将输出轴上的机械几何位移量转换成脉冲或数字量的传感器,这是目前应用最多的传感器。光电编码器由光栅盘和光电检测装置组成。光栅盘是在一定直径的园盘上等分地开通若干个长方形孔。由于光电码盘与电动机同轴,故电动机旋转时,光栅盘与电动机间速旋转,经发光二极管等电子元件组成的检测装置检测,输出若干脉冲信号,通过计算每秒光电编码器输出脉冲的个数,就能反映当前电动机的转速。这种测量方法简单可靠,是在高速车辆上应用的很好选择。当然,编码器在安装时也要注意一些问题:光

第7章 智能车系统软件

电编码器安装主要考虑的问题是与齿轮的咬合,太紧会使电机转动吃力并且会发出很大的噪声,太松有时会丢齿。因此,最好能将安装的编码器松紧程度调整到最佳。图7-13为欧姆龙编码器实物。

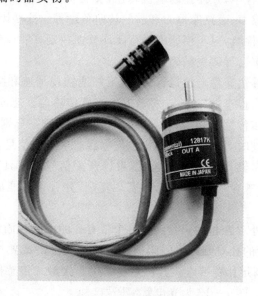

图7-13 欧姆龙编码器

目前主要使用方案二和方案三,市场有成熟产品,只需要按照产品指导书的说明使用即可。

对车速采集,不同系列芯片采集方法不同,同系列芯片也可以使用不同的采集方法。本文主要描述主流的车速方案。

图7-14中的中断程序用的是I/O中断,来一个脉冲,车速计数器自动加1,

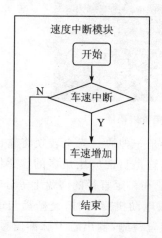
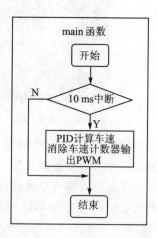

图7-14 车速采集方案

main 函数中,周期内进行速度调节,根据目标车速与采集车速进行速度控制。速度调节周期,可以根据驱动芯片和电机驱动力进行调整。

7.1.4 陀螺仪传感器

陀螺仪是光电组必备的模块,陀螺仪可以检查车模角度传感器,计算车模调整角度,计算电机输出 PWM 和方向。

陀螺仪模块是很小的模块,有 X、Y、Z 三轴加速度和三轴角速度传感器。保持车模的平衡需要一路加速度和角速度。陀螺仪模块与单片机相应的 AD 连接,具体如图 7-15 所示。

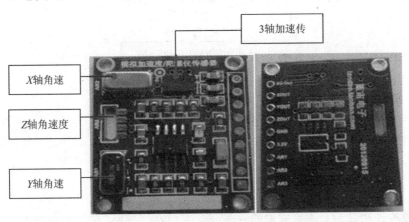

控制端口说明		
引脚	标示	功能说明
1	OG Dct	
2	Xout	X 轴加速度
3	Yout	Y 轴加速度
4	Zout	Z 轴加速度
5	GND	地
6	3V3	电源
7	AR1	X 轴角速度
8	AR2	Y 轴角速度
9	AR3	Z 轴角速度

图 7-15 陀螺仪模块与单片机相应的 A/D 连接

陀螺仪由单片机 A/D 模块进行 A/D 采集。陀螺仪在车模上固定好后,需要手动对程序的直立中点值进行矫正。陀螺仪模块主要是根据角速度和加速度跟踪车模状态,并做及时调整。陀螺仪采集程序流程如图 7-16 所示。

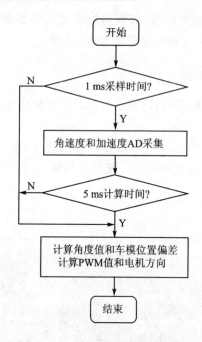

图 7-16 陀螺仪采集程序流程

7.1.5 按键和显示

车模按键和显示是不可或缺的一部分。车模在调试时,有一些参数需要手动调整,比如设定的目标车速、陀螺仪中点值、车模模式(用切边跑模式、中心模式)等参数。显示模块显示所有调试信息,与按键配合使用,可以用做车模调试过程中特殊情况的显示。一般车模的按键有5个,上、下、加、减和确认键。按键的输入,单片机有两种方式。一种是查询方式,程序简单,容易实现。但是按键的操作只能在程序初始化过程中,操作灵活性不够,但对小车程序来说应该是足够了。另外一种是中断方式,程序实现较为繁琐,操作灵活,应用广。按键的操作中,都需要有防抖程序,可以是简单延时一小段时间再检测,也可以是检验双跳变沿(上升和下降沿)。显示模块现在有很多种,主要有OLED和5110屏两种,优点是屏幕小,显示的内容多,控制简单。

7.1.6 舵机控制

智能车的转向控制也是关键的模块之一,转向性能的好坏和转向控制的适当与否,对车子的速度及稳定性有很大影响。在A车模智能汽车系统中采用的是FU-TABA公司的型号为S3010的舵机,工作电源为6 V。其有三条控制线,分别为电源、地及PWM控制线。舵机本身是一个位置随动系统,它由舵盘、减速齿轮组、位置反馈电位计、直流电机和控制电路组成。通过内部位置反馈,使它的舵盘输出转角正比于给定的控制信号,因此对于它的控制可以使用开环控制方式。在负载小于其最大输出力矩的情况下,它的输出转角正比于给定的脉冲宽度,其关系如图 7-17 所示。

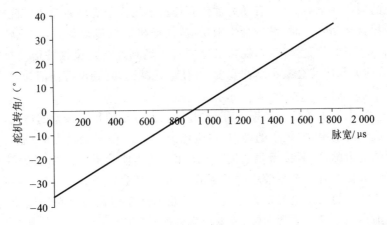

图 7-17 转角和脉冲的关系

舵机的控制即是在控制线输入一个周期性的正向脉冲 PWM 信号,这个周期性脉冲信号的高电平时间通常为 0.5~2.5 ms(见图 7-18),而舵机的控制频率为 50~

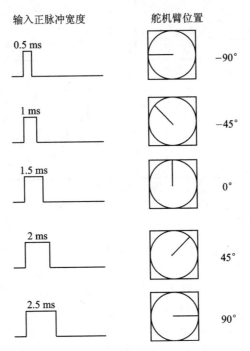

图 7-18 输入正脉冲宽度及舵机臂位置

200 Hz。舵机分为数码舵机和模拟舵机,二者的主要区别在于数码舵机带有微处理器,可用于分析接收机的输入信号,并控制小电机转动。数码舵机有更小的无反应区(对小量信号无反应的控制区域)、更高的分辨率并能产生更大的固定力。

  传统的舵机在空载时,没有动力被传到舵机电机。当有信号输入使舵机移动,或者舵机的摇臂受到外力时,舵机会作出反应,向舵机电机传动动力,电机转动使舵机摇臂指到一个新的位置。然后,舵机电位器将已经到达指定位置的信号反馈给控制部分,那么动力脉冲就会减小脉冲宽度,并使电机减速,直到没有任何动力输入,电机完全停止。

  图7-19中显示了两个周期的开/关脉冲。上方是转角无误差的情况;下方是转角有较小误差的情况,比较小的动力(占空比为20%)信号被输入电机。可以想象,一个短促的动力脉冲,紧接着很长时间的停顿,并不能给电机施加多少激励使其转动。这意味着如果有一个比较小的控制动作,舵机就会发送很小的初始脉冲到电机,这是非常低效率的。这也就是为什么模拟舵机有无反应现象存在。比如,舵机对于发射机的细小动作反应非常迟钝,或者根本就没有反应。

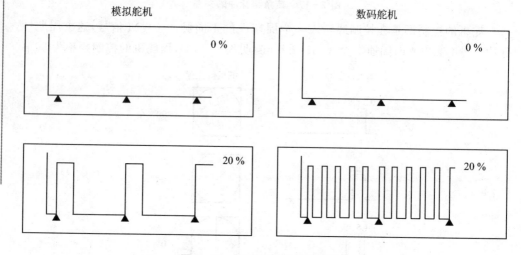

图7-19 两个周期的开/关脉冲

数码舵机具有以下优点:

  ① 因为微处理器的关系,数码舵机可以在将动力脉冲发送到电机之前,根据设定的参数对输入信号进行处理。这意味着动力脉冲的宽度,就是激励电机的动力,可以根据微处理器的程序运算而调整,以适应不同的功能要求,并优化舵机的性能。

  ② 数码舵机以高得多的频率向电机发送动力脉冲。相对于传统的50脉冲/秒,现在是300脉冲/秒。虽然因为频率高的关系,每个动力脉冲的宽度被减小了,但电机在同一时间里可收到更多的激励信号,并转动得更快。这也意味着不仅舵机电机以更高的频率响应发射机的信号,而且"无反应区"变小,反应变得更快,加速和减速时也更迅速、更柔和,数码舵机能够提供更高的精度和更好的固定力。

影响舵机控制性能的一个重要参数是舵机的响应速度，S3010 舵机的响应速度约为 0.2 s/60°。舵机转动一定角度有时间延迟，时间延迟正比于旋转过的角度，反比于舵机的响应速度。而舵机的响应速度直接影响智能车通过弯道时的最高速度。提高舵机的响应速度是提高智能车平均速度的关键。工作电压与响应速度有一定的关系，适当地提高工作电压，可以提高舵机的响应速度。所以，可以考虑直接将电池电压 7.2 V 输入到舵机电源端。但是要注意这样会导致舵机的耗损速度大大加快。

根据杠杆原理，在舵机的输出舵盘上安装一个较长的输出臂，将转向传动杆连接到输出臂末端。这样可以在舵机输出较小的转角下，取得较大的前轮转角，从而提高车模的转向控制速度。这里要注意的一点是所加长的安装臂，并不是越长越好。加长了安装臂，会使加到连杆的力减小，如果力太小，则有可能在转弯时带不动轮子，使车子的转弯性能反而下降，得到相反的效果，所以应统筹考虑。另外，从舵机的实现考虑，模拟舵机 S3010 的采样周期是 14.25 ms，捕捉高电平的持续时间，并在捕捉到下降沿后开始计时，14.25 ms 后再开始捕捉下一个脉冲。所以，适当地降低控制舵机的 PWM 周期，有利于提高舵机的实时响应速度，但应该大于 14.25 ms；如果是使用了采样频率更高的舵机，如 300 Hz 的 S-D5 等型号，就无须考虑这个问题了。

7.1.7 电机控制

1. 电机驱动功能

车模速度控制的执行单元，是车模能不能跑快的关键因素之一。在设计驱动电路时，需要考虑车模在行驶中是否需要正转、反转和能耗制动。

2. 电机驱动方案

智能车系统供电电池电压为 7.2 V，电机的瞬态电流都在十几 A 甚至是几十 A，建议电机的供电系统直接用电池供电，可以避免使用大功率的稳压元件，既减小了空间，也不必考虑稳压电源的设计稳定性。

3. 电机转速控制

智能车电机控制响应越快，系统的优越性越强。车辆受惯性和电机工作最大扭矩、功率的限制，使系统对目标速度的响应有一些延迟。故在电机的控制系统需要考虑电机响应延迟。智能车在速度方面的控制，一般也需要对电机进行加速减速控制，特别是直立车，不仅需要电机快速响应，有时还需要电机反转。

电机控制如图 7-20 所示。单片机通过使能驱动 H 桥，并输出 PWM 控制，来控制电机驱动输出电流方向和大小，以此来控制电机的正反转和驱动力。

电机方向控制：电机是通过控制电流进入的方向来控制其正反转方向的，一般通过单片机的 I/O 脚控制 H 桥驱动电路来实现。

第7章 智能车系统软件

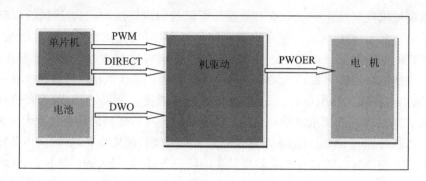

图 7-20 电机控制

电机驱动力控制：驱动力调试中用 PWM(Pulse Width Modulation)调速，电机两端的电压如图 7-21 所示。$U_O=(t_1\times U_S+0)/(t_1+t_2)=t_1\times U_S/T=a\times U_S$，其中 $a=t_1/T$，为占空比，表示一个周期 T 里开关管导通的时间与周期的比值，a 的变化范围为 $0\leqslant a\leqslant 1$。因此可知，在电源电压 U_S 不变的情况下，改变 a 的值就可以改变电机两端电压的平均值，从而达到改变驱动力的目的。

有三种方式可改变占空比。

① 定宽调频法：这种方法是保持 t_1 不变，只改变 t_2 的值，这样周期 T 或频率随之变化；

② 调宽调频法：这种方法是保持 t_2 不变，只改变 t_1 的值，这样周期 T 或频率随之变化；

③ 定频调宽法：这种方法是周期 T 或频率保持不变，同时改变 t_1 和 t_2。

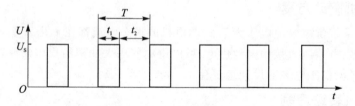

图 7-21 电机两端的电压

前面两种方法由于在调速时改变了控制脉冲的周期或频率，当控制脉冲的频率与系统的固有频率接近时会发生共振，因此在智能车系统中采用定频调宽法，即 PWM 波形的频率固定，而 a 根据速度变化自动调节。该调速方法在单片机中实现也很简单，故智能车调速绝大多数用此方法。

4. 电机参数的选定

直流电机对频率没有绝对的要求，需要根据驱动电路测试找出合适的频率。方法是通过更改测试频率，测试电机输出扭矩的大小和电机的声音。电机参数测试图如图 7-22 所示。

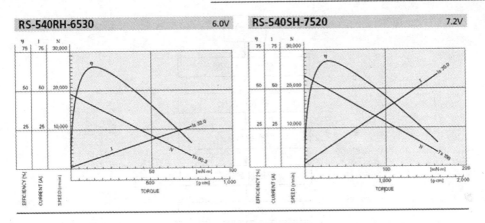

图 7-22 电机参数测试图

7.2 程序总框架

智能车平台是一个系统,平台设计之初,需要根据系统的实效性和程序的可读性进行程序框架搭建。智能车平台通用模块有按键和显示模块,不同的是传感器模块、电机驱动模块、舵机控制模块。因平台不一样,程序框架需要考虑的主要程序也不一样。

7.2.1 摄像头组框架

摄像头组平台套件由单电机驱动模块、舵机驱动模块、电源模块、核心板、摄像头模块、按键和显示模块、速度采集模块组成。其中单电机驱动模块、舵机驱动模块、摄像头模块、按键和显示模块、速度采集模块是需要用程序对其进行控制的。摄像头主程序如图 7-23 所示。摄像头模块是路径识别传感器,其一行数据发生的时间短暂,到了指定的采样行,需要立刻进行图像的采集,不能有延迟,而且行采集距行中断发生的时间要一致,不然会导致采集的图像错位。因此就要求其他模块的中断程序处理时间尽量短,不能在中断中处理大的程序。其主流程序框架如图 7-24 所示。

主流程序框架中,有定时器中断和速度中断,两个中断进行的处理程序简单,不会影响摄像头中断处理程序。摄像头中断中,可以做一些程序,但是需要注意判断采集行要简单。主程序首先是禁止中断,接下来寄存器的初始化中会有中断初始化,在其他程序还没有准备好时,需要禁止其中断的发生,所以就禁止了所有中断。然后对所有变量进行初始化。需要使用的变量都必须初始化,这样才能保证使用时不会出问题。再初始化寄存器,分别对 PWM 寄存器、行场中断、SCI 寄存器、速度中断等进行按键参数的设置,对按键可根据自己的需要进行相应参数设置,只是在设置参数时,一般需要显示一下。然后开启中断使能,让中断进入。最后就是一个 LOOP 循环了,在该循环需要计算新采集的数据,根据一场数据进行转向位置计算,判断调速,进行 PID 速度调整。

第7章 智能车系统软件

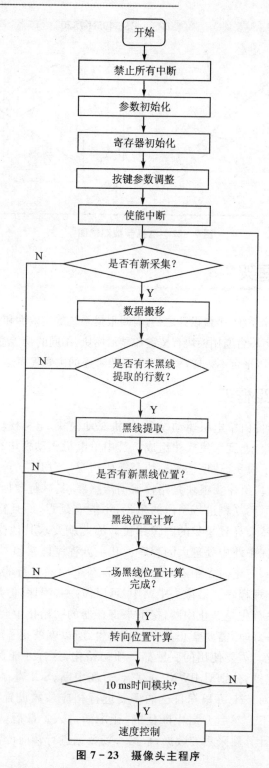

图 7-23 摄像头主程序

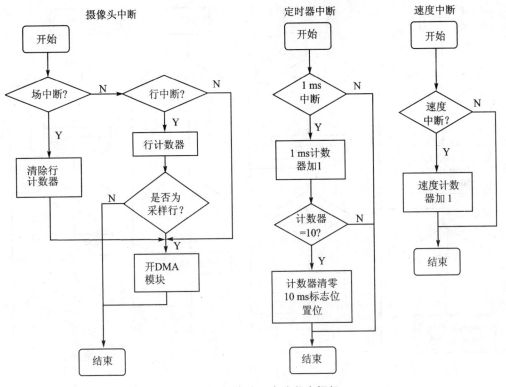

图 7-24 摄像头组主流程序框架

不同芯片,使用的模块也有些不同,比如 K60 芯片,摄像头采集用 DMA 模块,速度采集可以用 LPTMR 模块。S12 芯片,摄像头采集用 I/O 读取,速度采集用 I/O 中断。用什么模块,需要根据芯片的资源来定,这会在芯片章节具体讲解。

7.2.2 光电平衡组

光电平衡组平台套件由双电机驱动模块、电源模块、核心板、CCD 模块、按键和显示模块、速度采集模块、陀螺仪模块组成。其中电机驱动模块、CCD 模块、陀螺仪模块、按键和显示模块、速度采集模块需要用程序对其进行控制。CCD 模块是路径识别传感器,该模块对实时性要求较为严格,曝光时间的长短直接影响采集的 AD 的值,需要很好的实时性。陀螺仪模块采集和平衡调速模块是实时性要求特别严格的模块,车辆的直立需要实时动态调节,其他程序模块,占用了太多的芯片处理时间。其中断程序框架如图 7-25 所示。

在该框架中有定时器中断模块、速度中断模块、按键中断模块,每个模块都完成相应的动作。在定时中断模块中以 1 ms 中断为基准,在中断中分别设置了 20 ms 中断和 50 ms 中断标志位,可以根据自己的需要添加相应的中断标志位。速度中断模块,主要是采集左右轮的轮速,一般速度模块使用 I/O 口中断。CCD 中断是在中断中进行提取曝光后,再以光能累积的方式调节 CCD 输出的 AD。按键中断模块可以

第7章 智能车系统软件

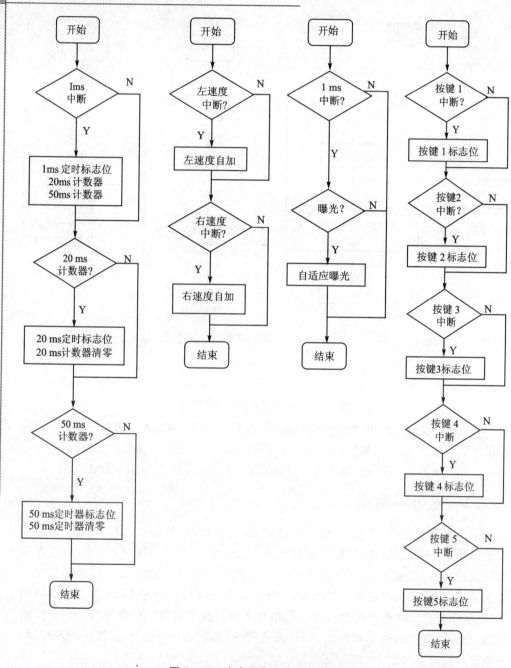

图 7-25 光电平衡组中断程序框架

根据相应的硬件设置中断端口,一般会用 I/O 中断。按键模块根据需要进行设计,一般有 5 个按键就能够满足基本要求。

平衡组的主流程图如图 7-26 所示。在主流程中,对陀螺仪采集是 1 ms 进行一次,对车辆状态进行分析,然后计算角度变化的 PD 值,再进行电机 PWM 值计

第 7 章 智能车系统软件

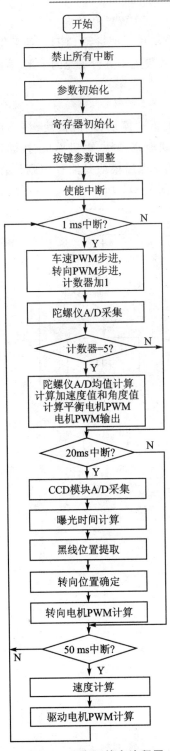

图 7-26 平衡组的主流程图

算,其值主要由平衡 PWM、速度 PWM 和转向 PWM 值构成。20 ms 任务片段主要进行 CCD 图像的采集。在该任务中主要进行 CCD 图像采集、曝光时间计算、黑线提取和转向位置计算。50 ms 任务片段主要进行车速的采集、速度 PID 计算。

7.2.3 电磁组

电磁组平台套件有电机驱动模块、电源模块、核心板、电磁模块、按键和显示模块、速度采集模块。其中电机驱动模块、电磁模块、按键和显示模块、速度采集模块是需要由程序对其进行控制的。电磁模块是路径识别传感器,该模块对实时性要求较为严格,其中断程序框架如图 7-27 所示。

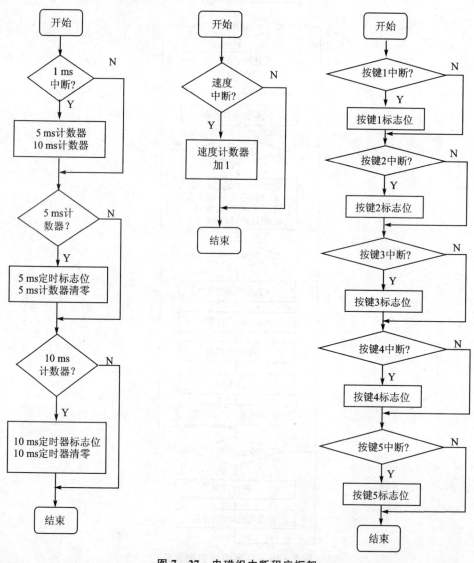

图 7-27 电磁组中断程序框架

第7章 智能车系统软件

上述为中断程序的框架,在该框架中有定时器中断模块,速度中断模块,按键中断模块,每个模块都完成相应的动作。在定时中断模块中是以 1 ms 中断为基准,在中断中分别设置了 5 ms 中断和 10 ms 中断标志位,可以根据自己的需要添加相应的中断标志位。速度中断模块,主要是采集车速,一般速度模块使用 I/O 口中断。按键中断模块可以根据相应的硬件设置中断端口,一般会用 I/O 中断。按键模块根据需要进行设计,一般有 5 个按键,能够满足基本要求。电磁组的主流程图如图 7 - 28 所示。

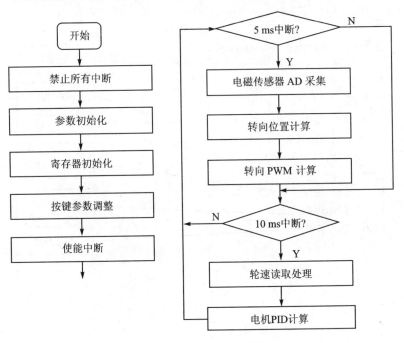

图 7 - 28　电磁组的主流程图

在主流程中,对电磁传感器采集是 5 ms 进行一次,对车辆状态进行分析,然后进行转向 PD 计算,输出给舵机 PWM 值。10 ms 任务片段主要进行车速的采集、速度 PID 计算、给出电机 PWM 值。

通过对三个模块的计算,可以发现电磁组是相对比较简单、受外界干扰最少的组别。摄像头组和 CCD 组受外界光线的干扰因素大,信号的处理也比较复杂,程序中会用到很多程序边界算法进行信号的处理。电磁组需要处理的模块也相对较少,简单、易处理,容易上手,研究该组别的同学会特别多,竞争也是特别激烈的。

7.3　程序例程

本节以蓝宙公司新教学平台为例程,讲解程序的框架和简单算法。本节的开发环境是 IAR 环境,以飞思卡尔 K60 单片机为核心板。

7.3.1 程序框架

程序框架主要分为主应用部分、底层驱动、主频设置、头文件。主频设置和底层程序、头文件和应用程序都可找到官方例程。对于大家来说主要是能够应用相应的底层做相应的驱动程序，重点还是在于主程序中 main 函数、calculation 文件算法的编写方面，如图 7-29 所示。

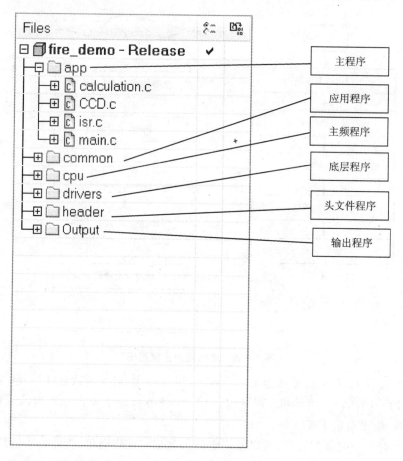

图 7-29 主程序框架

7.3.2 main 文件介绍

main 文件中主要分设置变量、程序初始化和执行程序三部分。设置变量主要是设置程序的全局变量和需要用的外部变量。程序初始化是初始化变量和需要用的寄存器。执行程序是一个循环执行程序，主要是算法程序的执行。

执行程序中按照时间片段进行不同算法程序的执行。CCD 模块中执行程序的主要任务分为速度模块、CCD 采集模块、CCD 计算模块、舵机转向模块。本例程中速度模块是在 10 ms 的时间任务中,CCD 模块及与其相关的模块都在 20 ms 的时间模块中。

```c
/*************************
设置系统的全局变量
*************************/
extern u8 LPT_INT_count;        //LPT 脉冲计数器
extern u8 TIME0flag_5ms;        //PTI0 5 ms 标志位
extern u8 TIME0flag_10ms;       //PTI0 10 ms 标志位
extern u8 TIME0flag_15ms;       //PTI0 15 ms 标志位
extern u8 TIME0flag_20ms;       //PTI0 20 ms 标志位
extern u8 TIME0flag_80ms;       //PTI0 80 ms 标志位
extern u8 TIME1flag_20ms;       //PTI1 20 ms 标志位
/********
全局
********/
u16 ASPeed1 ;                   //目标速度
/*********
PWM 变量
*********/
u16 PWMCount ;                  //PID 计算的 PWM
u16 PWMC ;                      //PWM 的百分比
/*********
CCD 变量
*********/
uint8_t   Atem8B0;              //临时变量
uint8_t   ALeftLineAryy[50];    //左边黑线位置
uint8_t   ARightLineAryy[50];   //右边黑线位置
uint8_t   ALastLeftLinAryy[50]; //上场左边黑线位置
uint8_t   ALastRightLinAryy[50];//上场右边黑线位置
uint8_t Pixel[138];             //CCD 采集原始点
uint8_t send_data_cnt = 0;      //发送数据的计数器
uint8_t *pixel_pt;              //CCD 采样指针
uint8_t CCDStation ;            //CCD 的黑线位置
uint8_t CCDMIDSTATION = 64 ;    //CCD 传感器表示的黑线的中间位置
uint16_t CCDTurnPWM ;           //转向的 PWM 值
u16 count = 0 ;                 //脉冲计数器

void main()
{
    DisableInterrupts;          //禁止总中断
```

第 7 章　智能车系统软件

```c
/****************************************************************
初始化全局变量
****************************************************************/
  ASPeed1 = 10 ;
  pixel_pt = Pixel;
 for(Atem8B0 = 0; Atem8B0<128 + 10; Atem8B0 + +) {
   * pixel_pt + + = 0;
 }
    for(Atem8B0 = 0 ; Atem8B0 < 50; Atem8B0 + +)  {
       ALeftLineAryy[Atem8B0]  = 0X11;

    }

    for(Atem8B0 = 0 ; Atem8B0 < 50; Atem8B0 + +)  {
       ALastLeftLinAryy[Atem8B0]  = 0X11;

    }

    for(Atem8B0 = 0 ; Atem8B0 < 50; Atem8B0 + +)  {
       ARightLineAryy[Atem8B0]  = 0X6b;

    }

    for(Atem8B0 = 0 ; Atem8B0 < 50; Atem8B0 + +)  {
       ALastRightLinAryy[Atem8B0]  = 0X6b;

    }

/****************************************************************
初始化程序
****************************************************************/
 uart_init (UART0 , 115200);   //初始化 UART0,输出脚 PTA15,输入脚 PTA14,串口频率 15 200 Hz
 gpio_init (PORTA , 16, GPO,HIGH);        //系统板测试 LED 初始化
 pit_init_ms(PIT0, 5);                    //初始化 PIT0,定时时间为 5 ms
 pit_init(PIT1, 10000);                   //初始化 PIT1,定时时间为 0.2 ms
 CCD_init();                              //初始化 CCD 传感器
 MOTORPWM_init();                         //电机初始化
 TURNPWM_init() ;                         //转向初始化
 EnableInterrupts;                        //开总中断

/****************************************************************
执行程序
****************************************************************/
```

```c
while(1)
{

    /* * * * * * * * * * * * * * * * * * * *
    10 ms 程序执行代码段
    * * * * * * * * * * * * * * * * * * * */
    if(TIME0flag_10ms = = 1)
    {
      TIME0flag_10ms = 0 ;

        count = LPTMR0_CNR;                          //保存脉冲计数器计算值
        lptmr_counter_clean();                       //清空脉冲计数器计算值
        count = LPT_INT_count * LIN_COUT + count;    //间隔 10 ms 的脉冲次数
        LPT_INT_count = 0;                           //清空 LPT 中断次数
        PWMCount = SpeedPID( count,ASPeed1);         //PID 函数计算 PWM 值
        PWMC =   PWMCount * 100/313 ;                //转化为 PWM 百分比
        if(PWMC > 50)                                //PWM 百分比最大值限制
          PWMC = 50 ;                                //PWM 百分比最大值限制
          FTM_PWM_Duty(FTM0 , CH0,0);                //FTM0 CH0 PWM 输出;电机控制
          FTM_PWM_Duty(FTM0 , CH1,PWMC);             //FTM0 CH1 PWM 输出;电机控制
    }

    /* * * * * * * * * * * * * * * * * * * *
    15 ms 程序执行代码段
    * * * * * * * * * * * * * * * * * * * */
     if(TIME0flag_15ms = = 1)
    {
       TIME0flag_15ms = 0 ;
     // uart_putchar(UART0,0xff);


    }

    /* * * * * * * * * * * * * * * * * * * *
    20 ms 程序执行代码段
    * * * * * * * * * * * * * * * * * * * */
    if(TIME1flag_20ms = = 1)
    {
       TIME1flag_20ms = 0 ;                          //清除时间标志位
       ImageCapture(Pixel);                          //采集 CCD AD 值函数
       /* Calculate Integration Time */
```

```c
          CalculateIntegrationTime();                    //计算曝光时间函数
       /* Send data to CCDView every 100ms */
          if(++send_data_cnt >= 5) {                     //100 ms 的时间片段
             send_data_cnt = 0;                          //上传 CCD 采集值用
       /*
             while(!(UART_S1_REG(UARTx[UART0]) &UART_S1_TDRE_MASK));
                UART_D_REG(UARTx[UART0]) = (u8)(0xFF);
             while(!(UART_S1_REG(UARTx[UART0]) &UART_S1_TDRE_MASK));
                UART_D_REG(UARTx[UART0]) = (u8)(0xFF);
             while(!(UART_S1_REG(UARTx[UART0]) &UART_S1_TDRE_MASK));
                UART_D_REG(UARTx[UART0]) = (u8)(0xaa);
             while(!(UART_S1_REG(UARTx[UART0]) &UART_S1_TDRE_MASK));
                UART_D_REG(UARTx[UART0]) = (u8)(0xaa);
          pixel_pt = Pixel;
          for(Atem8B0 = 0 ; Atem8B0 < 128; Atem8B0++)    //原始 CCD AD 数据上传
          {
             while(!(UART_S1_REG(UARTx[UART0]) &UART_S1_TDRE_MASK));
                                                         //到串口上进行数据分析用
                UART_D_REG(UARTx[UART0]) = (u8)(*pixel_pt);
                pixel_pt++ ;
          }   */
    //    SendImageData(Pixel);                          //CCD 上传到蓝宙上位机函数
          }
       CCD_Point(Pixel,0,ALeftLineAryy,ARightLineAryy,   //原始 CCD 数据提取左右
                                                         //黑线位置函数
                 ALastLeftLinAryy,ALastRightLinAryy);
       CCDStation = CCD_PointOUT (1,ALeftLineAryy , ARightLineAryy );
                                                         //根据左右黑线位置计算转向位置
       CCDTurnPWM = TurnPWM(CCDStation,CCDMIDSTATION) ;  //根据 CCD 位置值计算
                                                         //转向 PWM 值函数
       FTM_CnV_REG(FTMx[FTM1], CH1) = CCDTurnPWM ;       //转向赋值舵机 2
   }
/*********************
80 ms 程序执行代码段
*******************/
if(TIME0flag_80ms == 1)
{
   TIME0flag_80ms = 0 ;                                  //清除时间标志位
   PTA16_OUT = ~PTA16_OUT ;                              //测试 LED 闪烁
}
  }
 }
```

7.3.3 速度模块

在 main 文件中关于速度模块,用低功耗定时器(LPTMR)模块作为定时计数器,试用中断模式进行计数。该模式计数是在芯片后台进行脉冲计数,不占用 CPU 资源。当速度脉冲到达定时数时,产生一次低功耗脉冲。在 10 ms 任务片中及时计算速度脉冲并用 PID 计算占空比。

下面为速度模块程序:

```
/**************************************************************
函数名称:MOTORPWM_init
函数功能:
入口参数:
出口参数:无
备  注:
**************************************************************/
void MOTORPWM_init(void)
{
    lptmr_counter_init(LPT0_ALT2, LIN_COUT, 2, LPT_Rising);   //初始化脉冲计数器,PTC5
输入捕获脚,LIN_cout = 100,预处理为 2,上升沿捕获
    FTM_PWM_init(FTM0 , CH0, 80000,0);                        //电机占空比设置初始化,
占空比 = duty /(MOD + 1 ) ;FTM_CnV_REG(FTMx[ftmn], ch) = cv;
    FTM_PWM_init(FTM0 , CH1, 80000,0);                        //电机占空比设置初始化,
占空比 = duty /(MOD + 1 ) ;FTM_CnV_REG(FTMx[ftmn], ch) = cv;
    FTM_PWM_init(FTM0 , CH2, 80000,0);                        //电机占空比设置初始化,
占空比 = duty /(MOD + 1 ) ;FTM_CnV_REG(FTMx[ftmn], ch) = cv;
    FTM_PWM_init(FTM0 , CH3, 80000,0);                        //电机占空比设置初始化,
占空比 = duty /(MOD + 1 ) ;FTM_CnV_REG(FTMx[ftmn], ch) = cv;
}

/* * * =================================================
* * SpeedPID
    输入:speedCount 采集车速,AmSpeed 目标车速;
    输出:SpeedPWMOUT   计算车速;
* * =================================================*/
/*********************
 PID 定义
 *******************/
#define  KPPLUSMAX       (170)
#define  KPNEGATIVEMAX   (-170)
#define  KIPLUSMAX       (170)
#define  KINEGATIVEMAX   (-170)
#define  KDPLUSMAX       (170)
```

第7章 智能车系统软件

```c
#define  KDNEGATIVEMAX   (-170)
#define  KWPLUSMAX       (170)
#define  KWNEGATIVEMAX   (-170)
#define  KOUPLUSMAX      (300)

int16_t  SpeedKP = 0;
int16_t  SpeedKI = 0;
int16_t  SpeedKD = 0;

int16_t SpeedPID(uint16_t speedCount,uint16_t AmSpeed){
    static int16_t LastSpeedCut0,LastSpeedCut1,LastSpeedCut2,SpeedLastPWMK;
    int16_t  SpeedPWMKP,SpeedPWMKI,SpeedPWMKD,SpeedPWMK;
    int16_t  SpeedPWMOUT;
    int16_t  SpeedDifference0 = 0;
    int16_t  speedDEARE1,speedDEARE2,DSpeed;
    SpeedKP = 2;
    SpeedKI = 0;
    SpeedKD = 1;
    LastSpeedCut0 = (int16_t) speedCount;
    DSpeed = (int16_t) AmSpeed;
    SpeedDifference0 = DSpeed - LastSpeedCut0   ;
    speedDEARE1 = LastSpeedCut0 - LastSpeedCut1;
    speedDEARE2 = LastSpeedCut2 + LastSpeedCut0 - 2 * LastSpeedCut1;
    LastSpeedCut2   = LastSpeedCut1;
    LastSpeedCut1   = LastSpeedCut0;
        SpeedPWMKP = SpeedKP * SpeedDifference0;
        if(SpeedPWMKP>KPPLUSMAX){
         SpeedPWMKP = KPPLUSMAX;
        }else if (SpeedPWMKP<KPNEGATIVEMAX){
        SpeedPWMKP = KPNEGATIVEMAX;
        }
        SpeedPWMKI = SpeedKI * speedDEARE1;
        if(SpeedPWMKI > KIPLUSMAX){
        SpeedPWMKI = KIPLUSMAX;
        } else if(SpeedPWMKI < KINEGATIVEMAX){
        SpeedPWMKI = KINEGATIVEMAX;
        }
        SpeedPWMKD = SpeedKD * speedDEARE2;
        if(SpeedPWMKD > KDPLUSMAX){
            SpeedPWMKD = KDPLUSMAX;
        } else if(SpeedPWMKD < KDNEGATIVEMAX){
            SpeedPWMKD = KDNEGATIVEMAX;
```

```
        }
        SpeedPWMK = SpeedPWMKD + SpeedPWMKI + SpeedPWMKP ;
        if(SpeedPWMK > KWPLUSMAX){
        SpeedPWMK = KWPLUSMAX;
        }else if(SpeedPWMK < KWNEGATIVEMAX){
        SpeedPWMK = KWNEGATIVEMAX;
        }
        SpeedPWMOUT = SpeedLastPWMK + SpeedPWMK ;
        if(SpeedPWMOUT < 0 ){
            SpeedPWMOUT = 0 ;
        } else if(SpeedPWMOUT > KOUPLUSMAX){
            SpeedPWMOUT = KOUPLUSMAX ;
        }
        SpeedLastPWMK = SpeedPWMOUT ;
        return  SpeedPWMOUT ;
}


/*************************************************************
*                      蓝宙电子工作室
*
*   函数名称:LPT_Handler
*   功能说明:LPT 通道 4 的中断服务函数
*   参数说明:
*   函数返回:无
*   修改时间:2012 - 3 - 18        已测试
*   备注:
**************************************************************/
volatile u8 LPT_INT_count = 0;
void   LPT_Handler(void)
{
        LPTMR0_CSR | = LPTMR_CSR_TCF_MASK;         //清除 LPTMR 比较标志
        LPT_INT_count + + ;                        //中断溢出加 1
}
```

7.3.4　CCD 模块采集和计算

CCD 传感器的应用在传感器章节已经有了详细的讲解,本小节主要讲解一下 CCD 使用经验。对于智能车来说,最好是在任何条件下都能找到黑线,这样的传感器是理想的传感器。CCD 传感器受采样点、采集视野和对环境的适应情况的限制,表现出较多情况下 CCD 无法采集到黑线。对于光电组来说,最好有两个甚至是更多

第7章 智能车系统软件

的CCD传感器,在绝大数情况下,能够看到赛道。这样也可以使用摄像头的思想去找光电组弯道算法。在此以较为简单的算法为例程为大家讲解CCD的采样。

时间的最小步长为0.2 ms,曝光时间调整的最小时间为0.2 ms。目标均值电压为2.3 V。只有在中断中及时曝光,才能及时进行曝光时间积累。

下面为CCD自适应曝光程序相关的程序代码:

```
#define SI_SetVal()    PTE4_OUT = 1 ;
#define SI_ClrVal()    PTE4_OUT = 0 ;
#define CLK_ClrVal()   PTE5_OUT = 0 ;
#define CLK_SetVal()   PTE5_OUT = 1 ;
#define PEXLCOUNT      (128) ;
#define TURNMIDPOSITION (60) ;
#define DATALINE    1           //采样行数
#define DATACOUNT   400         //采样点数
/***************************************************************
*                      蓝宙电子工作室
*
*   函数名称:CCD_init
*   功能说明:CCD初始化
*   参数说明:
*   函数返回:无
*   修改时间:2012 - 10 - 20
*   备注:
***************************************************************/
void CCD_init(void)
{
  gpio_init (PORTE , 4, GPO,HIGH);
  gpio_init (PORTE , 5, GPO,HIGH);
  adc_init(ADC1, AD6b) ;

}


/***************************************************************
*                      蓝宙电子工作室
*
*   函数名称:StartIntegration
*   功能说明:CCD启动程序,曝光程序
*   参数说明:
*   函数返回:无
*   修改时间:2012 - 10 - 20
*   备注:
***************************************************************/
```

```c
void StartIntegration(void) {

    uint8_t i;

    SI_SetVal();                        /* SI  = 1 */
    SamplingDelay();
    CLK_SetVal();                       /* CLK = 1 */
    SamplingDelay();
    SI_ClrVal();                        /* SI  = 0 */
    SamplingDelay();
    CLK_ClrVal();                       /* CLK = 0 */

    for(i = 0; i<127; i++) {
        SamplingDelay();
        SamplingDelay();
        CLK_SetVal();                   /* CLK = 1 */
        SamplingDelay();
        SamplingDelay();
        CLK_ClrVal();                   /* CLK = 0 */
    }
    SamplingDelay();
    SamplingDelay();
    CLK_SetVal();                       /* CLK = 1 */
    SamplingDelay();
    SamplingDelay();
    CLK_ClrVal();                       /* CLK = 0 */
}
/*************************************************************
*                    蓝宙电子工作室
*
* 函数名称:ImageCapture
* 功能说明:CCD采样程序
* 参数说明:* ImageData    采样数组
* 函数返回:无
* 修改时间:2012-10-20
* 备注:
* ImageData =  ad_once(ADC1, AD6a, ADC_8bit);
**************************************************************/

void ImageCapture(uint8_t * ImageData) {
    uint8_t i;
```

```c
extern u8 AtemP ;
SI_SetVal();                          /* SI  = 1 */
SamplingDelay();
CLK_SetVal();                         /* CLK = 1 */
SamplingDelay();
SI_ClrVal();                          /* SI  = 0 */
SamplingDelay();

//Delay 10us for sample the first pixel
/* */
for(i = 0; i < 90; i++) {
    SamplingDelay() ;   //200 ns
}
//Sampling Pixel 1
 * ImageData =   ad_once(ADC1, AD6b, ADC_8bit);
ImageData ++ ;
CLK_ClrVal();                         /* CLK = 0 */
for(i = 0; i<127; i++) {
    SamplingDelay();
    SamplingDelay();
    CLK_SetVal();                     /* CLK = 1 */
    SamplingDelay();
    SamplingDelay();
    //Sampling Pixel 2~128
    * ImageData =   ad_once(ADC1, AD6b, ADC_8bit);
    ImageData ++ ;
    CLK_ClrVal();                     /* CLK = 0 */
}
SamplingDelay();
SamplingDelay();
CLK_SetVal();                         /* CLK = 1 */
SamplingDelay();
SamplingDelay();
CLK_ClrVal();                         /* CLK = 0 */
}
/*************************************************************
*                    蓝宙电子工作室
*
* 函数名称:CalculateIntegrationTime
* 功能说明:计算曝光时间
* 参数说明:
```

```
*   函数返回:无
*   修改时间:2012 - 10 - 20
*   备注:
******************************************************/
/* 曝光时间,单位 ms */
u8 IntegrationTime = 100;
void CalculateIntegrationTime(void) {
extern u8 Pixel[128];
/* 128 个像素点的平均 AD 值 */
u8 PixelAverageValue;
/* 128 个像素点的平均电压值的 10 倍 */
u8 PixelAverageVoltage;
/* 设定目标平均电压值,实际电压的 10 倍 */
s16 TargetPixelAverageVoltage = 23;
/* 设定目标平均电压值与实际值的偏差,实际电压的 10 倍 */
s16 PixelAverageVoltageError = 0;
/* 设定目标平均电压值允许的偏差,实际电压的 10 倍 */
s16 TargetPixelAverageVoltageAllowError = 2;
    /* 计算 128 个像素点的平均 AD 值 */
    PixelAverageValue = PixelAverage(128,Pixel);
    /* 计算 128 个像素点的平均电压值,实际值的 10 倍 */
    PixelAverageVoltage = (uint8_t)((int)PixelAverageValue * 26 / 200);
    /* 根据目标电压与采集电压的均值计算曝光时间,当采集电压比目标电压大时,减少曝
光。当采集电压比目标电压小时,增加电压。最小曝光时间为 0.2 ms,最大曝光时间为
20 ms */
    PixelAverageVoltageError = TargetPixelAverageVoltage - PixelAverageVoltage;
    if(PixelAverageVoltageError < -TargetPixelAverageVoltageAllowError)
        IntegrationTime - -;
    if(PixelAverageVoltageError > TargetPixelAverageVoltageAllowError)
        IntegrationTime + +;
    if(IntegrationTime <= 1)
        IntegrationTime = 1;
    if(IntegrationTime >= 100)
        IntegrationTime = 100;

}

/***********************************************
*                    蓝宙电子工作室
*
*   函数名称:PixelAverage
*   功能说明:求数组的均值程序
```

```
 *    参数说明:
 *    函数返回:无
 *    修改时间:2012-10-20
 *    备注:
 ****************************************************************/
u8 PixelAverage(u8 len, u8 * data) {
  uint8_t i;
  unsigned int sum = 0;
  for(i = 0; i<len; i++) {
    sum = sum + *data++;
  }
  return ((uint8_t)(sum/len));
}

/****************************************************************
 *                        蓝宙电子工作室
 *
 *    函数名称:SamplingDelay
 *    功能说明:CCD 延时程序 200 ns
 *    参数说明:K60,主频为 200 MHz
 *    函数返回:无
 *    修改时间:2012-10-20
 *    备注:
 ****************************************************************/
void SamplingDelay(void){
  volatile u8 i;
  for(i=0;i<1;i++) {
    asm("nop");
    asm("nop");}
}

/****************************************************************
 *                      蓝宙嵌入式开发工作室
 *
 *    函数名称:PIT1_IRQHandler
 *    功能说明:PIT1 定时中断服务函数
 *    参数说明:无
 *    函数返回:无
 *    修改时间:2012-9-18      已测试
 *    备注:
 ****************************************************************/
void PIT1_IRQHandler(void)
```

第 7 章 智能车系统软件

```c
{
    PIT_Flag_Clear(PIT1);                        //清中断标志位
extern u8 IntegrationTime ;                      //曝光时间
extern void StartIntegration(void);              //曝光函数
static u8 TimerCnt20ms = 0;                      //计数器
u8 integration_piont;                            //曝光时间
TimerCnt20ms + + ;
  /* 根据曝光时间计算 20 ms 周期内的曝光点 */
integration_piont = 100 - IntegrationTime;
if(integration_piont > = 2) {        /* 曝光时间小于 2 则不进行再曝光 */
    if(integration_piont = = TimerCnt20ms)
        StartIntegration();                      //曝光开始
}
if(TimerCnt20ms > = 100) {
  TimerCnt20ms = 0;
  TIME1flag_20ms = 1 ;
}
}
```

下面的程序为 CCD 计算黑线位置的程序。本例程为说明例程,仅为参考例程,关于 CCD 计算黑线位置的算法较多,其中包括二值化算法、凹槽算法。其主要是赛道中间为白色赛道和两边为黑线的思路。

```
/**************************************************************
函数名称:CCD_Point
函数功能:采集黑线位置进行黑线点数计算
入口参数:
出口参数:无
备注:
**************************************************************/
void CCD_Point(uint8_t * point,uint8_t LineCOUT ,uint8_t * LineLeftAryy,uint8_t *
            LineRightAryy, uint8_t * lastLeftAryy,uint8_t * lastRightAryy){
    int16_t CCDCOUNT ;
    uint8_t tem8B0,tem8B1,tem8B2,tem8B3,tem8B4,tem8B5,tem8B6;
    uint8_t LEFTFAV,RINGHTFAV ;
    uint8_t leftcout,ringtcount ;
    int16_t tempD0,tempD1,FAVL ;
    uint8_t   station[50] ,stationcout, * FavDataADD;
    uint8_t   lineTempAryy[50] ;
    uint8_t   * DataCmp ;
    uint8_t   LinCont ;
    int8_t    Stem8B0;
```

```c
    uint8_t   *tempLeft, *tempRight  ;
    uint8_t   CalLine ;
    int16_t   LEFTMIN,LEFTMAX, RINGHTMIN,RINGHTMAX ;
    static uint8_t LEwidth ,RHwidth ;
    static uint8_t LEFTMAX0,LEFTMAX1,LEFTMAX2;
    static uint8_t RINGTMIN0,RINGTMIN1,RINGTMIN2;
    static uint8_t LeftNofindCount ,RingtNofindCount ;
    int16_t leftrightcmp ;
    uint8_t   leftNOlineFlg ,RightNOlineFlg ;
    uint8_t   leftAryy[20] = {0},rightAryy[20] = {0};
    uint16_t temp0,temp1,templeftcount,temprightcount,tempcountend,tempcount ;
    uint8_t   LINEWITH ,LEFTLINEFAV ,RINGTLINFAV ;
    LEFTLINEFAV = 70 ;          //根据 CCD 采集计算的黑线位置确定初始值
    RINGTLINFAV = 55 ;          //根据 CCD 采集计算的黑线位置确定初始值
    CalLine =    LineCOUT ;
    /***************************************************************
    用凹槽原理查出黑线,基于 CCD 能看到外面,不知道外面地板颜色,可以肯定能到的赛
    道是基于白色 KT 板旁边必须有黑线的原理,结合凹槽算法,在 KT 左半边黑线肯定在
    其左边,右半边黑线肯定在其右边。这样可以确定白色 KT 板的区域。
    软件定义的 left 并不是实际的左边,只是采样数据从 0 开始的位置。
    ***************************************************************/
    stationcout = 0 ;
    LINEWITH = 6 ;
    FAVL = 20 ;
    LEFTFAV = 15 ;
    RINGHTFAV = 15 ;
    CCDCOUNT = 128 ;
    /* * */
    while(! (UART_S1_REG(UARTx[UART0]) &UART_S1_TDRE_MASK));
            UART_D_REG(UARTx[UART0]) = (u8)(0xff);
    while(! (UART_S1_REG(UARTx[UART0]) &UART_S1_TDRE_MASK));
            UART_D_REG(UARTx[UART0]) = (u8)(0xff);
//          while(! (UART_S1_REG(UARTx[UART0]) &UART_S1_TDRE_MASK));
//              UART_D_REG(UARTx[UART0]) = (u8)(0xbb);
    while(! (UART_S1_REG(UARTx[UART0]) &UART_S1_TDRE_MASK));
            UART_D_REG(UARTx[UART0]) = (u8)(0xbb);


    for(tem8B0 = 0 ; tem8B0 < CCDCOUNT ; tem8B0 + + ){
        /* * * * * *
查找左边凹槽
        * * * * */
```

```
        leftcout = 0 ;
        temp0 = 0 ;
        for(tempD0 =    tem8B0    ;tempD0 >= 0;tempD0 - - ) {
           temp0 + + ;
           tempD1 = point[tempD0] - point[tem8B0] ;
           if(tempD1 > FAVL ) {
              leftcout + + ;
           } else if(leftcout){
              break ;
           }else if((leftcout = = 0)&&(temp0 > LINEWITH))
           {
              break ;
           }


           if(leftcout > LEFTFAV)
           { break ;
           }


        }
        if(leftcout&&(tempD0 < 0)) {
           leftcout = LEFTFAV ;
        }
        /* * * * * *
```
查找右边凹槽
```
        * * * * */
        temp0 = 0 ;
        ringtcount = 0 ;
        for(tempD0 = tem8B0    ;tempD0 < CCDCOUNT;tempD0 + + ) {
            tempD1 = point[tempD0] - point[tem8B0] ;
            temp0 + + ;
           if(tempD1 > FAVL ) {
              ringtcount + + ;
           } else if(ringtcount){
              break ;
           } else if((ringtcount = = 0)&&(temp0 > LINEWITH))
           {
              break ;
           }
           if(ringtcount>RINGHTFAV)
           {
              break ;
           }
```

```
        }
    if(ringtcount &&(tempD0 > = CCDCOUNT)){
       ringtcount = RINGHTFAV ;
    }
    /******
记录凹槽点
    *****/

    if((tem8B0 < LEFTLINEFAV)&&(tem8B0 > RINGTLINFAV)){

      if((leftcout > LEFTFAV)||(ringtcount>RINGHTFAV) ){
       /**/
       while(! (UART_S1_REG(UARTx[UART0]) &UART_S1_TDRE_MASK));
          UART_D_REG(UARTx[UART0]) = (u8)(tem8B0);

          station[stationcout] = tem8B0 ;
          stationcout + + ;
       }
    } else if(tem8B0 < LEFTLINEFAV){

      if(ringtcount > LEFTFAV) {
       /**/
       while(! (UART_S1_REG(UARTx[UART0]) &UART_S1_TDRE_MASK));
          UART_D_REG(UARTx[UART0]) = (u8)(tem8B0);

          station[stationcout] = tem8B0 ;
          stationcout + + ;


      }
    }else   if(tem8B0 > RINGTLINFAV){
        if(leftcout>RINGHTFAV ){
         /**/
          while(! (UART_S1_REG(UARTx[UART0]) &UART_S1_TDRE_MASK));
          UART_D_REG(UARTx[UART0]) = (u8)(tem8B0);

          station[stationcout] = tem8B0 ;
          stationcout + + ;


        }
     }


   }
```

```
/******************************************************
寻找黑线的合理性。
两个黑线间必须有一段白线。
基本思想是:查看该黑线左边是否满足边缘有一个白线宽度,
查看右边是否有一个白线宽度。本身是否满足一定的黑线宽度。
如果都满足,则黑线存储数组 lineTempAryy。
*******************************************************/
FavDataADD = station ;
DataCmp   =    lineTempAryy ;
tem8B1 = 0 ;
LinCont = 0 ;
for(tem8B0 = 0 ; tem8B0 < stationcout ; tem8B0 + +   ){
    tem8B1 =  * FavDataADD ;
    tem8B4 = 0 ;
    tem8B5 = 0 ;
    tem8B3 = 0 ;
    tem8B6 = 0 ;
    Stem8B0 = (int8_t)(FavDataADD - &station[0]) ;
    Stem8B0 - - ;
    if(Stem8B0 < 0 ){
        tem8B1 = station[Stem8B0 + 1] ;
        tem8B4 = tem8B1 ;
    }
/*********************************************
tem8B4 查找小端与该黑线位置相差点数
*********************************************/
    for(;Stem8B0 > = 0 ;Stem8B0 - - ){
        if(( tem8B1 - station[Stem8B0] ) < = 1) {
            tem8B3 + + ;
            tem8B1 = station[Stem8B0] ;
            if(Stem8B0 = = 0 ){
            tem8B4 = tem8B1 ;
            }
        } else {
            tem8B4 = tem8B1 - station[Stem8B0] ;
            break ;
        }
    }
/*********************************************
tem8B5 查找大端与该黑线位置相差点数
*********************************************/
    tem8B1 =  * FavDataADD ;
```

```
            tem8B2 = (uint8_t)(FavDataADD - &station[0]);
            tem8B2 + + ;
            if(tem8B2 = = stationcout){
               tem8B5 = CCDCOUNT - station[tem8B2 - 1];
               tem8B5 - - ;
            }
            for( ;tem8B2< stationcout ; tem8B2 + +){
               if((station[tem8B2] - tem8B1 ) < = 1){
                   tem8B3 + + ;
                   tem8B6 + + ;
                   tem8B1 = station[tem8B2];

                   if((tem8B2 + 1) = = stationcout){
                       tem8B5 = CCDCOUNT - station[tem8B2];
                       tem8B5 - - ;
                   }
               } else {
                  tem8B5 = station[tem8B2] - tem8B1 ;
                  break ;
               }
            }
/*****************************************
DataCmp 记录当前位置
*****************************************/
            if( (((tem8B4 + tem8B5)> = 20)){

               tem8B1 =    * FavDataADD ;

                  * DataCmp    = * FavDataADD ;
                  DataCmp + + ;
                  FavDataADD + + ;
                  LinCont + + ;
              /*
                  */
              while(! (UART_S1_REG(UARTx[UART0]) &UART_S1_TDRE_MASK));
              UART_D_REG(UARTx[UART0]) = (u8)(tem8B1);

            } else {
               tem8B0 + = tem8B6 ;
               FavDataADD + = tem8B6 ;
               FavDataADD + + ;
            }
```

}
/*******************
寻找左右黑线。
基本思路是与上次左右黑线的连续性。
********************/
```
  DataCmp = lastLeftAryy ;
  tem8B0 = DataCmp[ CalLine ] ;
  leftNOlineFlg = 0 ;
  RightNOlineFlg = 0 ;
```
/******************************
查找左右黑线的宽度阈值,当左黑线的右宽度值
和右黑线的左宽度值间隔距离短的时候,根据
判断决定哪边是不可能有黑线的。
*******************************/
```
  LEFTMIN =   tem8B0 - LEwidth ;
  LEFTMAX = tem8B0 + LEwidth;
  if(LEFTMIN < 0)  LEFTMIN = 0;
  if( LEFTMAX >128)LEFTMAX = 128;
  DataCmp = lastRightAryy ;
  tem8B0 = DataCmp[ CalLine ] ;
  RINGHTMIN = tem8B0 - RHwidth ;
  RINGHTMAX = tem8B0 + RHwidth ;
  if(RINGHTMAX > 128) RINGHTMAX = 128 ;
  if(RINGHTMIN < 0) RINGHTMIN = 0 ;
  leftrightcmp = RINGHTMIN - LEFTMAX ;
  if(leftrightcmp < 20)  {
    leftrightcmp = CCDCOUNT /2   ;
    if( LeftNofindCount && RingtNofindCount )
    {
      tem8B0 = (LEFTMAX0 + LEFTMAX1 + LEFTMAX2)/3 ;
      tem8B1 = (RINGTMIN0 + RINGTMIN1 + RINGTMIN2 )/3 ;
      if(tem8B0 > leftrightcmp){
        if( tem8B1 > leftrightcmp )  RightNOlineFlg = 1 ;
      }else if(tem8B0 < leftrightcmp){
        if( tem8B1 < leftrightcmp )  leftNOlineFlg = 1 ;
      }
    }else if(LeftNofindCount || RingtNofindCount){
      if(( LeftNofindCount > 0 )&&( RINGHTMIN < leftrightcmp ))
         leftNOlineFlg = 1 ;
      if(( RingtNofindCount > 0)&&(LEFTMAX > leftrightcmp ))
         RightNOlineFlg = 1 ;
```

```
        }else{
           tem8B0 = (LEFTMAX0 + LEFTMAX1 + LEFTMAX2)/3 ;
           tem8B1 = (RINGTMIN0 + RINGTMIN1 + RINGTMIN2 )/3 ;
           if(tem8B0 > leftrightcmp){
              if( tem8B1 > leftrightcmp )  RightNOlineFlg = 1 ;
           }else if(tem8B0 < leftrightcmp){
              if( tem8B1 < leftrightcmp )  leftNOlineFlg = 1 ;
           }
        }
     }
     FavDataADD = lineTempAryy ;
     tempLeft = leftAryy ;
     tempRight = rightAryy ;
     templeftcount = 0 ;
     temprightcount = 0 ;
     for(tem8B0 = 0;tem8B0 < LinCont ; tem8B0 + +){
        if(( * FavDataADD > = RINGHTMIN)&& ( * FavDataADD < = RINGHTMAX)) {
             * tempRight = * FavDataADD ;
             tempRight + + ;
             temprightcount + + ;
           }
           if(( * FavDataADD > = LEFTMIN)&& ( * FavDataADD < = LEFTMAX)){
             * tempLeft = * FavDataADD ;
             tempLeft + + ;
             templeftcount + + ;
           }
           FavDataADD + + ;
     }
/ * * * * * * * * * * * * * * * * * * * * * * * * * * * * *
记录黑线位置,记录黑线当前值
LEwidth ,RHwidth,temp0,temp1,tempcount,tempcountend
* * * * * * * * * * * * * * * * * * * * * * * * * */
/ *  * / temp0 = CalLine * PEXLCOUNT ;
  if(templeftcount&&(leftNOlineFlg = = 0)) {
    LEwidth = 4;
    tempcount = leftAryy[0];
    tempcountend  = leftAryy[templeftcount − 1] + 1;
    tem8B2 = 0xff ;
    for(;tempcount < tempcountend ;tempcount + +)
    {
       if( point[ tempcount ] < tem8B2){
          tem8B2 =  point[ tempcount ] ;
```

```
            temp1 = tempcount ;
         }
      }
      LineLeftAryy[ CalLine ] = (temp1 - temp0) ;
      lastLeftAryy[ CalLine ] = LineLeftAryy[ CalLine ] ;
      LeftNofindCount = 0 ;
      LEFTMAX0 = LEFTMAX ;
      LEFTMAX1 = LEFTMAX0 ;
      LEFTMAX2 = LEFTMAX1 ;
   }else
      {
         LineLeftAryy[ CalLine ] = 0xff ;
         LeftNofindCount + + ;
         LEwidth + + ;
         if(LEwidth > 15)
            LEwidth = 15 ;
         tem8B2 = 0 ;
      }

if(temprightcount&&(RightNOlineFlg = = 0)) {
   RHwidth = 4 ;
   tem8B3 = rightAryy[0];
   tempcount = tem8B3    ;
   tempcountend  = rightAryy[temprightcount - 1]  + 1;

   tem8B3 = 0xff ;
   for(;tempcount < tempcountend ;tempcount + + )
   {
      if( point[ tempcount ] < tem8B3){
         tem8B3 =  point[ tempcount ] ;
         temp1 = tempcount ;
      }
   }


   LineRightAryy[ CalLine ] = (temp1 - temp0)  ;
   lastRightAryy[ CalLine ] = LineRightAryy[ CalLine ] ;

   RingtNofindCount = 0 ;
   RINGTMIN0 = RINGHTMIN ;
   RINGTMIN1 = RINGTMIN0 ;
   RINGTMIN2 = RINGTMIN1 ;
```

```c
        } else
        {
            RingtNofindCount + + ;
            LineRightAryy[ CalLine ] = 0xff ;
            tem8B3 = 0 ;
            RHwidth + + ;
            if( RHwidth > 15 )
             RHwidth = 15 ;

        }

}

/***************************************************************
函数名称:CCD_PointOUT
函数功能:根据 CCD 采集的位置,拟合转向值
入口参数:LinCout         CCD 个数
        LeftAryy        左边黑线位置
        RingAryy        右边黑线位置
出口参数:
备注:该程序仅为参考,根据左右黑线简单计算中间黑线,仅根据单个CCD进行黑线拟合。
***************************************************************/
int16_t  CCD_PointOUT (u8 LinCout ,u8 * LeftAryy , u8 * RingAryy   )
{
    uint16_t LeftString,RightString ;
    static uint16_t LastLeftString0 = 0x08,LastRightString0 = 0x64;
    static uint16_t LastLeftString1 = 0x08,LastRightString1 = 0x64;
    static uint16_t LastLeftString2 = 0x08,LastRightString2 = 0x64;
    static uint8_t LeftNOfind = 0 ,ringtNOfind = 0 ;
    static uint8_t leftfind = 0, ringfind = 0 ;
    static int16_t lastString = 0x40 ;
    int16_t  String ;
    uint16_t tem16B0   ;
    uint8_t  tem8B0,tem8B1;
    u8 tLeftCnt = 0 ,tRinftCnt = 0 ;
            LeftString = 0;
            RightString = 0 ;
            for(tem16B0 = 0 ; tem16B0 < DATALINE ;tem16B0 + +){
                tem8B0 = LeftAryy[tem16B0 ] ;
                tem8B1 = RingAryy[tem16B0] ;
                if(( tem8B0 != 0xff ) && (tem8B1 != 0xff)){
                    LeftString += tem8B0 ;
```

```
            tLeftCnt ++ ;
            RightString += tem8B1 ;
            tRinftCnt ++ ;
        }else if( tem8B0 != 0xff )
        {
            LeftString += tem8B0 ;
            tLeftCnt ++ ;
        }
        else if( tem8B1 != 0xff )
        {
            RightString += tem8B1 ;
            tRinftCnt ++ ;
        }
   }
if(tLeftCnt&&tRinftCnt){
    LeftString  = LeftString/tLeftCnt;
    RightString = RightString/tRinftCnt;
}else if( tLeftCnt) {
    LeftString  = LeftString/tLeftCnt;
}else if( tRinftCnt) {
    RightString = RightString/tRinftCnt;
 }
if(tLeftCnt&&tRinftCnt){
  leftfind ++ ;
  ringfind ++ ;
  if(leftfind > 3)   LeftNOfind  = 0 ;
  if(ringfind > 3)   ringtNOfind = 0 ;
  String = (LeftString + RightString)/2 ;
  LastLeftString2 = LastLeftString1 ;
  LastLeftString1 = LastLeftString0 ;
  LastLeftString0 = LeftString ;
  LastRightString2 = LastRightString1 ;
  LastRightString1 = LastRightString0 ;
  LastRightString0 = RightString ;
}else if( tLeftCnt){
  leftfind ++ ;
  ringfind = 0 ;
  ringtNOfind ++ ;
   if(leftfind > 3)   LeftNOfind  = 0 ;
  String = (LeftString + LastRightString0)/2 ;
  LastLeftString2 = LastLeftString1 ;
  LastLeftString1 = LastLeftString0 ;
```

```
                LastLeftString0 = LeftString;
            }else if(tRinftCnt){
                ringfind ++;
                leftfind = 0;
                LeftNOfind ++;
                if(ringfind > 3)  ringtNOfind = 0;
                String = (LastLeftString0 + RightString)/2;
                LastRightString2 = LastRightString1;
                LastRightString1 = LastRightString0;
                LastRightString0 = RightString;
            }else if(tLeftCnt = = 0 &&tRinftCnt = = 0){
                String = lastString;
                leftfind = 0;
                ringfind = 0;
                ringtNOfind + +;
                LeftNOfind + +;
            }
            if(ringtNOfind&&LeftNOfind){
                if((ringtNOfind >10)&& (lastString < 50)){
                    String = lastString - 2;
                    if( String < 0)
                        String = 0;
                }
                if((LeftNOfind >10)&& (lastString > 80))
                    String = lastString+2;
                    if( String > 128)
                        String = 128;
            }
        if(ringtNOfind>50)
            ringtNOfind = 50;
        if(LeftNOfind>50)
            LeftNOfind = 50;
        if(leftfind >50 )
            leftfind = 50;
        if(ringfind >50)
            ringfind = 50;

        lastString = String;
    return   String;
}
```

第 8 章

控制算法

8.1 PID 控制

在过程控制中,PID 控制器一直是应用最为广泛的一种自动控制器;PID 控制也一直是众多控制方法中应用最为普遍的控制算法,PID 算法的计算过程与输出值(OUT)有着直接的函数关系,因此想进一步了解 PID 控制器,必须首先熟悉 PID 算法(见图 8-1)。

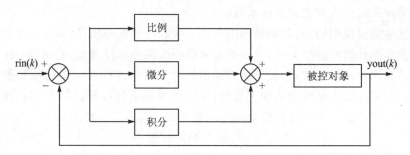

图 8-1　PID 算法

PID 控制器调节输出,是为了保证偏差值(e 值)为零,使系统达到一个预期稳定状态。这里的偏差(e)是给定值(SP)和过程变量值(PV)的差(error)。PID 控制原理基于下面的算式:

$$u(t) = k_P \left[\text{error}(t) + \frac{1}{T_I} \int_0^t \text{error}(t) \mathrm{d}t + \frac{T_D \mathrm{derror}(t)}{\mathrm{d}t} \right] \quad (8-1)$$

式中　T_I——积分项的比例常数;

　　　T_D——微分项的比例常数。

PID 控制器是一种线性控制器,它根据给定值 $\text{rin}(t)$ 与实际输出值 $\text{yout}(t)$ 构成控制偏差:

$$\text{error}(t) = \text{rin}(t) - \text{yout}(t)$$

为了让计算机能处理这个 PID 算法,必须把这个连续算式离散化成周期采样偏差算式,才能计算调节输出值(以下简称 OUT 值)。将积分与微分项分别改写成差

分方程,可得

$$MI = e(1) + e(2) + \cdots + e(k); \quad (8-2)$$

$$e_n - e_{n-1} = [e(k) - e(k-1)]/T \quad (8-3)$$

将式(8-2)和式(8-3)代入输出项函数式(8-1),可得数字偏差算式为

$$M_n = K_C e_n + K_C T_I MI + Minitial + K_C T_D (e_n - e_{n-1}) \quad (8-4)$$

输出 = 比例项 + 积分项 + 微分项

式中 M_n——第 n 次采样时刻,PID 回路输出的计算值(OUT 值);

T——采样周期(或控制周期);

Minitial——PID 回路输出初始值;

K_C——PID 回路增益;

e_n——在第 n 次采样时刻的偏差值($e_n = SP_n - PV_n$);

e_{n-1}——在第 $n-1$ 次采样时刻的偏差值(也称偏差前项)。

从这个数字偏差算式可以看出:比例项是当前误差采样的函数。

积分项是:从第一个采样周期到当前采样周期所有误差项的函数。微分项是:当前误差采样和前一次误差采样的函数。

在这里需要说明的是:在积分项中可以不保存所有误差项,因为保存所有误差项会占用较大的计算机存储单元,所以通常从第一次误差采样开始,利用每一次偏差采样都会计算出输出值的特点,在以后的输出值计算时只需保存偏差前项和积分项前值即可。利用计算机处理的周期重复性,就可以根据上述推导的数字偏差算式计算出下一次积分项值。因此可以简化上述的数字偏差算式(8-4)为

$$M_n = K_C e_n + K_C e_n + MX + K_C(e_n - e_{n-1}) \quad (8-5)$$

CPU(计算机中央芯片)实际计算中使用的是式(8-5)简化算式的改进比例项、积分项、微分项和的形式计算 PID 输出的。

改进型算式是:

$$M_n = MP_n + MI_n + MD_n \quad (8-6)$$

输出 = 比例项 + 积分项 + 微分项

式(8-5)和式(8-6)中:

M_n——第 n 次采样时刻,PID 回路输出的计算值(OUT 值);

MP_n——第 n 次采样时刻的比例项;

MI_n——第 n 次采样时刻的积分项;

MD_n——第 n 次采样时刻的微分项;

MX——PID 回路积分前项;

K_C——PID 回路增益;

e_n——在第 n 次采样时刻的偏差值($e_n = SP_n - PV_n$);

e_{n-1}——在第 $n-1$ 次采样时刻的偏差值($e_{n-1} = SP_n - 1 - PV_n - 1$)(也称偏差

前项)。

下面就根据式(8-5)与式(8-6)的对应关系单独分析一下各子项中各值的关系。

8.1.1 比例项(MP_n)

比例项 MP 是增益(K_C)和偏差(e)的乘积。因为偏差(e)是给定值(SP)与过程变量值(PV)之差($e_n = SP_n - PV_n$),根据式(8-5)与式(8-6)中的对应关系可得 CPU 执行的求比例项算式为

$$MP_n = K_C(SP_n - PV_n) \tag{8-7}$$

式中 MP_n——第 n 次采样时刻比例项的值;

K_C——PID 回路增益;

SP_n——第 n 次采样时刻的给定值;

PV_n——第 n 次采样时刻的过程变量值。

式(8-7)中,SP 和 PV 都是已知量,因此影响输出值 OUT 的,在比例项中只有回路增益 K_C。不难看出比例项值的大小与回路增益大小成比例关系。根据 P 控制规律,在比例项中只要合理设定 K_C 的大小,就能根据采样偏差 e 值的变化规律改变 MP_n,从而影响 M_n 来控制调节幅度。

8.1.2 积分项(MI_n)

积分项值 MI 与偏差和成正比。因为偏差(e)是给定值(SP)与过程变量值(PV)之差($e_n = SP_n - PV_n$)。根据式(8-5)与式(8-6)中的对应关系可得 CPU 执行的求积分项算式为

$$MI_n = K_C(SP_n - PV_n) + MX \tag{8-8}$$

式中 MI_n——第 n 次采样时刻积分项的值;

K_C——PID 回路增益;

SP_n——第 n 次采样时刻的给定值;

PV_n——第 n 次采样时刻的过程变量值;

MX——第 $n-1$ 采样时刻的积分项(积分前项)。

在 CPU 每次计算出 MI_n 之后,都要用 MI_n 值去更新 MX。MX 的初值通常在第一次计算输出以前被设置为 Minitial(初值),这也就是 Minitial 为什么会在式(8-5)未执行扫描,到式(8-6)执行扫描后变为 MX 的原因。

从式(8-8)中可以看出,积分项包括给定值 SP、过程变量值 PV、增益 K_C、积分前项 MX。而 SP、PV、K_C(已在比例项中设定)、T(根据设备性能参照确定)、MX(上一次积分已算出)都是已知量,因此影响输出值 OUT 的,在积分项中只有积分时间常数 T_I。不难看出积分项值的大小与位于积分算式分母位置的积分时间常数 T_I 成反比关系。也就是说,在有积分项参与输出调节控制的时候,积分时间常数设置越

大,积分项作用输出值就越小,反之则增大。根据 I 控制规律,在积分项中只要合理地设定 T_1 的大小,就能根据采样偏差 e 值的变化规律改变 MI_n,从而影响 M_n 来控制调节幅度。

在这里又涉及到采样周期选取的问题。采样周期是计算机重新扫描各现场参数值变化的时间间隔,控制周期是重新计算输出的时间间隔。在不考虑计算机 CPU 运算速度的情况下,采样周期与控制周期通常认为是同一描述。在实际工业过程控制中,采样、控制周期越短,调节控制的品质就越好。但盲目、无止境地追求较短的采样周期,不仅使计算机的硬件开支(如:A/D、D/A 的转换速度与 CPU 的运算速度)增加,而且由于现行的执行机构(如:电动类调节阀)的响应速度较低,过短的采样周期并不能有效提高系统的动态特性,因此必须从技术和经济两方面综合考虑采样频率的选取。

选取采样周期时,有下面几个因素可供读者参考:

① 采样周期应远小于对象的扰动周期。

② 采样周期应比对象的时间常数小得多,否则所采样得到的值无法反映瞬间变化的过程值。

③ 考虑执行机构的响应速度。如果采用的执行器的响应速度较慢,那么盲目要求过短的采样周期将失去意义。

④ 对象所要求的调节品质。在计算机速度允许的情况下,采样周期短,则调节品质好。

⑤ 性能价格比。从控制性能来考虑,希望采样周期短;但计算机运算速度,以及 A/D 和 D/A 的转换速度要相应地提高。这会导致计算机的费用增加。

⑥ 计算机所承担的工作量。如果控制的回路较多,计算量又特别大,则采样要加长;反之,可以将采样周期缩短。

综上分析可知:采样周期受很多因素的影响,当然也包括一些相互矛盾的因素,必须根据实际情况和主要的要求作出较为折衷的选择。笔者在实际过程控制中得出以下经验采样周期(仅供读者参考),如:流量,1~2 s;压力,2~3 s;温度,1.5~4 s;液位,5~8 s等。

8.1.3 微分项(MD_n)

微分项值 MD 与偏差的变化成正比。因为偏差(e)是给定值(SP)与过程变量值(PV)之差($e_n = SP_n - PV_n$)。根据式(8-5)与式(8-6)中的对应关系可得 CPU 执行的求微分项算式为

$$MD_n = K_C[(SP_n - PV_n) - (SP_{n-1} - PV_{n-1})] \tag{8-9}$$

为了避免给定值变化引起微分项作用的跳变,通常在定义微分项算式时,假定给定值不变,即 $SP_n = SP_{n-1}$。这样可以用过程变量的变化替代偏差的变化,计算算式

可改进为

$$MD_n = K_C(PV_n - PV_{n-1}) \tag{8-10}$$

式(8-9)与式(8-10)中：

MD_n——第 n 次采样时刻微分项的值；

K_C——PID 回路增益；

SP_n——第 n 次采样时刻的给定值；

PV_n——第 n 次采样时刻的过程变量值；

SP_{n-1}——第 $n-1$ 次采样时刻的给定值；

PV_{n-1}——第 $n-1$ 次采样时刻的过程变量值。

式(8-10)中参与控制的变量或常量有增益 K_C 第 n 次采样时刻的过程变量值 PV_n、第 $n-1$ 次采样时刻的过程变量值 PV_{n-1}。而 PV_n、PV_{n-1}、K_C（已在比例项中设定）、T（根据设备性能参照确定）都是已知量，因此影响输出值 OUT 的，在微分项中只有微分时间常数 TD。在式中不难看出：① 为了计算第 n 次的微分项值，必须保存第 $n-1$ 次过程变量值参与下一次计算，而不是偏差。当在第一次扫描周期开始时，PID 控制器会初始化 $PV_n=PV_{n-1}$。② 微分项值的大小与位于微分算式分子位置的积分时间常数 TD 大小成比例系数关系。也就是说，在有微分项参与输出调节控制时，微分时间常数设置越大，与 K_C 乘积就会越大，从而微分项作用输出值就越大，反之则变小。因此微分的设定一定要谨慎，设置不当，很容易引起输出值的跳变。根据 D 控制规律，在积分项中只要合理设定 TD 的大小，就能根据采样偏差 e 值的变化规律改变 MD_n，从而影响 M_n 来控制调节开度。

8.1.4 控制器 P、I、D 项的选择

在实际过程控制中，为使现场过程值在较理想的时间内跟定 SP 值，选用何种控制或控制组合来满足现场控制的需要显得十分重要。根据前面对 PID 算法的分析，下面将常用的各种控制规律的控制特点简单归纳一下。

① 比例控制规律 P：采用 P 控制规律能较快地克服扰动的影响，它作用于输出值较快，但不能很好地稳定在一个理想的数值，不良的结果是虽较能有效克服扰动的影响，但有余差出现。它适用于控制通道滞后较小、负荷变化不大、控制要求不高、被控参数允许在一定范围内有余差的场合，如：金彪公用工程部下设的水泵房冷、热水池水位控制；油泵房中间油罐油位控制等。

② 比例积分控制规律（PI）：在工程中比例积分控制规律是应用最广泛的一种控制规律。积分能在比例的基础上消除余差，它适用于控制通道滞后较小、负荷变化不大、被控参数不允许有余差的场合，如：在主线窑头重油换向室中，F1401～F1419 号枪的重油流量控制系统；油泵房供油管流量控制系统；退火窑各区温度调节系统等。

③ 比例微分控制规律（PD）：微分具有超前作用，对于具有容量滞后的控制通道，引入微分参与控制，在微分项设置得当的情况下，对于提高系统的动态性能指标，

有着显著效果。因此,对于控制通道的时间常数或容量滞后较大的场合,为了提高系统的稳定性,减小动态偏差等,可选用比例微分控制规律,如:加热型温度控制、成分控制。需要说明一点,对于那些纯滞后较大的区域,微分项无能为力。而对于测量信号有噪声或周期性振动的系统,也不宜采用微分控制,如:大窑玻璃液位的控制。

④ 比例积分微分控制规律(PID):PID 控制规律是一种较理想的控制规律,它在比例的基础上引入积分,可以消除余差,再加入微分作用,又能提高系统的稳定性。它适用于控制通道时间常数或容量滞后较大、控制要求较高的场合,如:温度控制、成分控制等。

鉴于 D 规律的作用,我们还必须了解时间滞后的概念。时间滞后包括容量滞后与纯滞后。其中容量滞后通常又包括:测量滞后和传送滞后。测量滞后是检测元件在检测时需要建立一种平衡,如热电偶、热电阻、压力等响应较慢产生的一种滞后。而传送滞后则是在传感器、变送器、执行机构等设备产生的一种控制滞后。纯滞后是相对于测量滞后的,在工业上,大多的纯滞后是由于物料传输所致,如大窑玻璃液位,在投料机动作到核子液位仪检测之间需要很长的一段时间。

总之,控制规律要根据过程特性和工艺要求来选取,决不是说 PID 控制规律在任何情况下都具有较好的控制性能,不分场合都采用是不明智的。如果这样做,只会给其他工作增加复杂性,并给参数整定带来困难。若采用 PID 控制器还达不到工艺要求,则需要考虑其他的控制方案,如串级控制、前馈控制、大滞后控制等。

8.1.5 利用整定参数来选择 PID 控制规律

在前面讲到 PID 控制规律的选择,如何在整定参数中关闭或打开 PID 控制规律是我们应该了解的问题。在许多控制系统中,有时只需要一种或两种回路控制规律就可以满足生产工艺的需要,如 P、PI、PD、PID 等类型。根据我们推导的数字偏差算式(8-5),可以得出以下结论:

① 如果不让积分参与控制,则可以把积分时间 TI 设为无穷大。但积分项还是不可能为零,这是因为还有初期 Minitial 的存在。

② 如果不让微分参与控制,则可以把微分时间 TD 设为零。

③ 如果不让比例参与控制,但需要积分或积分、微分参与控制,则可以把增益设为零。在增益为零的情况下,CPU 在计算积分项和微分项时,会把增益置为 1.0。

8.1.6 PID 手动与自动控制方式

在现场控制回路中,有时会出现扰动的强变引起现场过程值的跳变,如果这时采用了 I 控制规律,要消除这个扰动,则会使得调节时间过长,这时就需要人为进行干预。PID 控制器在这方面设置了一个使能位 0 或 1,0 指手动控制,1 为 PID 参与调节,也就是"自动"与"手动"的说法。当 PID 运算不被执行时,称之为手动方式;若 PID 运算参与控制,则称为自动方式。当这个使能位发生从 0 到 1 的正跳变时,PID

会按照预先设置的控制规律进行一系列的动作,使 PID 从手动方式无扰动地切换到自动方式,为了能使手动地方式无扰动地切换到自动方式,PID 会执行以下操作:

① 置过程变量值 PV＝给定值 SP,在未人为改变 SP 值之前,SP 保持恒定。

② 置过程变量前值 PV_{n-1}＝过程变量现值 PV_n。

需要说明的是:CPU 在启动或从 STOP 方式转化到 RUN 方式时,使能位的默认值是为 1 的。当 RUN 状态存在,人为使使能位变为 0,PID 不会自行将使能位变为 1,不会自行切换到自动方式。也就是说,要想再次使 PID 参与控制,需人为将使能位置 1。例如:在 ABB Freelance 2000 digivis 操作员站中的 PID 控制面板上,手动、自动用 M(man)、A(auto)标示。当从 M 转为 A 时,PID 工作,PID 将过程变量值 PV 置于设定值 SP 值,并保持 PV 跟踪 SP 值;当从 A 转为 M 时,PID 停止工作,系统会将输出值 OUT_{n-1} 赋予 OUT_n,并保持 OUT 不变,SP 值跟踪 PV 值。

8.1.7 PID 最佳整定参数的选定

PID 的最佳整定参数一般包括 K_C、TI、TD 等三个常用的控制参数,准确有效地选定 PID 的最佳整定参数是关于 PID 控制器是否有效的关键部分,如何在实际生产中找到这些合适的参数呢? 现行的方法有很多种,如:动态特性参数法、稳定边界法、阻尼振荡法、现场经验整定法、极限环自整定法等。鉴于浮法玻璃 24 小时不间断性生产的特点,采用现场经验整定法会达到较好的控制效果。

现场经验整定法是人们在长期工程实践中,从各种控制规律对系统控制质量影响的定性分析总结出来的一种行之有效并得到广泛应用的工程整定方法。在现场整定过程中,我们要保持 PID 参数按先比例、后积分、最后微分的顺序进行,在观察现场过程值 PV 趋势曲线的同时,慢慢改变 PID 参数,进行反复凑试,直到控制质量符合要求为止。

在具体整定中,通常先关闭积分项和微分项,将 TI 设置为无穷大,TD 设置为零,使其成为纯比例调节。初期比例度按经验数据设定,根据 PV 曲线,再慢慢整定比例,控制比例度,使系统达到 4∶1 衰减振荡的 PV 曲线,然后,再加积分作用。在加积分作用之前,应将比例度加大为原来的 1.2 倍左右。将积分时间 TI 由大到小地调整,直到系统再次得到 4∶1 衰减振荡的 PV 曲线为止。若需引入微分作用,微分时间按 TD＝(1/3～1/4) TI 计算,这时可将比例度调到原来的数值或更小一些,再将微分时间由小到大调整,直到 PV 曲线达到满意为止。有一点需要注意的是:在凑试过程中,若要改变 TI、TD,则应保持的比值不能变。

在找到最佳整定参数之前,要对 PV 值曲线进行走势分析,判断扰动存在的变化大小,再慢慢进行凑试。如果经过多次仍找不到最佳整定参数或参数无法达到理想状态,而生产工艺又必须要求较为准确,就得考虑单回路 PID 控制的有效性,或选用更复杂的 PID 控制。

值得注意的是:PID 最佳整定参数确定后,并不能说明它永远都是最佳的。当因外界扰动而发生根本性的改变时,就必须重新根据需要再进行最佳参数的整定。它也是保证 PID 控制有效的重要环节。

8.1.8　C 语言算法

```
typedef unsigned long PID_OUT;
typedef unsigned long PID_SET;
typedef unsigned long PID_Feed;
typedef unsigned long PID_REF;
typedef unsigned long PID_ERR;

// 位置式 ID 控制算法

ID_REF Kp = 0.1;                    //
PID_REF ki = 0.1;                   //
PID_REF Kd = 0.1;                   //
PID_REF Td = 0.01;                  //

PID_ERR PidError[2];                //
long PID_Count = 0;                 //
long PID_ErrSum = 0;                //

//
//
//
PID_OUT UpdatePID_Out(PID_SET set,PID_OUT yout)
{
    PID_OUT out;
    PID_OUT reduce;

    if(PID_Count <= 1)
    {
        return 0;
    }

    PidError[1] = set - yout;
    PID_ErrSum + = PidError[1] * Ts * Ki;

    out = Kp * PidError[1];
    out + = PID_ErrSum;

    reduce = Kd * (PidError[1] - PidError[0])/Ts;
```

```c
    out + = redece;

    PID_Count + +;
    PidError[0] = PidError[1];
    return (out);
}

// 增量式 PID 控制
ID_REF Kp = 0.1;                         //
PID_REF ki = 0.1;                        //
PID_REF Kd = 0.1;                        //
PID_REF Td = 0.01;                       //

PID_ERR PidError[3] = { 0x0,0x0,0x0 };   //
PID_OUT PidOut;                          //

PID_OUT UpdatePID_Out(PID_SET set,PID_OUT yout)
{
    PID_OUT out;
    PidError[2] = set - yout;

    PidOut = Kp * (PidError[2] - PidError[1]);
    PidOut + = Ki * PidError[2] * Td;
    PidOut + = Kd * (PidError[2] - 2 * PidError[1] + PidError[2])/Td;

    PidError[0] = PidError[1];
    PidError[1] = PidError[2];

    return PidOut;
}

//////////////////////////////////////////////////////////////////////
// 积分分离 PID 控制
ID_REF Kp = 0.1;                         //
PID_REF ki = 0.1;                        //
PID_REF Kd = 0.1;                        //
PID_REF Td = 0.01;                       //

PID_ERR PidError[2];                     //
long PID_Count = 0;                      //
long PID_ErrSum = 0;                     //
```

第 8 章 控制算法

```c
long PID_MinErr = 0x100;                    // 阈值

ID_OUT UpdatePID_Out(PID_SET set,PID_OUT yout)
{
    PID_OUT out;
    PID_OUT reduce;

    if(PID_Count <= 1)
    {
        return 0;
    }

    PidError[1] = set - yout;
    if(PidError < PID_MinErr)
    {
      PidError[0] = PidError[1];
      out = 0;             // 死区保护,直接输出
      return out;
    }

    PID_ErrSum += PidError[1]*Ts*Ki;

    out = Kp*PidError[1];
    out += PID_ErrSum;

    reduce = Kd*(PidError[1] - PidError[0])/Ts;
    out += redece;

    PID_Count++;
    PidError[0] = PidError[1];
    return (out);
}

// 抗积分饱和 PID 控制
ID_REF Kp = 0.1;                    //
PID_REF ki = 0.1;                   //
PID_REF Kd = 0.1;                   //
PID_REF Td = 0.01;                  //

PID_ERR PidError[2];                //
long PID_Count = 0;                 //
long PID_ErrSum = 0;                //
```

```c
long PID_MaxOut = 0x100;                    // 阈值

ID_OUT UpdatePID_Out(PID_SET set,PID_OUT yout)
{
    PID_OUT out;
    PID_OUT reduce;

    if(PID_Count <= 1)
    {
        return 0;
    }

    PidError[1] = set - yout;
    PID_ErrSum + = PidError[1] * Ts * Ki;

    out = Kp * PidError[1];
    out + = PID_ErrSum;

    reduce = Kd * (PidError[1] - PidError[0])/Ts;
    PID_Count + +;
    PidError[0] = PidError[1];

    out > PID_MaxOut ? PID_MaxOut : out;     // 上限设置,文档中使用的方法是,判断上
                                             // 次的输出值,决定是否更新输出
    // 如果(k-1)>Max,增加负的 error;反之,增加正的 error
    return (out);
}

// 梯度积分 PID 控制算法

ID_REF Kp = 0.1;                    //
PID_REF ki = 0.1;                   //
PID_REF Kd = 0.1;                   //
PID_REF Td = 0.01;                  //

PID_ERR PidError[2];                //
long PID_Count = 0;                 //
long PID_ErrSum = 0;                //

//
//
//
```

```c
PID_OUT UpdatePID_Out(PID_SET set,PID_OUT yout)
{
    PID_OUT out;
    PID_OUT reduce;

    if(PID_Count <= 1)
    {
        return 0;
    }

    PidError[1] = set - yout;
    PID_ErrSum += (PidError[1]+PidError[0])/2*Ts*Ki;// 梯度ID积分

    out = Kp*PidError[1];
    out += PID_ErrSum;

    reduce = Kd*(PidError[1] - PidError[0])/Ts;
    out += redece;

    PID_Count++;
    PidError[0] = PidError[1];
    return (out);
}

// 带死区的PID控制
ID_REF Kp = 0.1;                    //
PID_REF ki = 0.1;                   //
PID_REF Kd = 0.1;                   //
PID_REF Td = 0.01;                  //

PID_ERR PidError[2];                //
long PID_Count = 0;                 //
long PID_ErrSum = 0;                //

long PID_MinErr = 0x100;            // 阈值

ID_OUT UpdatePID_Out(PID_SET set,PID_OUT yout)
{
    PID_OUT out;
    PID_OUT reduce;

    if(PID_Count <= 1)
```

```
    {
        return 0;
    }

    PidError[1] = set - yout;
    PID_ErrSum + = PidError[1] * Ts * Ki;

    out = Kp * PidError[1];

    if(PidError > PID_MinErr)
    {
        out + = PID_ErrSum;
    }

    reduce = Kd * (PidError[1] - PidError[0])/Ts;
    out + = redece;

    PID_Count + +;
    PidError[0] = PidError[1];
    return (out);
}
```

8.2 滤波算法

8.2.1 限幅滤波法(又称程序判断滤波法)

① 方法:
根据经验判断,确定两次采样允许的最大偏差值(设为 A)。
每次检测到新值时判断:
- 如果本次值与上次值之差≤A,则本次值有效;
- 如果本次值与上次值之差＞A,则本次值无效,放弃本次值,用上次值代替本次值。

② 优点:能有效克服因偶然因素引起的脉冲干扰。
③ 缺点:
- 无法抑制周期性的干扰;
- 平滑度差。

8.2.2 中位值滤波法

① 方法:

- 连续采样 N 次(N 取奇数);
- 把 N 次采样值按大小排列;
- 取中间值为本次有效值。

② 优点:
- 能有效克服因偶然因素引起的波动干扰;
- 对温度、液位变化缓慢的被测参数,有良好的滤波效果。

③ 缺点:对流量、速度等快速变化的参数不宜。

8.2.3 算术平均滤波法

① 方法:
连续取 N 个采样值进行算术平均运算。
- N 值较大时,信号平滑度较高,但灵敏度较低;
- N 值较小时,信号平滑度较低,但灵敏度较高;
- N 值的选取:流量,$N=12$;压力,$N=4$。

② 优点:
- 适用于对具有随机干扰的信号进行滤波;
- 这样信号的特点是有一个平均值,信号在某一数值范围附近上下波动。

③ 缺点:
- 对于测量速度较慢或要求数据计算速度较快的实时控制不适用;
- 比较浪费 RAM。

8.2.4 递推平均滤波法(又称滑动平均滤波法)

① 方法:
- 把连续取 N 个采样值看成一个队列;
- 队列的长度固定为 N;
- 每次采样到一个新数据放入队尾,并扔掉原来队首的一次数据(先进先出原则);
- 把队列中的 N 个数据进行算术平均运算,就可获得新的滤波结果;
- N 值的选取:流量,$N=12$;压力,$N=4$;液面,$N=4\sim12$;温度,$N=1\sim4$。

② 优点:
- 对周期性干扰有良好的抑制作用,平滑度高;
- 适用于高频振荡的系统。

③ 缺点:
- 灵敏度低;
- 对偶然出现的脉冲性干扰的抑制作用较差;
- 不易消除由于脉冲干扰所引起的采样值偏差;

- 不适用于脉冲干扰比较严重的场合;
- 比较浪费 RAM。

8.2.5 中位值平均滤波法(又称防脉冲干扰平均滤波法)

① 方法:
- 相当于"中位值滤波法"+"算术平均滤波法";
- 连续采样 N 个数据,去掉一个最大值和一个最小值;
- 计算 N−2 个数据的算术平均值;
- N 值的选取:3~14。

② 优点:
- 融合了两种滤波法的优点;
- 对于偶然出现的脉冲性干扰,可消除由于脉冲干扰所引起的采样值偏差。

③ 缺点:
- 测量速度较慢,与算术平均滤波法一样;
- 比较浪费 RAM。

8.2.6 限幅平均滤波法

① 方法:
- 相当于"限幅滤波法"+"递推平均滤波法";
- 每次采样到的新数据先进行限幅处理,再送入队列进行递推平均滤波处理。

② 优点:
- 融合了两种滤波法的优点;
- 可消除由于偶然出现的脉冲干扰所引起的采样值偏差。

③ 缺点:比较浪费 RAM。

8.2.7 一阶滞后滤波法

① 方法:
- 取 $a=0\sim 1$;
- 本次滤波结果=$(1-a)\times$本次采样值$+a\times$上次滤波结果。

② 优点:
- 对周期性干扰具有良好的抑制作用;
- 适用于波动频率较高的场合。

③ 缺点:
- 相位滞后,灵敏度低;
- 滞后程度取决于 a 值的大小;
- 不能消除滤波频率高于采样频率 1/2 的干扰信号。

8.2.8 加权递推平均滤波法

① 方法：
- 是对递推平均滤波法的改进，即不同时刻的数据加以不同的权；
- 通常，越接近现时刻的数据，权取得越大；

给予新采样值的权系数越大，则灵敏度越高，但信号平滑度越低。

② 优点：适用于有较大纯滞后时间常数的对象和采样周期较短的系统。

③ 缺点：对于纯滞后时间常数较小、采样周期较长、变化缓慢的信号，不能迅速反映系统当前所受干扰的严重程度，滤波效果差。

8.2.9 消抖滤波法

① 方法：
- 设置一个滤波计数器；
- 将每次采样值与当前有效值进行比较：
- 如果采样值＝当前有效值，则计数器清零；
- 如果采样值小于或大于当前有效值，则计数器＋1，并判断计数器是否≥上限 N（溢出）；
- 如果计数器溢出，则将本次值替换当前有效值，并清计数器。

② 优点：
- 对于变化缓慢的被测参数，有较好的滤波效果；
- 可避免在临界值附近控制器的反复开/关跳动或显示器上数值抖动。

③ 缺点：
- 对于快速变化的参数不宜；
- 如果在计数器溢出时采样到的值恰好是干扰值，则会将干扰值当作有效值导入系统。

8.2.10 限幅消抖滤波法

① 方法：
- 相当于"限幅滤波法"＋"消抖滤波法"；
- 先限幅，后消抖。

② 优点：
- 继承了"限幅"和"消抖"的优点；
- 改进了"消抖滤波法"中的某些缺陷，避免将干扰值导入系统。

③ 缺点：对于快速变化的参数不宜。

8.2.11 IIR 数字滤波器

① 方法：
确定信号带宽，滤之。

$$Y(n) = a_1 \times Y(n-1) + a_2 \times Y(n-2) + \cdots + a_k \times Y(n-k) + \\ b_0 \times X(n) + b_1 \times X(n-1) + b_2 \times X(n-2) + \cdots + \\ b_k \times X(n-k)$$

② 优点：
- 高通、低通、带通、带阻任意；
- 设计简单(用 Matlab)。

③ 缺点：运算量大。

下面是 11 种软件滤波方法的示例程序。假定从 8 位 AD 中读取数据(如果是更高位的 AD，则可定义数据类型为 int)，子程序为 get_ad()。

1. 限幅滤波法

```
/* A 值可根据实际情况调整
value 为有效值, new_value 为当前采样值
滤波程序返回有效的实际值 */
#define A 10
char value;
char filter()
{
char new_value;
new_value = get_ad();
if ( ( new_value - value > A ) || ( value - new_value > A ) )
return value;
else return new_value;
}
```

2. 中位值滤波法

```
/* N 值可根据实际情况调整
排序采用冒泡法 */
#define N 11
char filter()
{
char value_buf[N];
char count,i,j,temp;
for ( count = 0;count {
```

第8章 控制算法

```c
value_buf[count] = get_ad();
delay();
}
for(j=0;j<N-1;j++)//冒泡法
{
for(i=0;i<N-1-j;i++)
{
if( value_buf[i]>value_buf[i+1] )
{
temp = value_buf[i];
value_buf [i] = value_buf[i+1];
value_buf[i+1] = temp;
}
}
}
return value_buf[(N-1)/2];
}
```

3. 算术平均滤波法

```c
/*
*/
#define N 12
char filter()
{
int sum = 0;
for( count = 0;count<N;count++)
{
sum+ = get_ad();
delay();
}
return (char)(sum/N);
}
```

4. 递推平均滤波法(又称滑动平均滤波法)

```c
/*
*/
#define N 12
char value_buf[N];
char i = 0;
char filter()
{
```

```
char count;
int sum = 0;
value_buf[i++] = get_ad();
if ( i == N ) i = 0;
for ( count = 0;count<N;count++ ) sum = value_buf[count];
return (char)(sum/N);
}
```

5. 中位值平均滤波法(又称防脉冲干扰平均滤波法)

```
/*
*/
#define N 12
char filter()
{
char count,i,j;
char value_buf[N];
int sum = 0;
for (count = 0;count {
value_buf[count] = get_ad();
delay();
}
for (j=0;j<N-1;j++) //冒泡法
{
for (i=0;i<N-1-j;i++)
{
if ( value_buf[i]>value_buf[i+1] )
{
temp = value_buf[i];
value_buf[i] = value_buf[i+1];
value_buf[i+1] = temp;
}
}
}
for ( count = 0;count<N;count++ ) sum = value_buf[count];
return (char)(sum/(N-2));
}
```

6. 限幅平均滤波法

```
/*
*/
```

略,参考子程序 1、3。

7. 一阶滞后滤波法

```
/* 为加快程序处理速度假定基数为 100,a = 0~100 */
#define a 50
char value;
char filter()
{
char new_value;
new_value = get_ad();
return (100 - a) * value + a * new_value;
}
```

8. 加权递推平均滤波法

```
/* coe 数组为加权系数表,存在程序存储区 */
#define N 12
char code coe[N] = {1,2,3,4,5,6,7,8,9,10,11,12};
char code sum_coe = 1+2+3+4+5+6+7+8+9+10+11+12;
char filter()
{
char count;
char value_buf[N];
int sum = 0;
for (count = 0,count {
value_buf[count] = get_ad();
delay();
}
for ( count = 0;count<N;count + + ) sum = value_buf[count];
return (char)(sum/sum_coe);
}
```

9. 消抖滤波法

```
#define N 12
char filter()
{
char count = 0;
char new_value;
new_value = get_ad();
while (value ! = new_value);
{
count + + ;
```

```
if (count >= N) return new_value;
delay();
new_value = get_ad();
}
return value;
}
```

10. 限幅消抖滤波法

```
/*
*/
```

略参考子程序 1、9。

11. IIR 滤波例子

```
int BandpassFilter4(int InputAD4)
{
int ReturnValue;
int ii;
RESLO = 0;
RESHI = 0;
MACS = * PdelIn;
OP2 = 1068; //FilterCoeff4[4];
MACS = * (PdelIn + 1);
OP2 = 8; //FilterCoeff4[3];
MACS = * (PdelIn + 2);
OP2 = -2001;//FilterCoeff4[2];
MACS = * (PdelIn + 3);
OP2 = 8; //FilterCoeff4[1];
MACS = InputAD4;
OP2 = 1068; //FilterCoeff4[0];
MACS = * PdelOu;
OP2 = -7190;//FilterCoeff4[8];
MACS = * (PdelOu + 1);
OP2 = -1973; //FilterCoeff4[7];
MACS = * (PdelOu + 2);
OP2 = -19578;//FilterCoeff4[6];
MACS = * (PdelOu + 3);
OP2 = -3047; //FilterCoeff4[5];
* p = RESLO;
* (p + 1) = RESHI;
mytestmul<<= 2;
ReturnValue = * (p + 1);
```

```
for(ii = 0;ii<3;ii + +)
{
DelayInput[ii] = DelayInput[ii + 1];
DelayOutput[ii] = DelayOutput[ii + 1];
}
DelayInput[3] = InputAD4;
DelayOutput[3] = ReturnValue;
// if (ReturnValue<0)
// {
// ReturnValue = - ReturnValue;
// }
return ReturnValue;
}
```

8.3 卡尔曼滤波器

8.3.1 概　述

卡尔曼全名 Rudolf Emil Kalman,是匈牙利数学家,1930 年出生于匈牙利首都布达佩斯。他在 1953 年、1954 年于麻省理工学院分别获得电机工程学士及硕士学位,1957 年于哥伦比亚大学获得博士学位。我们现在要学习的卡尔曼滤波器,正是源于他的博士论文和 1960 年发表的论文 *A New Approach to Linear Filtering and Prediction Problems*(线性滤波与预测问题的新方法)。

简单来说,卡尔曼滤波器是一个"optimal recursive data processing algorithm(最优化自回归数据处理算法)"。对于大部分问题的解决,它是最优、效率最高甚至是最有用的。它的广泛应用已经超过 30 年,包括机器人导航、控制、传感器数据融合,直至在军事方面的雷达系统以及导弹追踪等;近年来更被应用于计算机图像处理,例如头脸识别、图像分割、图像边缘检测等。

为了便于理解卡尔曼滤波器,这里应用形象的描述方法来讲解,而不是像大多数参考书那样罗列一大堆的数学公式和数学符号。但是,5 条公式是其核心内容。结合现代的计算机,只要理解了 5 条公式,其实卡尔曼的程序相当简单。

在介绍 5 条公式之前,先根据下面的例子一步一步地探索。

假设我们要研究的对象是一个房间的温度。根据经验判断,这个房间的温度是恒定的,也就是下一分钟的温度等于现在这一分钟的温度(假设我们用 1 分钟来做时间单位)。假设你对你的经验不是 100 % 的相信,可能会上下偏差几度。我们把这些偏差看成是高斯白噪声(White Gaussian Noise),也就是这些偏差跟前后时间是没有关系的,而且符合高斯分配(Gaussian Distribution)。另外,我们在房间里放一个温度计,但是这个温度计也不准确,测量值会比实际值有偏差。我们也把这些偏差看成是高斯白噪声。

好了,现在对于某一分钟,我们有两个有关于该房间的温度值:根据经验的预测值(系统的预测值)和温度计的值(测量值)。下面我们要用这两个值并结合它们各自的噪声来估算出房间的实际温度值。

假如我们要估算 k 时刻的是实际温度值。首先你要根据 $k-1$ 时刻的温度值,来预测 k 时刻的温度。因为你相信温度是恒定的,所以你会得到 k 时刻的温度预测值与 $k-1$ 时刻是一样的,假设是 23 ℃,同时该值的高斯噪声的偏差是 5 ℃(5 是这样得到的:如果 $k-1$ 时刻估算出的最优温度值的偏差是 3,你对自己预测的不确定度是 4,它们平方相加再开方,就是 5)。然后,你从温度计那里得到了 k 时刻的温度值,假设是 25 ℃,同时该值的偏差是 4 ℃。

由于我们用于估算 k 时刻的实际温度值有两个,分别是 23 ℃ 和 25 ℃,那么究竟实际温度是多少呢?相信自己还是相信温度计呢?究竟相信谁多一点?我们可以用它们的 covariance 来判断。因为 $K_g^2=5^2/(5^2+4^2)$,所以 $K_g=0.78$,我们可以估算出 k 时刻的实际温度值是:$[23+0.78(25-23)]$℃$=24.56$ ℃。可以看出,因为温度计的 covariance 比较小(比较相信温度计),所以估算出的最优温度值偏向温度计的值。

现在我们已经得到 k 时刻的最优温度值了,下一步就是要进入 $k+1$ 时刻,进行新的最优估算。到现在为止,好像还没看到什么自回归的东西出现。在进入 $k+1$ 时刻之前,我们还要算出 k 时刻那个最优值(24.56 ℃)的偏差。算法如下:$[(1-K_g)\times 5^2]^{0.5}=2.35$。这里的 5 就是上面的 k 时刻你预测的那个 23 ℃ 温度值的偏差,得出的 2.35 就是进入 $k+1$ 时刻以后 k 时刻估算出的最优温度值的偏差(对应于上面的 3)。

就这样,卡尔曼滤波器不断地把 covariance 递归,从而估算出最优的温度值。它运行得很快,而且只保留了上一时刻的 covariance。上面的 K_g,就是卡尔曼增益(Kalman Gain),可以随不同的时刻而改变自己的值。

下面,讨论真正工程系统上的卡尔曼滤波器。

8.3.2 卡尔曼滤波器算法

在这一部分,描述源于 Dr Kalman 的卡尔曼滤波器。下面的描述,会涉及一些基本的概念知识,包括概率(Probability)、随机变量(Random Variable)、高斯或正态分布(Gaussian Distribution)以及 State-space Model 等。但对于卡尔曼滤波器的详细证明,这里不能一一描述。

首先,要引入一个离散控制过程的系统。该系统可用一个线性随机微分方程(Linear Stochastic Difference Equation)来描述:

$$X(k) = AX(k-1) + BU(k) + W(k)$$

再加上系统的测量值:

$$Z(k) = H X(k) + V(k)$$

上两式子中，$X(k)$ 是 k 时刻的系统状态，$U(k)$ 是 k 时刻对系统的控制量。A 和 B 是系统参数；对于多模型系统，它们为矩阵。$Z(k)$ 是 k 时刻的测量值，H 是测量系统的参数；对于多测量系统，H 为矩阵。$W(k)$ 和 $V(k)$ 分别表示过程和测量的噪声。它们被假设成高斯白噪声(White Gaussian Noise)，它们的 covariance 分别是 Q、R（这里假设它们不随系统状态变化而变化）。

要想满足上面的条件(线性随机微分系统，过程和测量都是高斯白噪声)，卡尔曼滤波器是最优的信息处理器。下面结合它们的 covariance 来估算系统的最优化输出(类似上一小节那个温度的例子)。

首先要利用系统的过程模型，来预测下一状态的系统。假设现在的系统状态是 k，根据系统的模型，可以基于系统的上一状态而预测出现在的状态：

$$X(k|k-1) = A X(k-1|k-1) + B U(k) \tag{1}$$

式(1)中，$X(k|k-1)$ 是利用上一状态预测的结果；$X(k-1|k-1)$ 是上一状态最优的结果；$U(k)$ 为现在状态的控制量，如果没有控制量，它可以为 0。

到现在为止，系统结果已经更新了，可是，对应于 $X(k|k-1)$ 的 covariance 还没更新。我们用 P 表示 covariance：

$$P(k|k-1) = A P(k-1|k-1) A' + Q \tag{2}$$

式(2)中，$P(k|k-1)$ 是 $X(k|k-1)$ 对应的 covariance，$P(k-1|k-1)$ 是 $X(k-1|k-1)$ 对应的 covariance，A' 表示 A 的转置矩阵，Q 是系统过程的 covariance。式(1)、式(2)就是卡尔曼滤波器 5 个公式当中的前两个，也就是对系统的预测。

有了现在状态的预测结果，然后再收集现在状态的测量值。结合预测值和测量值，可以得到现在状态(k)的最优化估算值 $X(k|k)$：

$$X(k|k) = X(k|k-1) + K_g(k)[Z(k) - H X(k|k-1)] \tag{3}$$

其中 K_g 为卡尔曼增益(Kalman Gain)：

$$K_g(k) = P(k|k-1) H' / [H P(k|k-1) H' + R] \tag{4}$$

到现在为止，我们已经得到了 k 状态下最优的估算值 $X(k|k)$。但是为了要使卡尔曼滤波器不断地运行下去直到系统过程结束，我们还要更新 k 状态下 $X(k|k)$ 的 covariance：

$$P(k|k) = (I - K_g(k)H)P(k|k-1) \tag{5}$$

式中，I 为 1 的矩阵，对于单模型单测量，$I=1$。当系统进入 $k+1$ 状态时，$P(k|k)$ 就是式(2)的 $P(k-1|k-1)$。这样，算法就可以自回归地运算下去。

卡尔曼滤波器的原理基本描述了，式(1)、式(2)、式(3)、式(4)和式(5)就是其 5 个基本公式。根据这 5 个公式，可以很容易实现计算机的程序。

下面用程序举一个实际运行的例子。

8.3.3 简单例子

这里举一个非常简单的例子来说明卡尔曼滤波器的工作过程，而且还会配以程序模拟结果。

根据 8.3.1 小节的描述，把房间看成一个系统，然后对这个系统建模。当然，我们建的模型不需要非常精确。我们所知道的这个房间的温度是跟前一时刻的温度相同的，所以 $A=1$。没有控制量，所以 $U(k)=0$。因此得出

$$(k|k-1) = X(k-1|k-1) \tag{6}$$

式子(2)可以改成：

$$P(k|k-1) = P(k-1|k-1) + Q \tag{7}$$

因为测量的值是来自温度计的，跟温度直接对应，所以 $H=1$。式(3)、式(4)、式(5)可以改成

$$X(k|k) = X(k|k-1) + K_g(k)[Z(k) - X(k|k-1)] \tag{8}$$

$$K_g(k) = P(k|k-1) / (P(k|k-1) + R) \tag{9}$$

$$P(k|k) = [1 - K_g(k)]P(k|k-1) \tag{10}$$

现在我们模拟一组测量值作为输入。假设房间的真实温度为 25 ℃，模拟了 200 个测量值，这些测量值的平均值为 25 ℃，但是加入了标准偏差为几度的高斯白噪声(在图 8-2 中为浅灰)。

为了使卡尔曼滤波器开始工作，需要告诉卡尔曼滤波器两个零时刻的初始值，是 $X(0|0)$ 和 $P(0|0)$。它们的值不用太在意，随便给一个就可以了，因为随着卡尔曼滤波器的工作，X 会逐渐地收敛。但是对于 P，一般不要取 0，因为这样可能会令卡尔曼滤波器完全相信给定的 $X(0|0)$ 是系统最优的，从而使算法不能收敛。故选了 $X(0|0)=1, P(0|0)=10$。

该系统的真实温度为 25 ℃，图 8-2 中用黑线表示。图 8-2 中深灰是卡尔曼滤波器输出的最优化结果(该结果在算法中设置了 $Q=1e-6, R=1e-1$)。

8.3.4 Matlab 下的卡尔曼滤波程序

```
clear
N = 200;
w(1) = 0;
w = randn(1,N)
x(1) = 0;
a = 1;
for k = 2:N;
x(k) = a * x(k-1) + w(k-1);
end

V = randn(1,N);
q1 = std(V);
Rvv = q1.^2;
```

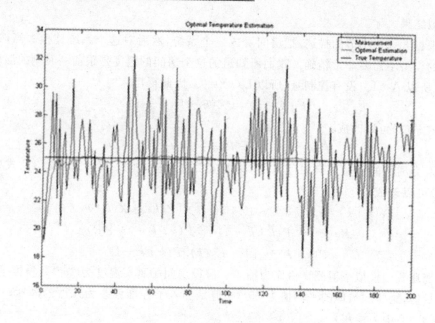

图 8-2 卡尔曼滤波器的输出结果

```
q2 = std(x);
Rxx = q2.^2;
q3 = std(w);
Rww = q3.^2;
c = 0.2;
Y = c * x + V;
p(1) = 0;
s(1) = 0;
for t = 2:N;
p1(t) = a.^2 * p(t-1) + Rww;
b(t) = c * p1(t)/(c.^2 * p1(t) + Rvv);
s(t) = a * s(t-1) + b(t) * (Y(t) - a * c * s(t-1));
p(t) = p1(t) - c * b(t) * p1(t);
end

t = 1:N;
plot(t,s,'r',t,Y,'g',t,x,'b');
```

第 9 章

比赛建议与感想

"飞思卡尔杯"比赛是一个漫长而又紧张的过程,其中比赛的日程安排特别紧张。一般比赛日程安排是第一天报到,第二天上下午分别有两个半小时的试车时间,第三天交车比赛,第四天决赛。

同学们应尽量在学校准备充分,这样到比赛现场就有充足的应对方案。去比赛现场前需要列出准备物清单,比如烙铁、电流表、电子元件、各个套件必备的传感器备件、机械工具箱、智能车零配件,特别是能够调节传感器特性的备件(滤光片)等,尽量做到有备无患。到赛场报到后,先去赛场熟悉比赛环境,做好试车计划。比如,刚开始调试传感器,接着测试 KT 板的摩擦力,调试赛场摩擦力等。准备工作需要做得细致,分别根据赛场环境,做好测试程序,这样可以保证在赛场上能快速调试。测试时间为半个小时,不改程序是不现实的。

第二天测试是至关重要的部分,同学们要尽量早去赛场,观看赛场的光线环境,找到赛场光线特殊的地方,比如光线特别强、反光特别明显、光线反差较大的地方等。若有机会,可以进行数据的采集和参数的调整。上午的试车时间刚开始时,情况一般不会太乐观,同学们可以先低速试跑几圈,找出有问题的地方,迅速进行数据采集,看现场能不能进行参数调整,避免该问题的再次发生。如果发现的问题比较多,则应快速采集数据,查看数据是否能反映特性,进行分析,修改参数。若需要修改程序,建议同学们待调试时间完后,再进行编写。若时间充足,可以在赛场中其他光线处进行测试。测试时间到后,需要根据发现的问题进行相应软件的更改,甚至是硬件的更改。根据记录的数据,进行软件更改和仿真。下午进行更改软件测试,调整参数。若有时间,还需要更换轮胎和差速器调校,进行车辆状态的调整,让车能够更好地适应赛道。下午的测试时间完后,若还有大问题,建议同学们保守地修改;没有测试环境时,对参数的调整只能根据经验进行。需要同学们反复思考和权衡。对小车进行全面的检查,确保小车处于最好状态。根据测试情况,制定比赛的方针。一组在赛道的时间一般只有 5 分钟,是特别紧张的。需要同学们在下面做好准备工作。

第三天是初赛时间,早上需要交车,交完车后,组委会会拉开赛道的幕布,此时赛道呈现在大家面前,需要根据对小车的了解程度,对赛道风险之处进行分析。观看比赛过程,查看大家容易出问题的地方,权衡自己小车的速度。上午比赛大家应尽量保证有一个比赛成绩,需要同学们做好记录,同时需要注意一些有实力但因为一些小小

第9章 比赛建议与感想

的瑕疵而失误的小组。上午比赛完后,同学们需要分析一下自己在比赛中的成绩,根据情况制定比赛方案。若有成绩,而且成绩比较好,铁定了能进决赛的,则可以利用试车时间,反跑一下赛道。决赛赛道是两个赛道拼接而成的。争取冲一个好名次。若有成绩,第二天决赛是在希望和失望之间的,则需要重复利用比赛机会跑一个好成绩。现在比赛允许对小车进行修理,同学们若感觉小车状态不对,可以申请进行修理。

第四天是决赛,赛道一般由初赛赛道拼接而成,同学们可以根据比赛赛道情况制定比赛方针。比赛比较紧张,需要准备一个状态比较好的电池,决赛的时候进行更换。

从这些安排可以看出,比赛是一个很紧张的过程,一定要做好各个方面的准备工作,小组内一定要有明确的分工。团队成员之间要经常沟通,争取在赛场上有一个稳定的发挥。

论坛上比赛经验整理如下:

先说说个人认为要取得好成绩的两个最重要的先决条件。

① 人,这是个大前提。对于一个好的队伍,判别标准其实很简单,就是3个队员之间是玩伴关系还是领导和下属关系。前者,大家都是来玩智能车的,自然主观能动性就会很高,能自主学习,不会总是"等着所谓队长分配任务",这样效率就会很高,成绩自然不会差;后者,如果"队长"个人能力很强,就会出现到最后只有队长一个人在干,其他的队员因为自己技术不行,渐渐退出,而不会因为自己不行而去主动学习的情况。如果队长能力一般,再加上没有强力的指导老师,则这样的队伍一般会"悲剧"掉。所以,新人在参加智能车大赛时就要明确动机。参加智能车大赛确实是来学习知识的,但不会有人真正地来教你,一切都靠自己。

② 跑道,这是客观条件中最重要的。一条污浊、破损、不符合规则的跑道,是不可能出成绩的。我们学校的赛道就是因为当初制作和后期保养不到位,导致赛道诸多永久性污浊、破损。一开始车刚能爬的时候,问题还不明显,后来在测试让车平滑过S弯时,问题就来了。由于赛道污浊,远处的跑道在CCD看来是错误,导致S弯和普通弯看起来一样,致使S弯策略根本没有启用。当时一直在修改S弯策略,到后来调出图像来看才发现是采集的问题。至于赛道污浊、破损带来的干扰要不要处理,答案是肯定的,因为就算是比赛用的跑道也会有擦不掉、补不了的地方。但处理这些问题,应该是放在车辆原先行驶策略都调试正确的情况下,再人为地加入这些干扰。这样修改起程序来就有的放矢了。

下面再以个人的观点介绍一下三个组别的特点,给新人选择做一个参考。

摄像头组:有点像开卷考试,能得到的东西很多,但是如何把这些东西用好就是一个学问。摄像头的关键就是如何从采集回来的图像所包含的诸多信息中,选出一些高效、方便的信息来控制车辆。至于控制策略,个人觉得一个能根据不同赛道类型而变化比例系数的比例控制器,就能很好地满足控制需要。

第9章 比赛建议与感想

光电组:想象起来很容易,但其实是很累的一个组。其应用的原理最简单,但是为了能有 30 cm 以上的前瞻和比较连续的偏差变化,就要下大功夫。装 15 个激光管,而且要保证不焊烧并要把光点打在一条线上,就是很繁琐的事情。总之,光电组拼的就是电路和传感器结构。不过对于看客来说,光电组是最"好看"的组,有一排壮观的激光加上摆头的机械。

电磁组:听起来有点复杂,其实是比前两个组都轻松的组。电磁组又可分为数字和模拟两个类别。数字传感器就是和光电组一样弄一排的传感器,看看哪个传感器接收到的信号最强以判断中线位置。模拟类的传感器,就是比较两个传感器之间信号强度的差值来做出判断。电磁组的好处就是不容易受到干扰,比赛中,电磁车跑完的成功率是很高的,而且很容易判别起跑线。基本不用动脑筋,而且如果选用模拟传感器,还能得到比较平滑的控制。

参考文献

[1] 余志生. 汽车理论[M]. 4版. 北京:机械工业出版社,2007.
[2] 刘惟信. 汽车设计[M]. 北京:清华大学出版社,2001.
[3] 陈正冲. C语言深度解剖——解开程序员面试笔试的秘密[M]. 北京:北京航空航天大学出版社,2010.
[4] 卓晴,黄开胜. 基于S12单机片的循迹小车视觉设计与优化[J]. 电子技术应用,2008(9):109-111.
[5] 卓晴,黄开胜,邵贝贝,等. 学做智能车——挑战"飞思卡尔杯"[M]. 北京:北京航空航天大学出版社,2007.
[6] 刘金琨. 先进PID控制MATLAB仿真[M]. 2版. 北京:电子工业出版社,2004:1-70.
[7] 王宜怀,等. 嵌入式系统原理与实践——ARM Cortex - M4 Kinetis 微控制器[M]. 北京:电子工业出版社,2012.
[8] 王宜怀,等. 嵌入式技术基础与实践——ARM Corter - Mo+Kinetis L系列微控制器[M]. 3版. 北京:清华大学出版社,2013.